北京理工大学"双一流"建设精品出版工程

# 爆炸物理学

Explosion Physics

刘　彦　黄风雷　吴艳青　龙仁荣　◎　编著

北京理工大学出版社
BEIJING INSTITUTE OF TECHNOLOGY PRESS

## 内 容 简 介

本书较为系统地阐述了爆炸物理学的基本概念、理论和方法，内容包括爆炸的基本概念和基本特征、热力学基础知识、波和冲击波理论、爆轰波经典理论、凝聚炸药的点火与起爆、爆轰波参数的理论与工程计算、气体爆轰现象及理论、凝聚炸药爆轰现象及爆轰理论，同时还对爆轰后产物流动规律及其推动作用、爆炸的直接作用等相关问题进行了较为全面的阐述和分析。本书着眼于讲清楚基本概念、基本理论、基本公式推导及分析计算、基本实验方法，理论内容深入充实，对工程应用有实际参考意义。

本书可作为国防军工院校相关专业和学科的教材，还可作为爆炸技术及应用等各军工专业以及工程爆破技术、石油化工、采矿与建井、水利、电力、交通等民用部门相近专业本科生、研究生和科技人员的参考书。

### 图书在版编目（CIP）数据

爆炸物理学 = Explosion Physics/刘彦等编著. —北京：北京理工大学出版社，2019.4（2023.8 重印）

ISBN 978 - 7 - 5682 - 5582 - 0

Ⅰ. ①爆…　Ⅱ. ①刘…　Ⅲ. ①爆炸力学 - 物理学　Ⅳ. ①TQ560.1

中国版本图书馆 CIP 数据核字（2019）第 056742 号

出版发行／北京理工大学出版社有限责任公司
社　　址／北京市海淀区中关村南大街 5 号
邮　　编／100081
电　　话／（010）68914775（总编室）
　　　　　（010）82562903（教材售后服务热线）
　　　　　（010）68944723（其他图书服务热线）
网　　址／http：//www.bitpress.com.cn
经　　销／全国各地新华书店
印　　刷／北京虎彩文化传播有限公司
开　　本／787 毫米 ×1092 毫米　1/16
印　　张／16.25　　　　　　　　　　　　　　责任编辑／梁铜华
字　　数／372 千字　　　　　　　　　　　　　文案编辑／梁铜华
版　　次／2019 年 4 月第 1 版　2023 年 8 月第 4 次印刷　　责任校对／杜　枝
定　　价／56.00 元　　　　　　　　　　　　　责任印制／李志强

图书出现印装质量问题，请拨打售后服务热线，本社负责调换爆炸是自然界经常发生的一种物理的或化学物理的过程，在爆炸过程中，能量以极高的速度释放，并对外做功。炸药及爆炸技术在军事上的重要意义不言而喻，在很多民用领域，如煤炭、水利、冶金、机械等，也发挥着极其重要的作用。爆炸物理学是爆炸力学的一个重要分支，也是一门具有广阔应用前景的学科，它涉及爆轰的激发、稳定及不稳定爆轰波的传播、爆炸对介质与目标的直接作用以及实验诊断技术和方法。

本书融会了多年来的学科进展以及教学实践，在10多年讲义的基础上编写而成。本书系统介绍了冲击波、爆轰波经典理论、气体爆轰理论、凝聚炸药爆轰理论、爆轰产物的传播及其对物体的作用。爆炸物理学是从事炸药及爆炸相关研究必备的专业基础知识，也是我国爆炸力学、弹药工程与爆炸技术、特种能源技术与工程、安全工程（爆炸安全方向）等本科专业必修的一门专业基础课程。本书可作为相关本科专业的教学用书，还可作为兵器科学与技术、力学、安全科学与工程等学科研究生的教学用书，亦可供从事与含能材料爆炸或爆轰研究、应用及安全防护的有关科技工作者参考。

本书共由10章组成。第1章介绍了爆炸的基本现象。第2章为热力学基础，简要介绍了热力学的基本定律和概念。第3章阐述了波与冲击波，重点讲述了冲击波的基本方程和基本性质。第4章详细阐述了爆轰波经典理论，重点介绍了爆轰波传播的CJ理论和ZND模型。第5章主要讲述了凝聚炸药点火与起爆，重点介绍了在外界作用下凝聚炸药点火和起爆机理。第6章给出了爆轰波参数的理论计算方法和工程计算方法。第7章讲述了气体爆轰现象和理论以及影响气体爆轰的因素。第8章介绍了凝聚炸药爆轰现象以及凝聚炸药中爆轰波的传播规律与控制技术。第9章主要介绍了爆轰产物的一维流动及对刚体的作用。第10章阐述了冲击波与可压缩介质的相互作用。

在本书的撰写过程中，张锦云副教授给予了大力支持和帮助，张庆明教授给予了悉心指导并进行了审阅；王虹富博士、王诗瑶硕士进行了文字输入和排版校对工作，在此表示衷心的感谢！本书得到北京理工大学"双一流"建设的资助。

由于编者水平有限，缺点、疏漏在所难免，敬请读者批评指正。

编　者

北京理工大学

**2018 年 10 月**

# 目　录
## CONTENTS

# 第 1 章

# 爆 炸 现 象

## 1.1 爆炸概念及分类

广义说来，"爆炸"泛指系统能量急剧释放的过程。在此过程中，系统的势能转变为机械功。爆炸做功是由于气体或蒸汽的迅速膨胀所导致，这些气体或蒸汽可能是初始体系中所包含的，也可能是在爆炸发生过程中新产生的。

爆炸时，极短时间内爆炸点周围介质形成空间上的压力突跃。这种压力突跃是爆炸产生破坏作用的直接原因。爆炸可以由各种不同的物理或化学原因所引起，根据引发爆炸发生的本质原因，可分为三类。

**1. 化学爆炸**

化学爆炸是由化学变化所引起的，系统的化学势能转变为热能而释放出来。

细煤粉、粮食粉尘以及纺织物粉尘悬浮于空气中遇明火引起的粉尘爆燃，氢气–甲烷–乙炔与空气以一定比例混合后的爆炸，以及炸药爆炸都属于化学爆炸现象。化学爆炸是由于剧烈而快速的化学反应导致大量化学能瞬间释放所引起的。

炸药爆炸过程向外围空间扩展的速度高达每秒数千米到万米之间，所形成的温度为 $3\,000 \sim 5\,000\ ℃$，压力高达 $10^2 \sim 10^4\ MPa$，因而引起爆炸气体产物剧烈膨胀，并对周围介质做功。

**2. 物理爆炸**

物理爆炸是由介质物理变化所引起的，它释放的是物理势能。蒸汽锅炉、高压气瓶及车辆轮胎的爆炸是常见的物理爆炸现象。物理爆炸常常是由过热水迅速转变为过热蒸汽造成高压冲破容器阻力引起的；或者是由充气压力过高，超过气瓶或轮胎的强度而使内部积存的能量迅速释放造成的。

地震是由地壳弹性压缩能释放引起地壳突然变动的一种强烈的物理爆炸现象。强地震产生的能量比百万吨梯恩梯（TNT）炸药的爆炸还要大很多，可引起地壳的突然破断、山体崩塌，强地震波的传播可在地震中心附近引起大气的电离发光；带电云层间放电造成雷电现象，高压电流通过细金属丝（网）所引起的电爆炸，穿甲、破甲、陨石落地等高速碰撞将动能转变为机械功，这些都属于物理爆炸现象的范畴。

**3. 核爆炸**

核爆炸是由原子核的裂变或聚变所引起的，其能量来源是核裂变（如 $U^{235}$ 的裂变）或核聚变（如氘、氚、锂核的聚变）反应所释放出的核能。核爆炸反应所释放出的能量要比炸药爆炸的化学能大得多，相当于数万吨到数千万吨梯恩梯炸药爆炸的能量。除了在爆炸中心产生极高的压力（数百个吉帕）外，还伴随有很强的光、热及射线辐射，破坏力极大。

上述各类爆炸都具有共同的特征：极高的能量密度和极大的能量释放速率。几种典型爆炸现象的能量功率密度见表 1.1.1。

表 1.1.1  几种典型爆炸现象的能量功率密度

| 爆炸现象 | 功率密度/（$kW \cdot cm^{-2}$） |
|---|---|
| 气相炸药爆轰 | $10^3$ |
| 凝聚炸药爆轰 | $10^7$ |
| 穿甲弹穿甲（速度为 1.5 km/s） | $10^6$ |
| 射流侵彻穿甲（速度为 8 km/s） | $10^8$ |
| 强脉冲放电 | $10^6$ |
| 铀裂变 | $10^{13}$ |

## 1.2  炸药爆炸的基本特征

炸药爆炸是一种化学过程，但它与一般的化学反应过程相比，具有以下三大特征。

**1. 反应的放热性**

在炸药的爆炸变化过程中，炸药的化学势能转变成热能。热能释放是爆炸变化过程和自行传播的必要条件。下面以硝酸铵的不同化学反应来加以说明。

在低温加热下：

$$NH_4NO_3 \longrightarrow NH_3 + HNO_3 - 171 \ kJ$$

用雷管引爆：

$$NH_4NO_3 \longrightarrow N_2 + 2H_2O + \frac{1}{2}O_2 + 126 \ kJ$$

在低温加热条件下，硝酸铵发生吸热反应，不能发生爆炸；但用雷管引爆时，硝酸铵发生放热反应，能够发生爆炸。这说明只有放热反应才具有爆炸性，靠外界供热来维持反应是不可能发生爆炸的。

**2. 反应释能的高速度**

具备了放热性的反应还不一定能够发生爆炸，如 1 kg 煤完全燃烧时放出的热量为 8 912kJ，1 kg 苯燃烧时放出的热量为 9 749 kJ，而 1 kg 梯恩梯炸药爆炸时放出的热只有 4 226 kJ，1 kg 黑索今炸药爆炸时所放的热量为 5 439 kJ。但是梯恩梯炸药爆炸反应的速度远远大于苯燃烧反应速度，爆炸反应速度可达每秒数千米，燃烧反应速度通常为每秒几分之一厘米至每秒几百米（燃烧和爆炸都是一层一层进行的，因此所指的速度是直线传播速度）。所以，极高反应释能速度是爆炸与其他化学反应的最主要区别。

由于爆炸反应的速度极高，反应结束时，其能量几乎全部聚集在爆炸前炸药所占据的体积内，因而能够达到很高的能量密度。而一般的化学反应，比如燃烧过程则进行得比较缓慢，反应产物在燃烧进行中已经有相当程度的膨胀，同时还有热传导和辐射的影响，使能量严重散失，所以燃烧产物只达到相对较低的能量密度。

液态和固态炸药由于其比容很小，可以达到特别高的能量密度。炸药发生爆炸变化所达到的能量密度比燃料燃烧时的能量密度要高数百倍乃至数千倍。正是由于这个原因，爆炸过程才具有巨大的做功能力和强烈的破坏效应。硝化甘油、黑索今、梯恩梯爆炸时产生的能量密度分别为 9 958 kJ/cm$^3$、8 856 kJ/cm$^3$、4 184 kJ/cm$^3$。

**3. 反应过程必须形成气态产物**

气态产物是实现将势能转化为机械功的工质。如果反应过程不生成大量气体，则不能形成高压状态，因而不可能发生由高压到低压的膨胀过程及破坏效应。例如：

$$2Al + Fe_2O_3 \longrightarrow Al_2O_3 + 2Fe + 841 kJ$$

这个反应叫作铝热剂反应，其热效应很强，足以使产物加热到 3 000 ℃ 的高温，其反应速度也相当快，但终因不生成气态产物而不具有爆炸性。

下面这个反应

$$Ag_2C_2 \longrightarrow 2Ag + 2C + 364 kJ$$

是一个爆炸反应，看来并没有气态产物生成，但实际上在高温条件下 Ag 会被汽化的。

在标准状况下气体的密度比凝聚物质小得多（表 1.2.1），因此气态产物是爆炸做功的优质工质。爆炸过程中气体处于被强烈压缩的状态，形成高温高压（1 cm$^3$ 标准炸药爆炸时可生成 1 cm$^3$ 左右的气体），爆炸瞬间被压缩在原体积内，压力可达数十个吉帕；此外，气体又比凝聚物质具有大得多的体积膨胀系数，高压气体急速膨胀对外界做功，这就表现为爆炸现象。

**表 1.2.1　1 kg 炸药的爆轰气体产物在常压下的体积**

| 炸药名称 | 气体产物的体积/cm$^3$ |
| --- | --- |
| 硝化棉（13.3% N） | 765 |
| 苦味酸 | 715 |
| 梯恩梯 | 740 |
| 黑索今 | 908 |
| 特屈儿 | 760 |
| 太恩 | 790 |
| 硝化甘油 | 690 |

根据上面的讨论可知，只有同时具备了放热性、高速释能和气态产物这三种基本因素，才能够保证过程具有正常爆炸的特性。由此得到炸药爆炸的如下定义：炸药的爆炸是一种以高速进行的、能自动传播的化学反应过程，此过程会放出大量的热，并生成大量的气态产物。

## 1.3 炸药化学变化的形式

炸药的化学变化按照反应的速度和反应传播的特性可以分为热分解、燃烧和爆轰三种基本形式。

热分解是一种缓慢的化学变化，其特点是在整个物质内部进行，反应速度与环境温度有关。温度升高，反应速度加快，服从阿累尼乌斯定律 $k = Z\exp(-R/ET)$，即反应速度随着温度而成指数地变化。例如梯恩梯炸药在常温下的热分解速度极小，而在数百摄氏度的环境温度下却可立即爆炸。

燃烧和爆轰与缓慢的化学分解不同，不是在整体物质内部发生的，而是在某一局部开始，并以化学反应波的形式、以一定速度一层一层地向前传播；化学反应的阵面很窄，化学反应就是在这个很窄的波阵面内进行并完成的。

燃烧和爆轰化学变化过程，在基本特性上也有较大的区别。

(1) 从传播过程的机理上看，燃烧时反应区的能量是通过热传导、热辐射及燃烧气体产物的扩散作用传入未反应的原始炸药的。而爆轰的传播则是借助于冲击波对炸药的强烈冲击压缩作用进行的。

(2) 从波的传播速度上看，燃烧传播速度通常为每秒数毫米到每秒数米，最大的也只有每秒数百米（如黑火药的最大燃烧传播速度约为 400 m/s），即比原始炸药内的声速要低得多。相反，爆轰过程的传播速度总是大于原始炸药的声速，速度一般高达每秒数千米，如注装梯恩梯爆轰速度约为 6 900 m/s（初始密度为 1.60 g/cm³），在结晶密度下黑索今的爆轰速度达 8 800 m/s 左右。

(3) 燃烧过程的传播容易受外界条件的影响，特别是受环境压力条件的影响。如在大气中燃烧进行得很慢，但若将炸药放在密闭或半密闭容器中，燃烧过程的速度急剧加快，当压力升高至数个乃至数十个兆帕时，燃烧所形成的气体产物能够做抛射功，火炮发射弹丸正是对炸药燃烧这一特性的利用；而爆轰过程的传播速度极快，几乎不受外界条件的影响，对于一定炸药来说，爆轰速度在特定条件下是常数。

(4) 燃烧过程中燃烧反应区内产物质点运动方向与燃烧波面传播方向相反。因此燃烧波面内的压力较低；而爆轰反应区内产物质点运动方向与爆轰波传播方向相同，爆轰波区的压力高达数十个吉帕。

上述几种化学变化形式，虽然在性质上不同，但它们之间有着紧密的内在联系。炸药的缓慢化学分解在一定的条件下可以转变为燃烧，而燃烧在一定条件下又能转变为爆轰。

炸药爆轰是爆炸反应的一种类型，它是借助于冲击波对炸药的强烈冲击压缩而引起能量急剧释放的化学反应来实现的。

## 1.4 爆炸物的分类

爆炸物的种类繁多，它们的组成、物理化学性质及爆炸性质各不相同。根据需要，可以按照各种方法对它们进行分类。这里介绍两种分类方法：一种是按爆炸物的应用特性进行分类，这种分类方法对于应用爆炸物的工程科技人员比较方便；另一种是按爆炸物的组成进行分类，这种分类方法对于从事爆炸物配方研制的工作者比较方便。

### 1.4.1　按爆炸物的应用特性分类

按应用特性分类，可将爆炸物分为起爆药、猛炸药（高能炸药）、发射药（或火药）和烟火剂四大类。

**1. 起爆药**

起爆药的特点是对外界作用很敏感，在较弱的外界作用下（如热、针刺、火焰、摩擦等）很容易发生爆炸，并且能很快达到稳定爆速。它们的用途是装填各种起爆器材，如火帽、雷管等，再用以激发、引爆高猛炸药。

常用的起爆药有叠氮化铅 $[Pb(N_3)_2]$、斯蒂夫酸铅 $[C_6H(NO_2)_3O_2Pb \cdot H_2O]$、二硝基重氮酚 $\{[C_6H_2N_2O(NO_2)_2]$，代号 DDNP$\}$、特屈拉辛（$C_2H_8N_{10}O$）以及雷汞 $[Hg(OCN)_2]$ 等。

**2. 猛炸药**

猛炸药与起爆药相比要稳定得多，在较强的外界作用下才能发生爆炸（在应用中通常是用起爆药的爆炸作用来激发其爆轰。在其他作用下常会引起爆炸事故）。但它具有更高的爆速和更强烈的破坏效应。

在军事上，猛炸药主要用作弹丸和战斗部的主装药，常用的有梯恩梯（TNT）、黑索今（RDX）、奥克托今（HMX）和太恩（PETN）等。

在工业上应用炸药最广的领域是工程爆破领域。工业炸药的种类也很多，如铵梯炸药（硝铵炸药），其主要成分为硝酸铵、梯恩梯、木粉；铵油炸药，其成分为硝酸铵、柴油、木粉；铵松蜡炸药，其主要成分为硝酸铵、松香、石蜡、木粉、柴油等。此外还有浆状炸药、乳化炸药等。

**3. 发射药**

发射药的主要特点是能够稳定地燃烧。发射药的主要用途是发射枪弹、炮弹和火箭弹。发射药在特殊条件下也存在爆炸的危险性，所以它也属于爆炸物范畴。

发射药也有很多种类，主要包括以下几种。

（1）有烟药（黑火药）：黑火药是我们祖先的四大发明之一，最初用它来发射炮弹，现在主要将它用作点火药。

（2）无烟药：又分为单基药和双基药，单基药以硝化棉为主要成分，用于发射炮弹；双基药以硝化棉和硝化甘油为主要成分，其能量比单基药大，可用于发射炮弹和火箭弹。用于发射火箭弹的通常称为推进剂。

（3）复合推进剂：含有高分子、过氯酸铵、黑索今或奥克托今等。复合推进剂的能量较高。

（4）液体火箭推进剂：通常由氧化剂和可燃剂混合而成，如液氢加液氧。现在为了提高推进剂的性能，多采用有机可燃剂，甚至加入金属粉。

**4. 烟火剂**

烟火剂通常由氧化剂、有机可燃物（或金属粉）、黏合剂混合而成，人们主要将其速燃时产生的光、热、烟、色、声等效应用于特种用途，如军事上所用的照明剂、曳光剂、信号剂、燃烧剂、烟幕剂，民用上所用的烟花、爆竹等。

烟火剂在正常使用条件下是发生速燃，然而它对撞击、摩擦等机械作用十分敏感，在这些机械作用下发生爆炸的危险性甚于猛炸药。

以上四类爆炸物又统称为炸药，但是通常所说的炸药系指猛炸药。

### 1.4.2 按爆炸物的组成分类

按组成分类，通常可将爆炸物分为单质炸药和混合炸药两大类。

**1. 单质炸药**

单质炸药为化学上均一的物质，即具有爆炸性的一种化合物。绝大多数的单质炸药由碳、氢、氮、氧元素组成，也有的是不含氧的有机化合物。

按照分子结构，单质炸药又可分为以下几种类型。

（1）叠氮化物类：如叠氮化铅 $Pb(N_3)_2$。

（2）乙炔衍生物类：如乙炔银 $Ag_2C_2$、乙炔汞 $Hg_2C_2$。

（3）雷酸盐类：如雷汞 $Hg(ONC)_2$、雷酸银 $Ag(ONC)$。

（4）硝酸酯类：如硝化甘油 $C_3H_6(ONO_2)_3$、太恩 $C(CH_2ONO_2)_4$（季戊四醇四硝酸酯）。

（5）硝基化合物类：如梯恩梯 $C_7H_5N_3O_6$、硝基甲烷 $CH_3NO_2$。

（6）硝胺类：如黑索今 $C_3H_6N_6O_6$（环三次甲基三硝胺）、奥克托今 $C_4H_8N_8O_8$（环四次甲基四硝胺）。

**2. 混合炸药**

混合炸药是由两种或两种以上独立的化学成分构成的爆炸物质，这些独立成分本身可以是炸药，也可以是非炸药。通常其基本成分中，一种是含氧丰富的，另一种是根本不含或含氧量很少的。

混合炸药的范围极其广泛，烟火剂类的爆炸物，以及工业炸药、液体火箭推进剂等都是混合炸药。研制混合炸药的目的是借助不同成分的性能来满足更多的应用场景。例如借助于黏结剂来获得良好的机械力学性能，借助于钝感剂来获得良好的安全性能，等等。

在军用猛炸药中，几乎所有的单质炸药都存在这样或那样的缺陷，很少被单独使用。广泛采用的绝大多数是混合炸药，它们的种类繁多，主要的大致有以下四类。

（1）普通混合炸药：这类炸药一般由性能上能够互补的两种单质炸药组成。比如梯恩梯具有比较安全、熔点低且熔化时稳定等优点，但能量较低，而黑索今、奥克托今、太恩等则相反，安全性差、熔点高且熔化时发生分解，但它们的能量高，因此将梯恩梯熔化以后，再将这些炸药按一定比例加入其中，成为悬浮液，浇注后冷却成型，即可得到综合性能优良的装药。常用的有 TNT/RDX 40/60 或 50/50、HMX/TNT 75/25、PETN/TNT 50/50 等。

（2）含铝混合炸药：加入铝粉的目的在于增加爆炸反应的热效应，以提高炸药的爆炸威力，这类炸药多用于海军、空军弹药以及鱼雷、水雷等水中兵器中，如 TrAr - 5（60TNT/24RDX - 16Al 外加 5% 的卤蜡）、A - 32 炸药（65RDX/32Al/1.5 地蜡/1.5 石墨）等。

（3）钝感炸药和有机高分子黏结炸药：这类炸药的主要成分是黑索今、奥克托今或太恩。其中加入少量钝感剂和高分子黏结剂，可改善炸药的安全性、成型性和力学强度。如钝化黑索今（95% RDX、5% 石蜡）、PBX（塑料炸药）（90% 以上的 RDX，加入聚苯乙稀等高聚物黏结，再加以其他附加物）、钝化太恩等。

（4）特种混合炸药：如塑料黏结炸药、弹性炸药、橡皮炸药等。这类炸药用以满足军事应用上的某些特殊需要。

综上所述，爆炸现象不论由何种能源引发，都具有极大的能量释放速度，会形成极高的能量密度，并迅速转化为对外界介质做机械功或压力突跃。因此，爆炸是一种极为迅速的物理或化学的能量释放过程，在此过程中系统内部原有的势能、动能或瞬间所形成的能量转变为机械功、光和热的辐射，乃至高能粒子的辐射。

# 第 2 章

# 热力学基础

首先需要明确一些常用的热力学概念。

**1. 热力学系统**

热力学系统，即为具有任意状态的物质体系，它的性质能唯一地且完全地被一定的宏观参量所描述。这些物质被物理墙壁与周围环境分开，若进一步对容器壁做特殊要求，则可以将其分为以下几种。

（1）孤立系统：与周围环境没有任何相互作用，事实上无法对一孤立系统作观察，因为任何观察皆会干扰此系统。这是一个理想和极限的情形。

（2）闭合系统：与周围环境没有物质交换，但可以有能量交换。

（3）开放系统：与外界既有物质交换，也有能量交换。

**2. 外界**

外界是指与体系发生相互作用的周围环境，这里的相互作用是热力学意义上的，否则，这种环境就不是该系统的外界。显然，没有外界的孤立系统是理想化的系统，可以利用很好的孤立容器来近似地获得孤立系统。

**3. 平衡态**

在一个（孤立或开放的）系统中，可能有力学的、化学的或热传递的过程在进行，"平衡"乃指状态不随时间而变化。上述的三种过程中可能存在力学平衡、化学平衡和热平衡。若一个系统同时存在这三种平衡，则此系统处在热力学平衡态。

对于平衡态需要注意以下两点：①平衡并非各种过程皆停止，这些过程仍可进行，只是每一过程的速率与其相反过程的速率相等而已；②应把稳定态与平衡态分开。在稳定态，宏观量也是与时间无关的，但这些态常常伴有能量流，达不到平衡态。例如一个金属棒的两端与两个温度不等的热源接触，在棒内就会形成一个稳定的温度梯度场，这不是一个热平衡状态，因为两个热源必须持续地与金属棒交换热量。

**4. 态函数**

态函数是指确定平衡态尽可能少且独立的状态参量，系统的其他量均由它唯一地表示。例如，体积 $V$ 为外参量，温度 $T$ 为内参量，压强 $p$ 为外场，亦可被认为是内参量。这里，内参量是由温度和分子间相互作用决定的，外参量则由环境或人为所控制。

**5. 改变系统状态的方式**

在热力学意义上改变系统状态的方式仅有三种：①力学作用，如改变系统体积或所受的压强，做功改变系统的能量；②热交换，如热接触、热传导和热辐射；③改变系统的粒子数。

## 2.1　热力学第一定律

能量守恒和转化定律是自然界最普遍、最重要的基本定律之一。早在热力学第一定律建立之前，人们已经认识了能量守恒原理，但当时的能量守恒问题主要关注的是机械能、电能、磁能等有序能量的转化与守恒。热现象不是一个独立的现象，其他形式的能量都能最终转换成热能，很少关注热能如何转化为其他形式的能量。从 18 世纪初到 18 世纪后半叶，蒸汽机的制造、改造及其在英国炼铁业、纺织业中的广泛采用，以及对热机效率、机器中摩擦生热问题的研究，大大促进了人们对热能与机械能转化规律的认识，逐渐形成热力学第一定律。

热力学第一定律的建立过程，是人们正确认识温度、热量、内能的过程，热功当量的发现，促进人们正确地认识了热量的本质，认识了热与功的相互转换正是能量守恒定律在热运动过程中的具体应用，热力学第一定律的实质是热可以转化为功，功也可转化为热，在功热转化过程中，功与热的总和保持不变。要深刻地认识热力学第一定律，必须充分认识热运动过程中各种形式能量的性质，本章将在讨论系统能量、功量、热量、内能及焓的基础上，建立起热力学第一定律的普遍表达式。

热力学系统是指独立于周围环境的一个包含能量和物质的区域。在封闭系统中，物质均匀、各向同性，而且不考虑化学反应、电磁效应和重力场作用，系统界面的任一方向没有扩散或对流方式的质量通过，但可有出入系统的能量转移（例如，热传导、能量的辐射传递，或转动叶轮），外界可对系统做功，系统也可对外界做功。因此，封闭系统与外界的相互作用可通过两方面进行：能量传递和做功。

能量传递与系统状态之间的关系由热力学第一定律确定。热力学第一定律建立了热传递和做功的微量变化与简单封闭热力学系统的内能之间的关系，热力学第一定律可以表达为

$$\delta q = de + \delta w \tag{2-1-1}$$

式中：$e$ 为比内能；$q$ 为进入单位质量气体的热量；$w$ 为对单位质量气体做的功。

"比"的含义表示该参数对单位质量而言，小写字母如 $q$，$w$ 表示单位质量系统的参数。$\delta q$ 为正时，表示向系统导热；同样，$\delta w$ 为正时，表示系统对外界做功。

采用无摩擦的气缸 – 活塞装置（图 2.1.1）推导机械功的表达式。容积 $V$ 内有质量为 $m$ 的气体，组成一个封闭的热力学系统，定义比容积为

$$v = V/m \tag{2-1-2a}$$

或表示成微分形式：

$$dV = mdv \tag{2-1-2b}$$

容积还可用下式给出：

$$V = A(x_0 - x) \tag{2-1-3}$$

式中：$A$ 为活塞表面积；$x_0$ 为常数，微分后得

$$dV = -Adx \tag{2-1-4}$$

从式（2-1-2b）和式（2-1-4）中消去 d$V$ 得

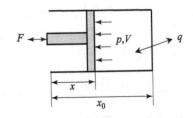

**图 2.1.1　无摩擦的气缸 – 活塞装置**

$$dx = -\frac{m}{A}dv \qquad (2-1-5)$$

不计摩擦，不考虑活塞质量，不计外界压力，则活塞上的压力为

$$F = pA \qquad (2-1-6)$$

式中：$p$ 为容积 $V$ 内的气体压力。根据力学原理，对系统做的功（单位质量气体）的微分形式为

$$\delta w = \frac{F}{m}dx \qquad (2-1-7)$$

利用式（2-1-5）和式（2-1-6）消去式（2-1-7）中的 $F$ 和 $dx$，得到

$$\delta w = \frac{1}{m}(pA)\left(-\frac{m}{A}dv\right) = -pdv \qquad (2-1-8)$$

热力学第一定律的表达式（2-1-1）得证。

用 $-pdv$ 取代 $dw$ 必须是一个无限小的可逆过程。此时，要求活塞做缓慢运动，使整个容积内的气体压力几乎均匀。如果活塞快速做压缩气体的运动，就要产生冲击波。冲击波前后压力不同，系统不再是均一的，因而整个系统不再是单一的，也不是接近于平衡状态。

## 2.2　热力学第二定律

热力学第一定律以它的一般性、简单性和实用性为人们所熟知，然而，它的表述在某些方面尚显不足，主要有两点：①热力学第一定律表达的等式中存在两个过程量 $W$（做功）和 $Q$（导热），如何仅基于态变量将它写出来？②对于过程进行的方向没有给出任何限制的信息。这两个问题的解决，事实上导致了两大结果，即熵的引入和对不可逆过程的讨论。

首先，区分可逆与不可逆过程：以两个质点的碰撞或行星的运动为例，若在某一时刻将所有的速度倒转其方向，则该运动将完全沿着原来路径进行，这种可逆性是由于过程所遵守的运动定律本身的性质而得出来的。热力学的可逆与不可逆的意义就复杂多了，先给出其定义：一个物理系统由状态 $a$ 经过一个过程 $C$ 而至状态 $b$，同时它的外界的态由 $A$ 变为 $B$。假若能找到一个过程 $D$，使系统的态由 $b$ 回到 $a$，同时使它的外界由态 $B$ 回至态 $A$，而且不留下任何其他影响，则上述的过程 $C$ 可称为可逆过程；反之，如不能找到满足上述要求（不留下任何其他痕迹）的过程 $D$，则过程 $C$ 就是不可逆过程，每一步都是可逆过程所组成的循环为可逆循环；否则，为不可逆循环。

人们能够在 $p-V$ 等图中显示的任何过程均是可逆过程；而实际过程，如气体自由膨胀、热传导、摩擦生热和气体扩散等都是不可逆过程。对可逆过程而言，气体在过程中经历一系列准静止态，亦即过程必须满足"无限缓慢"的条件，这只是可逆过程的必要条件，而不是充分条件，如热传导。

### 2.2.1　热力学第二定律的两种表述

#### 1. 克劳修斯表述

克劳修斯（Rudolf Clausius，德国物理学家，1822—1888）表述：热量从低温物体向高

温物体传递而不引起任何其他影响是不可能的。

**2. 开尔文表述**

开尔文（Lord Kelvin）表述：从单一热源吸收的热量全部转化为功，而不产生任何其他影响是不可能的。这里的其他影响是指外界做功以外的影响，实质上是告诉人们：功转化为热是一个不可逆过程，如摩擦可以生热，但反之不行。

热力学第二定律指出一切涉及热现象的宏观过程都是不可逆的！也可表述为："第二类永动机不可能造成。"热力学第二定律可以认为是一个基本假定，它的根据是人们从未遇到违背它的经验，乍看起来，这似乎是一个消极性的定律。更有唐代诗人李白在诗篇《将进酒》中写道："君不见，黄河之水天上来，奔流到海不复回。君不见，高堂明镜悲白发，朝如青丝暮成雪。"这些诗句以黄河的伟大永恒反映出生命的渺小脆弱，将人生由青春至衰老的全过程说成"朝"与"暮"间事，把本来短暂的说得更短暂，真可谓悲感至极。这两句诗讲的皆是不可逆的事情，前一句是动力学的，后一句是热力学的。由于熵观点的引入和推广，热力学第二定律意义深长且应用范围广大。

## 2.2.2　卡诺循环

从自然界的能源中直接产生有用功比较困难，如水电、潮汐、风能、太阳能等。现今，人们依据热力学第一定律和第二定律，尽量地去把热量转化为功。在循环热机中，吸热为 $|Q_1|$，放热为 $|Q_2|$，$A = |Q_1| - |Q_2|$，$\Delta E = 0$。正循环是 $p - V$ 图中的顺时针过程，$A > 0$，为热机；逆循环是 $p - V$ 图中的逆时针过程，$A < 0$，为制冷机。在一个正循环中，系统对外界做的正功等于系统净吸热。热机的效率定义为

$$\eta = \frac{A}{|Q_1|} = \frac{|Q_1| - |Q_2|}{|Q_1|} = 1 - \frac{|Q_2|}{|Q_1|} \tag{2-2-1}$$

1824 年，法国工程师卡诺（Sadi Carnot，1796—1831）以理想气体为工作物质完成一个正循环过程，即由两条等温线和两条绝热线组成的准静态循环。它的重要性不仅说明了实际循环的极限，而且能方便地给出可逆卡诺热机的效率，其四个步骤和 $p - V$ 图分别如图 2.2.1 和图 2.2.2 所示。

（1）1→2 等温膨胀过程，$\Delta E = 0$，系统从外界吸热，有

$$Q_1 = A = \int_{V_1}^{V_2} p \mathrm{d}V = nRT_1 \ln \frac{V_2}{V_1} \tag{2-2-2}$$

（2）2→3 绝热膨胀，$Q_{2\to3} = 0$。

（3）3→4 等温压缩，放热，$Q_2 = nRT_2 \ln \dfrac{V_3}{V_4}$。

（4）4→1 绝热压缩，$Q_{4\to1} = 0$。

总之，$A_{1\to2\to3\to4\to1} = Q_1 - Q_2$，$\Delta E_{1\to2\to3\to4\to1} = 0$，则卡诺热机的效率是

$$\eta = 1 - \frac{|Q_2|}{|Q_1|} = 1 - \frac{T_2 \ln\left(\dfrac{V_3}{V_4}\right)}{T_1 \ln\left(\dfrac{V_2}{V_1}\right)} \tag{2-2-3}$$

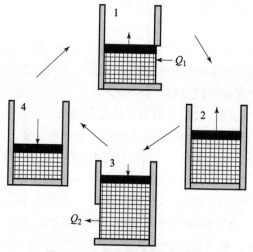

**图 2.2.1 卡诺循环的四个步骤**

(1) 在高温 $T_1$ 吸热等温膨胀；(2) 绝热膨胀到达温度 $T_2$；

(3) 在低温 $T_2$ 放热等温压缩；(4) 绝热压缩回到温度 $T_1$

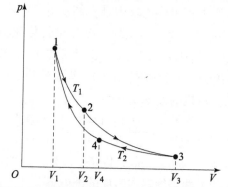

**图 2.2.2 理想气体经历一个卡诺循环的 $p-V$ 图**

进一步化简式（2-2-3），由理想气体绝热过程方程知

$$T_1 V_1^{\gamma-1} = T_2 V_4^{\gamma-1}, \quad T_1 V_2^{\gamma-1} = T_2 V_3^{\gamma-1} \tag{2-2-4}$$

$$\left(\frac{V_1}{V_2}\right)^{\gamma-1} = \left(\frac{V_4}{V_3}\right)^{\gamma-1} \Rightarrow \frac{V_2}{V_1} = \frac{V_3}{V_4} \tag{2-2-5}$$

所以

$$\eta = 1 - \frac{T_2}{T_1} \tag{2-2-6}$$

**练习**：分别在（a）$E-V$，（b）$E-T$，（c）$E-H$，（d）$p-T$ 这四种图中画出理想气体的卡诺循环。

### 2.2.3 卡诺定理与熵增原理

卡诺定理：工作于两个具有相同高低温热源之间的一切热机，以卡诺热机的效率最大。

可逆卡诺热机的效率 $\eta = 1 - \dfrac{T_2}{T_1}(T_1 > T_2)$，与工作物质无关。

### 1. 克劳修斯等式与不等式

对一个可逆卡诺循环而言，其效率为

$$\eta = \frac{Q_1 + Q_2}{Q_1} = \frac{T_1 - T_2}{T_1} \tag{2-2-7}$$

所以

$$\frac{Q_1}{T_1} + \frac{Q_2}{T_2} = 0 \tag{2-2-8}$$

对于不可逆卡诺循环，其效率小于在相同高低温热源之间的可逆卡诺循环的效率，即

$$\eta = \frac{Q_1 + Q_2}{Q_1} < \frac{T_1 - T_2}{T_1} \Rightarrow \frac{Q_1}{T_1} + \frac{Q_2}{T_2} < 0 \tag{2-2-9}$$

以上为两个热源情况，可以将其推广到存在温度梯度的连续热源情况，即

$$\oint \frac{\delta Q}{T} \leqslant 0 \quad (\text{"="} \text{用在可逆过程，} \text{"<"} \text{用在不可逆过程}) \tag{2-2-10}$$

### 2. 熵的引入

热力学第二定律的重要意义在于：当体系处在平衡态时，引入一个态函数：熵。这是从证明可逆过程的热温比 $\displaystyle\int_a^b \frac{\delta Q}{T}$ 的值与求积路径无关所引出的。

考虑一个可逆循环过程，$l_1$ 和 $l_2$ 是连接两个端点的不同路径，如图 2.2.3 所示。由克劳修斯等式知：

$$\int_{a(l_1)}^b \frac{\delta Q}{T} + \int_{b(l_2)}^a \frac{\delta Q}{T} = 0 \tag{2-2-11}$$

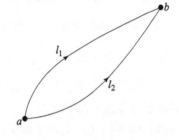

图 2.2.3 从一个平衡态 $a$ 经历不同的路径到达另一个平衡态 $b$

移项，有

$$\int_{a(l_1)}^b \frac{\delta Q}{T} = -\int_{b(l_2)}^a \frac{\delta Q}{T} = \int_{a(l_2)}^b \frac{\delta Q}{T}$$

这意味着热温比的积分与路径无关，这是全微分的特征。令这个定积分的值等于一个态函数的差：

$$S_b - S_a = \int_a^b \frac{\delta Q}{T} \tag{2-2-12}$$

从而得出可逆过程的热力学第二定律的微分形式：

$$dS = \frac{\delta Q}{T} \tag{2-2-13}$$

这表明 $\delta Q$ 不是全微分，但乘以温度倒数因子后就成了一个全微分。

### 3. 熵增原理

在绝热或孤立系统中发生的变化永远不会导致熵的减少。

对这样的系统而言，系统与外界无热量交换，即 $\delta Q = 0$ 或 $Q = 0$，那么

$$\Delta S \geqslant 0$$

爆炸物理学

对于任何可逆过程，有 $dS = \delta Q/T$，这意味着外界的热量流入系统将引起熵的增加，把 $\delta Q/T$ 称为熵流，用 $d_e S$ 来表示，即

$$d_e S = \frac{\delta Q}{T} \tag{2-2-14}$$

热量也可以从系统流到外界，使系统的熵减少，$d_e S < 0$，称为负熵流。

对于一个绝热可逆过程：$\delta Q = 0$，$d_e S = 0$，$dS = 0$；对于一个不可逆绝热过程，$\delta Q = 0$，虽然 $d_e S = 0$，但 $dS > 0$。在绝热不可逆过程中，没有熵流，但为什么系统的熵还是增加呢？这是由于系统内部的不可逆变化引起的熵增加，称为熵产生，用符号 $d_i S$ 表示。对绝热不可逆过程，有

$$dS = d_i S > 0 \tag{2-2-15}$$

总之，熵产生总是大于零（不可逆过程）或等于零（可逆过程）。对于任意一个不可逆过程，既有外部熵流也有内部熵产生，故熵增为这两部分之和：

$$dS = d_e S + d_i S \tag{2-2-16}$$

熵的性质小结如下。

（1）熵是一个态函数，具有可加性，由可逆过程的热量与温度之比来定义，即 $dS = \dfrac{\delta Q}{T}$ 或 $S_b - S_a = \displaystyle\int_a^b \frac{\delta Q}{T}$，单位为 J/K。

（2）若在两平衡态 $c$、$d$ 之间进行一个不可逆过程，那么热温比的累加将小于两态的熵增，用不等式表示为 $dS > \dfrac{\delta Q}{T}$ 或 $S_d - S_c > \displaystyle\int_c^d \frac{\delta Q}{T}$。

（3）熵增加原理仅适用于绝热或孤立系统，根据这一性质，可以断定孤立系统必然由非平衡态自发地趋向平衡态。

（4）熵可以用来衡量体系无序度或混乱度，统计热力学和统计物理学对熵的微观意义作出了诠释。

### 2.2.4 *TdS* 方程

由熵的性质可以得到

$$S_d - S_c \geq \int_c^d \frac{\delta Q}{T}, dS \geq \frac{\delta Q}{T} \tag{2-2-17}$$

式中：等号指可逆过程，不等号指不可逆过程，将 $\delta Q$ 用热力学第一定律表达，则给出热力学第一定律与热力学第二定律相结合的公式：

$$TdS \geq \delta Q = dE + \delta A \tag{2-2-18}$$

将可逆过程的热力学第二定律和热力学第一定律结合起来，得到

$$dS = \frac{1}{T}(dE + pdV) \tag{2-2-19}$$

由于内能不易测量，所以用式（2-2-19）无法直接计算熵增，但可以将熵写成三个基本态变量 $(p, V, T)$ 中其中两个的函数。为此先推导一个内能变化与状态参量之间的关系，令 $E = E(T, V)$，则

014

$$dE = \left(\frac{\partial E}{\partial T}\right)_V dT + \left(\frac{\partial E}{\partial V}\right)_T dV \qquad (2-2-20)$$

代入式 (2 – 2 – 19)，得到

$$dS = \frac{1}{T}\left(\frac{\partial E}{\partial T}\right)_V dT + \frac{1}{T}\left[\left(\frac{\partial E}{\partial V}\right)_T + p\right]dV \qquad (2-2-21)$$

与数学上的表达式

$$dS = \left(\frac{\partial S}{\partial T}\right)_V dT + \left(\frac{\partial S}{\partial V}\right)_T dV \qquad (2-2-22)$$

进行对比，得到

$$\left(\frac{\partial S}{\partial T}\right)_V = \frac{1}{T}\left(\frac{\partial E}{\partial T}\right)_V,\ \left(\frac{\partial S}{\partial V}\right)_T = \frac{1}{T}\left[\left(\frac{\partial E}{\partial V}\right)_T + p\right] \qquad (2-2-23)$$

利用二阶混合偏导数与次序无关性，即

$$\left[\frac{\partial}{\partial V}\left(\frac{\partial S}{\partial T}\right)_V\right]_T = \left[\frac{\partial}{\partial T}\left(\frac{\partial S}{\partial V}\right)_T\right]_V$$

得到下面的内能公式：

$$\left(\frac{\partial E}{\partial V}\right)_T = T\left(\frac{\partial p}{\partial T}\right)_V - p \qquad (2-2-24)$$

式 (2 – 2 – 24) 便于用物态方程去讨论系统内能性质。

**讨论：**

(1) 将式 (2 – 2 – 20) 与内能公式 (2 – 2 – 24) 一起代入式 (2 – 2 – 19)，可得

$$TdS = C_V dT + T\left(\frac{\partial p}{\partial T}\right)_V dV = C_V dT + \frac{T\alpha}{\beta}dV \qquad (2-2-25)$$

式中：$S = S(T, V)$；$\alpha$ 为定压膨胀系数；$\beta$ 为等温压缩系数。式 (2 – 2 – 25) 称为第一 $TdS$ 公式。

(2) 式 (2 – 2 – 25) 还可以改为以 $(T, p)$ 为独立变量的表示式，即选 $V = V(T, p)$，将

$$dV = \left(\frac{\partial V}{\partial T}\right)_p dT + \left(\frac{\partial V}{\partial p}\right)_T dp$$

代入式 (2 – 2 – 25)，利用迈耶方程和内能公式得到

$$TdS = C_p dT - T\left(\frac{\partial V}{\partial T}\right)_p dp = C_p dT - TV\alpha dp \quad [S = S(T, p)] \qquad (2-2-26)$$

式 (2 – 2 – 26) 称为第二 $TdS$ 公式。

(3) 以 $(p, V)$ 为独立变量，则 $TdS$ 表示成

$$TdS = C_V\left(\frac{\partial T}{\partial p}\right)_V dp + C_p\left(\frac{\partial T}{\partial V}\right)_p dV = \frac{C_p}{\alpha V}dV + \frac{C_V\beta}{\alpha}dp,\ [S = S(p, V)] \qquad (2-2-27)$$

式 (2 – 2 – 27) 称为第三 $TdS$ 公式。

$TdS$ 公式有多样用途：①它们给出了可逆过程中的热量（$\delta Q = TdS$），而且熵能通过公式右端除以 $T$ 后积分而获得；②这些方程基于可观测量 $C_p$、$C_V$、$\alpha$、$\beta$ 和 $T$ 将热量与熵表示出来；③它们能被用来确定热容量 $C_p$ 和 $C_V$ 的差；④它们提供了在可逆绝热过程（$dS = 0$）中一对变量之间的关系；⑤这些公式也可变换到电磁或其他系统。

**【例 2.2.1】** $TdS$ 方程的一个应用：气体经绝热膨胀由体积为 $V_i$、压强为 $p_i$ 的区域进入体积为 $V_f$、压强为 $p_f$ 的区域，类似于图 2.2.4 所示情况。

利用以上结果，讨论用绝热膨胀过程冷却理想气体、实际气体 $p = \dfrac{nRT}{V-b}$ 的可能性，并对结果作一分析。

**【解】** （1）根据第二 $TdS$ 方程知：

$$TdS = C_p dT - T\left(\frac{\partial V}{\partial T}\right)_p dp \qquad (2-2-28)$$

在气体绝热膨胀过程中，首次定义了焓 $H = U + pV$，其微分表达式是 $dH = dU + pdV + Vdp = TdS + Vdp$，因该过程焓不变 $dH = 0$，则 $TdS + Vdp = 0$，代入式（2-2-28），从中解出 $dT$，即

$$dT = \frac{1}{C_p}\left[T\left(\frac{\partial V}{\partial T}\right)_p - V\right]dp = \frac{V}{C_p}(T\alpha - 1)dp \qquad (2-2-29)$$

那么，对于较小的 $\Delta p$，有

$$\Delta T = \frac{V}{C_p}(T\alpha - 1)\Delta p$$

（2）对于理想气体，$pV = nRT$，$\alpha = \dfrac{1}{T}$，则 $\Delta T = 0$，故此过程不能用来冷却理想气体。

对于题设的实际气体，有

$$p = \frac{nRT}{V-b}, \quad \alpha = \frac{1}{V}\left(\frac{\partial V}{\partial T}\right)_p = \frac{nR}{pV}$$

那么

$$\Delta T = \frac{V}{C_p}\left(\frac{nRT}{pV} - 1\right)\Delta p = \frac{V}{C_p}\left[\frac{p(V-b)}{pV} - 1\right]\Delta p = -\frac{1}{C_p}b\Delta p \qquad (2-2-30)$$

由于 $\Delta p < 0$，所以 $\Delta T > 0$，故亦不能用绝热膨胀来降低此气体的温度。

### 2.2.5 熵增计算

**1. 理想气体的熵增**

将可逆过程的第一 $TdS$ 公式运用于理想气体（$p = nRT/V$），有

$$dS = C_V \frac{dT}{T} + nR \frac{dV}{V}$$

对上式积分，得

$$S = S_0 + \int C_V \frac{dT}{T} + nR\ln V$$

或

$$S_2 - S_1 = \int_{T_1}^{T_2} C_V \frac{dT}{T} + nR\ln\left(\frac{V_2}{V_1}\right) \qquad (2-2-31)$$

若温度变化的区间不是很宽，可将 $C_V$ 视为与温度无关的常量，则以上对温度的积分可以积出。当然，也可以对其他两个 $TdS$ 方程进行定积分或不定积分，得到以 $(T, p)$ 和 $(p, V)$ 两个独立变量表示的熵增。

**注意**：在许多热过程中仅熵增是重要的，不过在化学上有能力去赋予熵一个绝对值，虽然式（2-2-31）仅适用于理想气体，但是它刻画了许多固体、液体和气体的典型行为。

**讨论**：

在物理上分析式（2-2-31）隐含的意义。考虑气体的等温膨胀，体积的增加为熵增提供了正贡献。从一个微观观点来看，随着体积的增大，系统的能级变得更加接近，从而导致分子更加随机地分布，故熵增加。为了保持熵为一常量，必须给熵增补偿负的贡献，也就是要降温。所以说，当气体系统可逆地膨胀时，为了保持系统熵不变，就降低温度以抵消体积增加导致的熵增效应。

**2. 熵增与路径无关**

考虑一种理想气体从 $A$ 态 $(p_A, V_A)$ 出发，到达 $C$ 态 $\left(\dfrac{1}{2}p_A, 2V_A\right)$，计算以下两个过程的熵增。

（1）等温膨胀过程：

$$S_C - S_A = \int_A^C \frac{p\mathrm{d}V}{T} = nR\ln\left(\frac{V_C}{V_A}\right) = nR\ln 2 \qquad (2-2-32)$$

（2）先等体降温，然后再等压膨胀：

$$
\begin{aligned}
S_C - S_A &= S_B - S_A + S_C - S_B \\
&= \int_{A(\text{等体})}^B C_V \frac{\mathrm{d}T}{T} + \int_{B(\text{等压})}^C C_p \frac{\mathrm{d}T}{T} = C_V\ln\frac{T_B}{T_A} + C_p\ln\frac{T_C}{T_B} \\
&= C_V\ln\frac{1}{2} + C_p\ln 2 = (C_p - C_V)\ln 2 = nR\ln 2 \qquad (2-2-33)
\end{aligned}
$$

显然，前一个过程的计算较简单。

**3. 不可逆过程**

一个系统从一个平衡态（初态）出发，经历一个不可逆过程，终止于另一个平衡态（末态），计算系统在这个过程中熵的变化 $\Delta S$。

克劳修斯不等式：对于真实过程每一段的热温比求和小于 $\Delta S$，即用原来过程来计算熵增给不出正确的结果，因为熵是态函数，熵增就等于两个态的熵之差，即 $\Delta S = S_f - S_i$，所以，可以设计一个简单的可逆过程（并不是原过程）将两个给定的平衡态连接起来，从而用准静态过程量来计算态函数的差：

$$\Delta S = S_f - S_i = \int_{i(\text{可逆})}^f \frac{\delta Q}{T} \qquad (2-2-34)$$

下面举例计算不可逆过程的系统与环境的总熵增。

1）系统熵增为零的情况

（1）一个质量为 5 kg 的重物从 50 m 高处落到地面；恒温，为 20 ℃。显然，这个过程是不可逆的。设想这个物体被一根细绳连接在一个滑轮上，因而缓慢下落且可逆。因为无热量交换，所以 $\Delta S(系统) = 0$，不过

$$\Delta S(总体) = \Delta S(环境) = \frac{mgh}{T} = \frac{5 \times 9.8 \times 50}{273 + 20} \approx 8.36(\mathrm{J/K})$$

（2）热量 $Q$ 从一个热源（温度为 $T_1$）通过一个系统传给一个冷源（温度为 $T_2$），系统初末态保持不变（例如循环），$\Delta S(\text{系统})=0$。在此不可逆过程中，有

$$\Delta S(\text{热源})=-\frac{Q}{T_1}, \quad \Delta S(\text{冷源})=\frac{Q}{T_2}, \quad \Delta S(\text{环境})=-\frac{Q}{T_1}+\frac{Q}{T_2}$$

**注意**：系统从热源吸取热量，由于热源足够大，尽管它放出热量，但它的温度并不被改变；计算总的熵增不要忘记加上两个热源的熵增。

**2）环境熵增为零的情况**

理想气体向真空自由膨胀，其体积从 $V_i$ 增大到 $V_f$。

由于理想气体自由膨胀，其内能不变，温度也不变，所以可用一个等温可逆过程来计算熵增：

$$\Delta S(\text{系统})=\int_{V_i}^{V_f}\frac{\mathrm{d}E+\delta A}{T}=\int_{V_i}^{V_f}\frac{p\mathrm{d}V}{T}=nR\int_{V_i}^{V_f}\frac{\mathrm{d}V}{V}=nR\ln\frac{V_f}{V_i}$$

又由于系统自由膨胀是绝热进行的，$\Delta S(\text{环境})=0$，所以

$$\Delta S(\text{总体})=\Delta S(\text{系统})=nR\ln\frac{V_f}{V_i} \tag{2-2-35}$$

**3）热传导过程**

由 $A$ 和 $B$ 两物体组成一系统，其初态和末态的熵分别写作

$$S_i=S_{A,i}+S_{B,i}, \quad S_f=S_{A,f}+S_{B,f} \tag{2-2-36}$$

所以，当有 $|\delta Q|$ 热量由 $A$ 传到 $B$ 时，引起的总熵增为

$$S_f-S_i=(S_{A,f}-S_{A,i})+(S_{B,f}-S_{B,i})$$

$$=-\frac{|\delta D|}{T_A}+\frac{|\delta Q|}{T_B}=|\delta D|\left(\frac{1}{T_B}-\frac{1}{T_A}\right)>0$$

由熵增加原理可知，热量 $\delta Q$ 由高温物体通过介质传递到低温物体的过程是不可逆的。

**4）系统和环境均有熵增**

考虑一个温度为 $T_1$ 的物体处于平衡状态，与一个温度为 $T_2$ 的热库接触而到达新的平衡态，$T_2>T_1$。因为不是无限小温差，所以这个过程是不可逆的，即该过程不能通过一个无限缓慢的变换来逆转。

用一个等压可逆过程来连接初末态，那么系统熵增为

$$\Delta S(\text{系统})=C_p\int_{T_1}^{T_2}\frac{\mathrm{d}T}{T}=C_p\ln\frac{T_2}{T_1} \tag{2-2-37}$$

热环境在恒定温度 $T_2$ 下传递给系统的热量 $Q=C_p(T_2-T_1)$，它的熵增为

$$\Delta S(\text{热环境})=-\frac{Q}{T_2}=-\frac{C_p(T_2-T_1)}{T_2} \tag{2-2-38}$$

故系统加热环境总的熵增是

$$\Delta S(\text{总体})=\Delta S(\text{系统})+\Delta S(\text{热环境})$$

$$=C_p\left[\ln\left(\frac{T_2}{T_1}\right)-\frac{T_2-T_1}{T_2}\right] \tag{2-2-39}$$

**练习**：证明无论是 $T_2>T_1$ 还是 $T_2<T_1$，式（2-2-39）都给出 $\Delta S>0$ 即熵增加的

结果。

在有限温差下进行的热传递过程中熵必然增加，那么如何减少熵的增加呢？下面的例题给出了一种途径。

【例 2.2.2】　温度为 $T_i$ 的物质依次与温度等于 $T_i + \Delta T$, $T_i + 2\Delta T$, $\cdots$, $T_i + N\Delta T = T_f$ 的热源接触，使其温度最终变成 $T_f$（图 2.2.4）。假定物质的热容与温度无关，计算由物质和 $N$ 个热源构成的整个系统的总熵增；当 $N \to \infty$ 而 $T_f - T_i$ 固定时，熵增是多少？

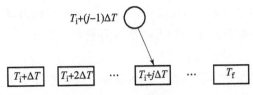

图 2.2.4　一个系统依次与 $N$ 个温差很小的热源相接触

【解】　温度为 $T_i + j\Delta T$ 的物质与温度为 $T_i + (j+1)\Delta T$ 的热源接触，达到热平衡时，物质和热源的熵增分别为

$$\Delta S(\text{物质}) = \int_{T_i+j\Delta T}^{T_i+(j+1)\Delta T} \frac{C\mathrm{d}T}{T} = C\ln\left[\frac{T_i + (j+1)\Delta T}{T_i + j\Delta T}\right]$$

$$\Delta S(\text{热源}) = -\frac{C\Delta T}{T_i + (j+1)\Delta T}$$

这一步的总熵增是

$$\Delta S_j = \Delta S(\text{物质}) + \Delta S(\text{热源})$$

$$= C\left\{\ln\left[\frac{T_i + (j+1)\Delta T}{T_i + j\Delta T}\right] - \frac{\Delta T}{T_i + (j+1)\Delta T}\right\}$$

物质依次与各个热源接触后，系统所有热源的总熵增等于

$$\Delta S = \sum_{j=0}^{N-1} \Delta S_j = C\left[\ln\left(\frac{T_f}{T_i}\right) - \sum_{j=0}^{N-1} \frac{\Delta T}{T_i + (j+1)\Delta T}\right]$$

如果 $N \to \infty$，也即 $\Delta T \to 0$，上式求和可用积分代替，那么

$$\Delta S = C\left[\ln\left(\frac{T_f}{T_i}\right) - \int_{T_i}^{T_f} \frac{\mathrm{d}T}{T}\right] = C\left[\ln\left(\frac{T_f}{T_i}\right) - \ln\left(\frac{T_f}{T_i}\right)\right] = 0$$

**讨论：**

无穷小温差下的热传导过程是可逆的，这个过程可视为准静态。事实上，这引发了一个问题：既然涉及热现象的所有过程都是不可逆的，那么研究可逆过程热力学还有意义吗？首先，可逆过程是研究平衡态性质的手段，可以设计一个可逆过程而到达所需的平衡态，通过计算可逆过程的过程量来确定两平衡态热力学函数的差；其次，可逆过程可以作为某些实际过程的近似，如果过程进行的特征时间远比趋于平衡的弛豫时间长，那么把它看作准静态过程就是很好的近似。

## 2.3　比内能、比焓、熵、自由能、比容

在运动过程中每一时刻介质中的每一点都由压力 $p$、比容 $v = 1/\rho$（密度 $\rho$）、温度 $T$、熵 $S$、比内能 $e$、比焓 $h$ 等热力学参量确定其状态。所有的热力学参量中只有两个参量是独立

的，任何一个热力学参量都可以通过另外两个参量表示出来。

假如将 $S$、$v$ 作为独立变量，则比内能 $e$ 作为 $S$、$v$ 的函数 $e(S,v)$；相应地，对不同的一对独立变量，要引入不同的热力学函数。通常习惯取 $p,v,S,T$ 四个参量中的两个参量作为独立变量，再由四个关系式决定四个热力学函数：比内能 $e$、比焓 $h$、自由能 $F$（又称亥姆霍兹自由能）和吉布斯自由能 $G$。

**1. 比内能**

在热力学过程中，系统除了与外界发生功、热等能量交换外，其自身的能量也会发生变化。系统总能量包括内能、动能和势能。

内能即系统内部的储存能，在热力系统中只关心与热运动有关的内能，因此也常把内能称为热力学能；动能是由于系统相对某参考坐标系存在宏观运动而存储的能量；势能则是系统具有相对高度而存储的能量。内能、动能和势能分别用 $E$、$E_k$ 和 $E_p$ 表示，单位为 J 或 kJ。

内能与系统的内部状态密切相关，在平衡状态下，系统与外界不发生任何作用，系统状态长时间不发生变化，所以在平衡状态下，系统内能为常数。显然，系统工质量越大，系统内部的储能就越多，所以内能是与工质量 $m$ 有关的广延量。单位工质的内能称为比内能，用 $e$ 表示，单位为 J/kg。

对于气体工质，系统内能主要包括由分子热运动产生的内动能和由分子之间相互作用产生的内势能两部分。根据分子运动论，分子的内动能主要与工质的温度有关，分子的内势能主要与分子间的距离，即气体的比容有关。因此，工质的总内能是温度和比容的函数：

$$E = E(T,v) \tag{2-3-1}$$

$$e = \frac{E}{m} \tag{2-3-2}$$

对于一个封闭系统，由于与外界不发生质量交换，只有功热交换，因此当系统经历若干过程又回到原来状态时，系统内部储存的能量应该不变，即

$$\oint \mathrm{d}E = 0 \tag{2-3-3}$$

因此说明，系统的内能是一个状态参数，与过程无关。式（2-3-1）也说明 $E$ 是状态参数，因为它仅由状态参数组成。

**2. 比焓**

比内能与压力位能 $p/\rho$ 之和称为比焓，用 $h$ 来表示，即为

$$h = e + p/\rho = e + pv \tag{2-3-4}$$

微分式（2-3-4）得

$$\begin{aligned} \mathrm{d}h &= \mathrm{d}e + p\mathrm{d}v + v\mathrm{d}p \\ &= \delta q + v\mathrm{d}p \end{aligned} \tag{2-3-5}$$

式（2-3-5）是用比焓表示的热力学第一定律。

假设在常压下，向系统传送热量或实施化学作用，使系统的内能、体积，以致焓发生一些变化。系统的比焓可表示为

$$\begin{aligned} h + \Delta h &= (e + \Delta e) + p(v + \Delta v) \\ &= (e + pv) + (\Delta e + p\Delta v) = h + (\Delta e + p\Delta v) \end{aligned}$$

所以，在一个常压过程中，比焓的变化为

$$\Delta h = \Delta e + p\Delta v \qquad\qquad (2-3-6)$$

这表明：内能增加或者系统膨胀（对介质做功）可增加系统的焓。

对于一个可逆过程，推导比焓的微小变化，得

$$T ds = de + p dv \Rightarrow$$

$$de = T ds - p dv = T ds - \mathrm{d}(pv) + v dp$$

$$dh = de + \mathrm{d}(pv) = T ds + v dp \Rightarrow dh = T ds + v dp$$

以焓为态函数，热力学第一定律可写成下面的微分形式：

$$dh = T ds + v dp \qquad\qquad (2-3-7)$$

焓具有如下性质：

（1）$e$ 是可加量，$p$ 为一强度量，$v$ 是一个可加量，则 $p$ 和 $v$ 的乘积就是一个可加量，所以 $h$ 是一个可加量（也称广延量）。

（2）若系统经过一个等压过程 $dp = 0$，则 $(dh)_p = (T ds)_p = Q_p$，故在可逆等压过程中系统吸热等于它的焓增加。

$$(dh)_p = (T ds)_p = C_p dT$$

$$dh = \left(\frac{\partial h}{\partial T}\right)_p dT + \left(\frac{\partial h}{\partial p}\right)_T dp$$

比较以上两式，有

$$C_p = \left(\frac{\partial h}{\partial T}\right)_p \qquad\qquad (2-3-8)$$

由此可见，引入焓可以用其对温度的偏导数（压强不变）来表示定压热容。在实验上测量的是 $C_p$ 而不是 $C_V$，所以 $C_p$ 表示不同压强下焓的值，在工程中有广泛的应用。

（3）将可逆和不可逆过程一并考虑（$\delta Q \leqslant T dS$），有 $de \leqslant T ds - p dv$，则

$$de + \mathrm{d}(pv) \leqslant T ds - p dv + p dv + v dp$$

$$dh \leqslant T ds + v dp$$

对于等压等熵过程，$dp = 0$，且 $ds = 0$，$dh \leqslant 0$，此过程的焓绝不会增加，系统达到平衡态时，焓取极小值。

**3. 比熵**

在可逆过程中，外界传导热是唯一的热量来源。如果系统与外界是绝热的，系统内熵值保持不变，称为等熵过程，即 $dS = 0$。

单位质量介质的熵称为比熵，用 $s$ 来表示，比熵的定义为

$$ds = \frac{\delta q}{T} \qquad\qquad (2-3-9)$$

若以比熵和比容 $v$ 为独立状态变量，则可引入温度 $T$，并将其定义为

$$T = \left(\frac{\partial e}{\partial s}\right)_v \qquad\qquad (2-3-10)$$

因此式（2-3-10）可写作

$$de = T ds - p dv \qquad\qquad (2-3-11)$$

由式（2-3-11）可以看出，在等压过程中，比焓的变化等于系统所获得的热量。在等压的绝热过程中比焓不变。在等压过程中，取比焓作热力学函数为宜，这时应取 $p$、$s$ 为独立变量，则温度和比容可表示为

$$\begin{cases} T = \left(\dfrac{\partial h}{\partial s}\right)_p \\[3mm] v = \left(\dfrac{\partial h}{\partial p}\right)_s \end{cases} \quad\quad (2-3-12)$$

### 4. 亥姆霍兹自由能

人们通常并不关心系统到达一个平衡态所需要的总能量，如果环境的温度为一常量，那么系统可以"免费"地从周围环境提取热量。亥姆霍兹（Helmholtz）自由能为系统的总能量减去它从一个温度为 $T$ 的环境吸取的热量，定义为

$$F \equiv E - TS \quad\quad (2-3-13)$$

吸收的热量为 $TS$，这里 $S$ 是系统的熵。一个系统的熵越大，则能够作为热量的能量就越大，所以自由能就是提供对外做功的能量，我们可将其视为可资利用或"自由"的能量。

将热力学第一定律和热力学第二定律的结合应用于一般过程，即 $TdS \geq dE + \delta A$，对此方程移项，并在两端减去 $d(TS)$，有

$$dE - d(TS) \leq TdS - d(TS) - \delta A$$
$$d(E - TS) \leq -SdT - \delta A$$

故

$$dF \leq -SdT - \delta A \quad\quad (2-3-14)$$

式中：等号适用于可逆过程，不等号适用于不可逆过程。

自由能的性质如下：

（1）$F$ 是一个可加量。

（2）系统若经过一个等温可逆过程，则 $\delta A = -dF$，这表明系统对外界做功等于其自由能的减少。

（3）如果系统经历的是一个不可逆等温过程，那么 $\delta A < -dF$，这表明系统做的功小于自由能的减少。故得出结论：在可逆等温过程中系统对外做的功最大，这就是最大功原理。

对式（2-3-13）求全微分，并考虑式（2-3-11），得

$$dF = -SdT - pdV \quad\quad (2-3-15)$$

于是

$$\begin{cases} S = -\left(\dfrac{\partial F}{\partial T}\right)_V \\[3mm] p = -\left(\dfrac{\partial F}{\partial V}\right)_T \end{cases} \quad\quad (2-3-16)$$

自由能的意义为：在等温过程中，外界对系统所做的功全部用于增加系统的自由能。所以，在等温过程中通常取自由能作热力学函数，这时应取 $T$、$V$ 为独立变量。基于以上关系可用 $F$ 把 $E$ 表示出来：

$$E = F - T\left(\frac{\partial F}{\partial T}\right)_V = -T^2\left(\frac{\partial}{\partial T}\frac{F}{T}\right)_V \quad\quad (2-3-17)$$

### 5. 吉布斯函数（或吉布斯自由能）

如果系统以定压和常温方式在一个环境中，那么人们将一个原来什么也没有的系统放入这样的环境，需要做的功就是吉布斯函数（Gibbs function），其定义为

$$G = H - TS \tag{2-3-18}$$

对式（2-3-18）求全微分，并将式（2-3-7）代入，得

$$dG = -SdT + Vdp \tag{2-3-19}$$

并得

$$\begin{cases} S = -\left(\dfrac{\partial G}{\partial T}\right)_p \\[3mm] V = -\left(\dfrac{\partial G}{\partial p}\right)_T \end{cases} \tag{2-3-20}$$

也可以用 $G$ 表示 $H$：

$$H = G - T\left(\frac{\partial G}{\partial T}\right)_p \tag{2-3-21}$$

### 6. 从熵增加原理看 $F$ 和 $G$ 的作用

对于一个孤立系统，熵趋于增加，那么系统的熵支配着系统自发变化的方向。但是，如果系统不是孤立的，情况如何呢？现在考虑系统与一个恒温环境相接触，能量可以在系统和环境之间交换，趋于增加的并不是系统的熵，而是系统加环境的总熵。

假设环境扮演着一个足够大的能量热库，它能吸收和释放没有穷尽的能量而不改变其温度。总熵可以写成 $S_x + S_R$，这里下标 x 和 R 分别代表系统和环境。基本的规律是总熵趋于增加。假定考虑总熵的一个小变化，即

$$dS_t = dS_x + dS_R \tag{2-3-22}$$

由于总体系是孤立系统，所以达到平衡态时总熵达到极大值，这在数学上要求：

$$\delta S_t = 0, \quad \delta^2 S_t < 0 \tag{2-3-23}$$

这是体系到达平衡态的熵判据。

希望用系统变量来描写总熵，为此，将有如下的热力学等式：

$$dS = \frac{dE}{T} + \frac{p}{T}dV - \frac{\mu}{T}dN$$

根据总熵增加的平衡判据，可以给出系统趋于平衡态时的自由能和吉布斯函数的走向。

假设热库的 $V$ 和 $N$ 固定，仅能量流进和流出系统，那么 $dS_R = \delta Q_R / T_R = dE_R / T_R$，因此方程（2-3-22）写为

$$dS_t = dS_x + \frac{1}{T_R}dE_R \tag{2-3-24}$$

热库的温度与系统的温度相同，而热库能量的变化 $dE_R$ 是系统能量变化 $dE$ 之负值，所以有

$$dS_t = dS_x - \frac{dE}{T} = -\frac{1}{T}(dE - TdS_x) = -\frac{1}{T}dF$$

$$dS_t > 0 \Rightarrow dF < 0 \tag{2-3-25}$$

故在固定系统的 $T$、$V$ 和 $N$ 的条件下，总熵的增加意味着系统自由能的降低。

如果系统的体积变化，而压强与热库温度保持不变，则有

$$dS_t = dS - \frac{dE}{T} - \frac{p}{T}dV = -\frac{1}{T}(dE - TdS + pdV) = -\frac{1}{T}dG \quad (2-3-26)$$

所以，总熵增加意味着系统的吉布斯函数趋于降低。由于 $\delta^2 S_t = -\frac{1}{T}\delta^2 G < 0$，又系统平衡及稳定条件为

$$\delta G = 0, \quad \delta^2 G > 0 \quad (2-3-27)$$

因此，热力学过程发生的判据如下：

（1）在常能量和体积下，$S$ 趋于增加。

（2）在常温度和体积下，$F$ 趋于降低。

（3）在常温度和压强下，$G$ 趋于降低。

不同平衡判据的适用条件不同，因而它们所给出的平衡条件也不同。利用熵判据，可以导出所有的平衡条件；但利用自由能判据，由于它要求体系与热库达到相同的温度，因而只能给出除热平衡条件以外的其他平衡条件。同样，吉布斯函数判据也只能给出除热、力学平衡以外的其他平衡条件。

## 2.4 热力学函数

现用已定义的态函数，将封闭均匀系统的热力学第一定律的微分形式写成

$$\begin{cases} dE = TdS - pdV \\ dH = TdS + Vdp \\ dF = -SdT - pdV \\ dG = -SdT + Vdp \end{cases} \quad (2-4-1)$$

这些是可逆过程的热力学等式。从实用的角度来看：一则在某些条件控制下，可以计算态函数的值；二则可以从中获得一些偏导数的公式。更为重要的是，根据式（2-4-1）微分等式可得：态函数最好选择如下对应变量的二元函数，即

$$E = E(S, V), \quad H = H(S, p), \quad F = F(T, V), \quad G = G(T, p) \quad (2-4-2)$$

如此一来，这些热力学函数成为特性函数（characteristic function），即只要知道其中一个热力学函数，就可以确定均匀系统的全部平衡性质，得到其他所有的热力学函数。注意，特性函数并不是一个新引进的态函数，是适当选择独立变量之后的某一个热力学函数，也叫作热力学势。

以自由能为例，若选择 $T$ 和 $V$ 为系统的自变量，$F = F(T, V)$，则有

$$\begin{cases} dF = -SdT - pdV \\ dF = \left(\frac{\partial F}{\partial T}\right)_V dT + \left(\frac{\partial F}{\partial V}\right)_T dV \end{cases} \quad (2-4-3)$$

因此，其他热力学态函数可以用 $F$ 表示为

$$\begin{cases} S = -\left(\dfrac{\partial F}{\partial T}\right)_V & (\text{I}) \\[3mm] p = -\left(\dfrac{\partial F}{\partial V}\right)_T & (\text{II}) \\[3mm] E = F + TS = F - T\left(\dfrac{\partial F}{\partial T}\right)_V & (\text{III}) \\[3mm] H = E + pV = F - T\left(\dfrac{\partial F}{\partial T}\right)_V - V\left(\dfrac{\partial F}{\partial V}\right)_T & (\text{IV}) \\[3mm] G = F + pV = F - V\left(\dfrac{\partial F}{\partial V}\right)_T & (\text{V}) \end{cases} \qquad (2-4-4)$$

对以上式（III）的两边进行体积偏导，得到

$$\left(\frac{\partial E}{\partial V}\right)_T = \left(\frac{\partial F}{\partial V}\right)_T - T\frac{\partial^2 F}{\partial V \partial T} = -p + T\left(\frac{\partial S}{\partial V}\right)_T \qquad (2-4-5)$$

这是吉布斯 – 亥姆霍兹第一方程。

在统计物理中常遇到以 $(E,V)$ 为变量的熵特性函数 $S(E,V)$，不妨用它将其他热力学函数表示出来，即

$$dS = \frac{1}{T}dE + \frac{p}{T}dV$$

又在数学上

$$dS = \left(\frac{\partial S}{\partial E}\right)_V dE + \left(\frac{\partial S}{\partial V}\right)_E dV$$

比较两式即得

$$\frac{1}{T} = \left(\frac{\partial S}{\partial E}\right)_V, \frac{p}{T} = \left(\frac{\partial S}{\partial V}\right)_E \qquad (2-4-6)$$

式（2 – 4 – 6）中两式相除，有

$$p = \frac{\left(\dfrac{\partial S}{\partial V}\right)_E}{\left(\dfrac{\partial S}{\partial E}\right)_V} \qquad (2-4-7)$$

其他热力学函数分别写为

$$\begin{cases} H = E + pV = E + \dfrac{\left(\dfrac{\partial S}{\partial V}\right)_E}{\left(\dfrac{\partial S}{\partial E}\right)_V}V \\[6mm] F = E - TS = E - \dfrac{1}{\left(\dfrac{\partial S}{\partial E}\right)_V}S \\[6mm] G = E - TS + pV = E - \dfrac{1}{\left(\dfrac{\partial S}{\partial E}\right)_V}S + \dfrac{\left(\dfrac{\partial S}{\partial V}\right)_E}{\left(\dfrac{\partial S}{\partial E}\right)_V}V \end{cases} \qquad (2-4-8)$$

**练习**：分别以 $H(S,p)$ 和 $G(T,p)$ 为特性函数，将其他热力学态函数表示出来。

将热力学第一定律与热力学第二定律相结合的微分表示为

$$dE = TdS - pdV \qquad (2-4-9)$$

这也是内能最好选变量 $(S,V)$ 的函数的原因。因为 $E$ 是一个态函数，所以其存在全微分：

$$dE = \left(\frac{\partial E}{\partial S}\right)_V dS + \left(\frac{\partial E}{\partial V}\right)_S dV \qquad (2-4-10)$$

比较式（2-4-9）和式（2-4-10），得到

$$T = \left(\frac{\partial E}{\partial S}\right)_V, \quad p = -\left(\frac{\partial E}{\partial V}\right)_S$$

从而

$$\left(\frac{\partial T}{\partial V}\right)_S = -\left(\frac{\partial p}{\partial S}\right)_V \qquad (2-4-11)$$

此乃一个麦克斯韦关系式。

仿照上述推导法，从方程组（2-4-1）的另外三个方程出发，再获得三个等式，共计四个关系式，简称麦克斯韦关系，即

$$(1)\left(\frac{\partial T}{\partial V}\right)_S = -\left(\frac{\partial p}{\partial S}\right)_V, \quad (2)\left(\frac{\partial T}{\partial p}\right)_S = \left(\frac{\partial V}{\partial S}\right)_p,$$

$$(3)\left(\frac{\partial S}{\partial V}\right)_T = \left(\frac{\partial p}{\partial T}\right)_V, \quad (4)\left(\frac{\partial S}{\partial p}\right)_T = -\left(\frac{\partial V}{\partial T}\right)_p \qquad (2-4-12)$$

**【例2.4.1】** 考虑理想气体经历一个等温可逆过程，压强从 $p_0$ 变化到 $p_f$，计算在这一过程中系统的吸热。

**【解】** 根据可逆过程的熵定义 $\delta Q = TdS$，将熵表示成问题中的态变量 $T$ 和 $p$ 的函数：$S = S(T,p)$，并且

$$dS = \left(\frac{\partial S}{\partial T}\right)_p dT + \left(\frac{\partial S}{\partial p}\right)_T dp$$

因为过程是等温的，$dT = 0$，所以

$$\delta Q = T\left(\frac{\partial S}{\partial p}\right)_T dp$$

利用麦克斯韦关系式（2-4-12）的（4）式，有

$$\delta Q = -T\left(\frac{\partial V}{\partial T}\right)_p dp$$

对于理想气体，$pV = nRT$，那么 $\left(\frac{\partial V}{\partial T}\right)_p = \frac{nR}{p}$，故得

$$Q = -nRT\int_{p_0}^{p_f} \frac{dp}{p} = -nRT\ln\left(\frac{p_f}{p_0}\right)$$

若 $p_f > p_0$，则在这一过程中热量从系统中流出。

在热力学第一定律范畴内，定义了一个核心态变量内能 $E$，在讨论节流膨胀过程时用到了一个辅助态函数焓 $H$，两者具有能量的量纲；而在热力学第二定律中引入了一个重要的态变量：熵。

但是许多过程并不是一个循环过程，如化学反应，系统的末态不同于它的初态。系统本

身的能量不是固定的，而温度是不变的，系统与一个常温环境相互作用，需建立新的态函数来处理常温和定压过程。

仅用 $E$ 和 $S$ 分析一些过程是不够的，所以需要引入另外三个函数：焓 $H$、自由能 $F$ 和吉布斯函数 $G$。鉴于 $E$、$H$、$F$ 和 $G$ 四个具有能量量纲的态函数在确定系统平衡态的作用方面与力学中的势能相似，我们也称之为热力学势。

将温度 $T$、内能 $E$ 和熵 $S$ 视为三个基本的热力学函数，然后导出一些热力学辅助函数，用一个母函数生成其他态函数。引入热力学函数（热力学势）的两个作用：①用它们的变化来量度在特定过程中吸热和做功这两个过程量；②判别过程进行的方向。

为了引用方便，将热力学函数和热力学关系式进行总结，见表 2.4.1。

**表 2.4.1　热力学函数及其关系**

| 特性函数 | 独立变量 | 互易关系 | 麦克斯韦关系 |
|---|---|---|---|
| 内能<br>$E$ | $S, V$<br>$dE = TdS - pdV$ | $T = \left(\dfrac{\partial E}{\partial S}\right)_V$<br><br>$p = -\left(\dfrac{\partial E}{\partial V}\right)_S$ | $\left(\dfrac{\partial T}{\partial V}\right)_S = -\left(\dfrac{\partial p}{\partial S}\right)_V$<br><br>$= \dfrac{\partial^2 E}{\partial V \partial S}$ |
| 焓<br>$H = E + pV$ | $S, p$<br>$dH = TdS + Vdp$ | $T = \left(\dfrac{\partial H}{\partial S}\right)_p$<br><br>$V = \left(\dfrac{\partial H}{\partial p}\right)_S$ | $\left(\dfrac{\partial T}{\partial p}\right)_S = \left(\dfrac{\partial V}{\partial S}\right)_p$<br><br>$= \dfrac{\partial^2 H}{\partial p \partial S}$ |
| 自由能<br>$F = E - TS$ | $T, V$<br>$dF = -SdT - pdV$ | $S = -\left(\dfrac{\partial F}{\partial T}\right)_V$<br><br>$p = -\left(\dfrac{\partial F}{\partial V}\right)_T$ | $\left(\dfrac{\partial S}{\partial V}\right)_T = \left(\dfrac{\partial p}{\partial T}\right)_V$<br><br>$= -\dfrac{\partial^2 F}{\partial V \partial T}$ |
| 吉布斯函数<br>$G = E - TS + pV$ | $T, p$<br>$dG = -SdT + Vdp$ | $S = -\left(\dfrac{\partial G}{\partial T}\right)_p$<br><br>$V = \left(\dfrac{\partial G}{\partial p}\right)_T$ | $\left(\dfrac{\partial S}{\partial p}\right)_T = -\left(\dfrac{\partial V}{\partial T}\right)_p$<br><br>$= -\dfrac{\partial^2 G}{\partial p \partial T}$ |

**【例 2.4.2】** 一种物质具有物态方程：$p = A\dfrac{T^3}{V}$，这里 $A$ 为一常量，该物质的内能 $E = BT^n \ln(V/V_0) + f(T)$，其中 $B$、$n$ 和 $V_0$ 均为常量，$f(T)$ 只依赖于温度，试确定 $B$ 和 $n$ 的值。

**【解】** 题目给出了内能和物态参量联系的信息，能够同时出现 $E$ 和 $T$、$p$、$V$ 的是热力学第一定律和第二定律的结合，因此有

$$dS = \frac{dE + pdV}{T} = \frac{1}{T}\left[\left(\frac{\partial E}{\partial V}\right)_T dV + \left(\frac{\partial E}{\partial T}\right)_V dT\right] + \frac{p}{T}dV$$

将已知的 $E$ 和 $p$ 表示式代入上式，得

$$dS = \frac{BT^{n-1} + AT^2}{V}dV + \left[\frac{f'(T)}{T} + nBT^{n-2}\ln\frac{V}{V_0}\right]dT$$

因熵 $S$ 为一态函数，所以应存在全微分，全微分条件为：

$$\frac{\partial}{\partial T}\left(\frac{BT^{n-1}+AT^2}{V}\right)=\frac{\partial}{\partial V}\left[\frac{f'(T)}{T}+nBT^{n-2}\ln\frac{V}{V_0}\right]$$

所以

$$2AT-BT^{n-2}=0\Rightarrow n=3,\qquad B=2A$$

## 2.5 化学平衡

### 2.5.1 化学平衡的条件及平衡常数

考虑一个处于恒温和恒定总压的封闭体系中的反应：

$$aA+bB\xrightarrow{\ T,\ p\ }gG+hH \tag{2-5-1}$$

若反应自左向右进行，各物质摩尔数的改变应满足下列条件：

$$-\frac{\mathrm{d}n_A}{a}=-\frac{\mathrm{d}n_B}{b}=\frac{\mathrm{d}n_G}{g}=\frac{\mathrm{d}n_H}{n}\mathrm{d}\lambda \tag{2-5-2}$$

或

$$\mathrm{d}n_A=-a\mathrm{d}\lambda,\quad \mathrm{d}n_B=-b\mathrm{d}\lambda,\quad \mathrm{d}n_G=g\mathrm{d}\lambda,\quad \mathrm{d}n_H=h\mathrm{d}\lambda \tag{2-5-3}$$

式中：$\lambda$ 为表示反应进展程度的参数，简称反应进度。假设体系发生的变化极小，消耗掉的 $A$、$B$ 和产生的 $G$、$H$ 很少，则可以认为体系中各物质的状态实际上并没有发生变化，即体系中各物质的化学位可视为不变。此时体系吉布斯自由能的变化视为仅由各物质的摩尔数之微小变化引起。热力学基本公式

$$\mathrm{d}G=-S\mathrm{d}T+V\mathrm{d}p+\sum_i z_i\mathrm{d}n_i \tag{2-5-4}$$

在恒温恒压的条件下可变为

$$\begin{aligned}\mathrm{d}G&=\sum_i z_i\mathrm{d}n_i\\&=\left[(gz_G+hz_H)-(az_A+bz_B)\right]\end{aligned} \tag{2-5-5}$$

或

$$\left(\frac{\partial G}{\partial \lambda}\right)_{T,p}=(gz_G+hz_H)-(az_A+bz_B) \tag{2-5-6}$$

式中：$z_i$ 为参与反应的物质的化学位，$i=A$、$B$、$G$、$H$。在变化过程中，$z_i$ 维持不变的条件是：在有限量的反应体系中，发生的反应过程极小，即 $\mathrm{d}\lambda\to0$，体系中各物质摩尔数的变化对体系中各物质的浓度几乎无影响，作为浓度之函数的化学位可被视为保持不变。或在无限大量的反应体系中，发生一个单位的化学反应，此时体系中各物质浓度受到的影响也微乎其微，化学位 $z_i$ 也可被视为不变。

式中 $(gz_G+hz_H)-(az_A+bz_B)$ 是 $T$、$p$ 恒定且体系中各物质 $z_i$ 不变时，体系中发生一个单位化学反应的自由能增量，因此可用 $\sum G$ 来表示。

$$\sum G=\left(\frac{\partial G}{\partial \lambda}\right)_{T,p}=(gz_G+hz_H)-(az_A+bz_B) \tag{2-5-7}$$

化学反应达到平衡时的条件为

$$\sum G = 0$$

则

$$gz_G + hz_H = az_A + bz_B \qquad (2-5-8)$$

而任一物质在温度 $T$ 时化学位都可以表示为

$$z_i = z_i^0 + RT\ln a_i \qquad (2-5-9)$$

式中：$a_i$ 为该物质的活度；$z_i^0$ 为该物质在标准状态下的化学位。若所讨论的物质是气体，则 $z_i^0$ 只是温度的函数；若所讨论的物质是液体、固体或溶液，则 $z_i^0$ 是 $T$、$p$ 的函数。

将式（2-5-9）代入式（2-5-8）得

$$g(z_G^0 + RT\ln a_G) + h(z_H^0 + RT\ln a_H) = a(z_A^0 + RT\ln a_A) + b(z_B^0 + RT\ln a_B) \qquad (2-5-10)$$

归并同类项，得

$$\ln\frac{a_G^g a_H^h}{a_A^a a_B^b} = -\frac{1}{RT}(gz_G^0 + hz_H^0 - az_A^0 - bz_B^0)$$

$$\frac{a_G^g a_H^h}{a_A^a a_B^b} = \exp\left[-\frac{1}{RT}\ (gz_G^0 + hz_H^0 - az_A^0 - bz_B^0)\right]$$

或简写成

$$\prod_i a_i^{v_i} = \exp\left(-\frac{1}{RT}\sum_i v_i z_i^0\right) \qquad (2-5-11)$$

式中：$v_i$ 为化学反应的计算系数 $a$、$b$、$g$、$h$。对于反应物的 $v_i$ 取负数，对于生成物的 $v_i$ 取正数。

在等温等压下 $z_i^0$ 是常数，因而有

$$\prod_i a_i^{v_i}\exp\left(-\frac{1}{RT}\sum_i v_i z_i^0\right) = K_a \qquad (2-5-12)$$

$K_a$ 即为化学反应的平衡常数。

### 2.5.2　平衡常数的表示式及相互关系

对于理想气体，活度等于分压，则平衡常数表示为

$$K_p = \frac{p^g G p_H^h}{p_A^a p_B^b} \qquad (2-5-13)$$

分压 $p_i = \dfrac{n_i}{\sum n_i}p = X_i p$，$p$ 为总压力，$X_i$ 为第 $i$ 种气体的摩尔分数。

对于非理想气体，活度等于逸度，即 $a_i = f_i$。因此平衡常数可表示为

$$K_f = \frac{f_G^g f_H^h}{f_A^a f_B^b} \qquad (2-5-14)$$

逸度可称作修正压力，它表示实际气体真正参加反应的分压力。

$$f_i = \gamma_i p_i \qquad (2-5-15)$$

则

$$K_{\text{f}} = \frac{f_G^g f_H^h}{f_A^a f_B^b} = \frac{\gamma_G^g \gamma_H^h}{\gamma_A^a \gamma_B^b} \frac{p_G^g p_H^h}{p_A^a p_B^b} = IK_{\text{p}} \qquad (2-5-16)$$

式中：$\gamma_i$ 称作 $i$ 组分的逸度系数，它表示真实气体与理想气体的偏离程度。当压力较小时，$\gamma \rightarrow 1$，$f \rightarrow p$，$K_{\text{f}}$ 称为非理想气体的平衡常数。$\dfrac{\gamma_G^g \gamma_H^h}{\gamma_A^a \gamma_B^b}$ 称为化学平衡常数的非理想修正因子。只要能够确定每个组分的逸度系数，就可根据式（2-5-16）计算非理想气体的平衡常数。

当物质的状态方程已知时，根据各热力学函数之间的关系可推导出计算逸度系数的公式：

$$\ln \gamma_i = \int_V^\infty \left[ \frac{1}{RT} \left( \frac{\partial p}{\partial n_i} \right)_{T,V,n_{j\neq 1}} + \frac{1}{p} \left( \frac{\partial p}{\partial V} \right)_{T,n} \right] \mathrm{d}V \qquad (2-5-17)$$

式中：$\left( \dfrac{\partial p}{\partial n_i} \right)_{T,V,n_{j\neq 1}}$ 为在 $T$、$V$ 及除了 $n_i$ 之外 $n_1$，$n_2$，$\cdots$ 都保持不变的条件下所取的偏导数。

### 2.5.3 爆轰反应区的动态化学平衡

研究不定常爆轰波，必须研讨爆轰化学反应及其释热速率，以及爆轰反应动力学与流体运动过程的相互耦合，但是由于爆轰化学反应的复杂性，尤其是对于凝聚炸药的爆轰情况，不可能对每一道反应计算所释放的能量，并研究其与流体动力学过程相耦合。

当前通常的做法是：假定爆轰波内除化学反应未达到平衡之外，流场处处达到局部区域平衡状态。同时，以实验测量结果为依据，确定各化学反应速率作为宏观局部热力学变量（如压力 $p$、温度 $T$、密度 $\rho$ 等）的函数。其中，假定将反应物及反应产物作理想混合，简化处理成一个或几个化学反应，并用统计平均方法来处理复杂的化学反应。

设反应流体系的比内能为 $e$、比容为 $v$、比熵为 $s$，化学进程变量为 $\lambda$，它们可分别表示为

$$e = \lambda e_{\text{p}} + (1-\lambda) e_{\text{x}} \qquad (2-5-18a)$$
$$v = \lambda v_{\text{p}} + (1-\lambda) v_{\text{x}} \qquad (2-5-18b)$$
$$s = \lambda s_{\text{p}} + (1-\lambda) s_{\text{x}} \qquad (2-5-18c)$$

这里只考虑由反应物到反应产物的单一反应路径。角标 x 和 p 分别代表反应物与反应产物相对应的物理量。取反应物的状态方程为

$$e_{\text{x}} = e_{\text{x}}(p, v_{\text{x}}) = e_{\text{x}}(T_{\text{x}}, p) \qquad (2-5-19)$$

而反应产物的状态方程取为

$$e_{\text{p}} = e_{\text{p}}(p, v_{\text{p}}, \beta_1, \beta_2, \cdots, \beta_k) = e_{\text{p}}(T_{\text{p}}, p, \beta_1, \beta_2, \cdots, \beta_k) \qquad (2-5-20a)$$

按照局域处处达到热动态平衡的假定，应有 $T_{\text{x}} = T_{\text{p}}$。若是产物达到了化学平衡状态，则反应产物的相对浓度应当沿流线保持不变。因此，在此情况下，反应产物的状态方程就可以写成与质量分数 $\beta_i$ 无关的函数，即

$$e_{\text{p}} = e_{\text{p}}(p, v_{\text{p}}) = e_{\text{p}}(T_{\text{p}}, p) \qquad (2-5-20b)$$

若把流体微团视为热力学封闭体系，将其内部的反应物及反应产物视为开放体系，则相应的热力学第一定律可写为

$$dE_x = \delta Q_x - p dV_x + h_x dm_x \qquad (2-5-21a)$$

$$dE_p = \delta Q_p - p dV_p + h_p dm_p \qquad (2-5-21b)$$

式中：$\delta Q$ 为交换的热量，$h = e + pv$ 为比焓，$E$ 为微团的热力学内能，$m_x$ 和 $m_p$ 为微团当中反应物及反应产物的总质量。显然，按照守恒定律，应有

$$m = m_x + m_p \qquad (2-5-22a)$$

$$E = E_x + E_p \qquad (2-5-22b)$$

$$V = V_x + V_p \qquad (2-5-22c)$$

由式（2-5-22）得到

$$dE = \delta Q - p dV \qquad (2-5-23)$$

此即流体微团作为封闭体系时的热力学第一定律。由此可见

$$\delta Q = \delta Q_x + \delta Q_p + (h_p - h_x) dm_p \qquad (2-5-24)$$

式中：$\delta Q$ 表示流体微团从外界吸收的热量。设反应物从一微团外部得到的热量以 $Q_{1x}$ 表示，从内部得到的热量以 $Q_{2x}$ 表示，则反应物获得的热量为

$$\delta Q_x = \delta Q_{1x} + \delta Q_{2x} \qquad (2-5-25a)$$

同理，反应产物得到的总热量为

$$\delta Q_p = \delta Q_{1p} + \delta Q_{2p} \qquad (2-5-25b)$$

由于

$$\delta Q = \delta Q_{1x} + \delta Q_{1p} \qquad (2-5-26)$$

将式（2-5-26）及式（2-5-25）代入式（2-5-24），得到

$$\delta Q_{2x} + \delta Q_{2p} + (h_p - h_x) dm_p = 0 \qquad (2-5-27)$$

在一般情况下 $h_p \neq h_x$。显然，式（2-5-27）表示流体微团内部介质之间发生的热交换。当微团内的化学反应停止时，即 $\dfrac{d\lambda}{dt} = 0$ 时，由于没有反应物变成反应产物，所以 $dm_p = 0$。由此，从式（2-5-24）得到

$$\delta Q_{2x} = -\delta Q_{2p} \qquad (2-5-28)$$

这表明，此时反应物得到的热量等于反应产物所提供的热量。当然，若微团内存在化学反应，则式（2-5-28）不再成立，因为此时 $dm_p > 0$。

现在来考察带化学反应的流体动力学体系热力学内能的变化。由式（2-5-18）知

$$de = \lambda de_p + e_p d\lambda + (1-\lambda) de_x - e_x d\lambda \qquad (2-5-29)$$

式中：

$$de_x = T_x ds_x - p dv \qquad (2-5-30a)$$

$$de_p = T_p ds_p - p dv + \sum_i (z_p)_i d\beta_i \qquad (2-5-30b)$$

式中：$(z_p)_i = \left(\dfrac{\partial e}{\partial \beta_i}\right)_{T_p}$ 为反应产物第 $i$ 组分的化学位。

将它们代入式（2-5-30）有

$$de = \lambda T_p ds_p + (1-\lambda) T_x ds_x - p dv + (e_p - e_x) d\lambda + \lambda \sum_i (z_p)_i d\beta_i$$

鉴于 $e_p = h_p - pv$，$e_x = h_x - pv$，上式可改写为

$$de = \lambda T_p ds_p + (1 - \lambda) T_x ds_x - p dv + (h_p - h_x) d\lambda + \lambda \sum_i (z_p)_i d\beta_i \quad (2-5-31)$$

假如反应已达到化学平衡状态，则反应产物的组分沿流线不发生改变，这样，由式（2-5-31）可得到

$$\frac{\partial e}{\partial t} = \lambda T_p \frac{\partial s_p}{\partial t} + (1 - \lambda) T_x \frac{\partial s_x}{\partial t} - p \frac{\partial v}{\partial t} + (h_p - h_x) \frac{\partial \lambda}{\partial t} \quad (2-5-32)$$

沿流线作绝热假定，则热力学第一定律可写成

$$\frac{\partial e}{\partial t} + p \frac{\partial v}{\partial t} = 0$$

将其代入式(2-5-32)，得到

$$\lambda \frac{\partial s_p}{\partial t} + (1 - \lambda) \frac{T_x}{T_p} \frac{\partial s_x}{\partial t} + \frac{h_p - h_x}{T_p} \frac{\partial \lambda}{\partial t} = 0 \quad (2-5-33)$$

由式（2-5-18c）知，微团的比熵 $s$ 沿流线的产生率应为

$$\frac{\partial s}{\partial t} = \lambda \frac{\partial s_p}{\partial t} + s_p \frac{\partial \lambda}{\partial t} + (1 - \lambda) \frac{\partial s_x}{\partial t} - s_x \frac{\partial \lambda}{\partial t}$$

$$= (1 - \lambda) \left(1 - \frac{T_x}{T_p}\right) \frac{\partial s_x}{\partial t} + \frac{h_x - h_p}{T_p} \frac{\partial \lambda}{\partial t} + (s_p - s_x) \frac{\partial \lambda}{\partial t} \quad (2-5-34)$$

式（2-5-34）反映了反应速率与熵产生速率之间的关系。

下面进一步建立流动过程中反应速度与各热力学量变化率之间的关系。令总焓为

$$h = \lambda h_p(v_p, p, \beta_1, \beta_2, \cdots, \beta_k) + (1 - \lambda) h_x(v_x, p) \quad (2-5-35)$$

若把反应物状态方程表示为 $v_x = v_x(s_x, p)$，则总焓又可表示为

$$h = h(p, v, \beta_1, \beta_2, \cdots, \beta_k, s_k, \lambda) \quad (2-5-36)$$

假定沿流线反应产物内组分不变的同时，还假定沿流线反应物的熵不变，即 $\frac{\partial s_x}{\partial t} = 0$，则由式（2-5-31）及式（2-5-36）可以导出沿流线有

$$\left[v - \left(\frac{\partial h}{\partial p}\right)_{v, \lambda, s_x, \beta_i}\right] \cdot \frac{\partial p}{\partial t} = \left(\frac{\partial h}{\partial v}\right)_{p, \lambda, s_x, \beta_i} \frac{\partial v}{\partial t} + \left(\frac{\partial h}{\partial t}\right)_{p, v, s_x, \beta_i} \frac{\partial \lambda}{\partial t} \quad (2-5-37)$$

在推导式（2-5-37）时，用到了以热焓表示的热力学第一定律表达式

$$\frac{\partial h}{\partial t} = v \frac{\partial p}{\partial t} \quad (2-5-38)$$

由于沿流线反应产物组分不变，可忽略各偏导数的下标 $\beta_i$，故由式（2-5-35）可得到

$$\left(\frac{\partial h_p}{\partial v}\right)_{p, \lambda, s_x} = \left(\frac{\partial h_p}{\partial v_p}\right)_p \cdot \left(\frac{\partial v_p}{\partial v}\right)_{p, \lambda, s_x}$$

$$\lambda \left(\frac{\partial v_p}{\partial v}\right)_{p, \lambda, s_x} = 1$$

$$\left(\frac{\partial h_x}{\partial v}\right)_{p, \lambda, s_x} = 0$$

这样，就可得到式（2-5-37）中 $\frac{\partial v}{\partial t}$ 的系数表达式

$$\left(\frac{\partial v}{\partial t}\right)_{p,\lambda,s_x} = \left(\frac{\partial h_p}{\partial v_p}\right)_p \tag{2-5-39}$$

将式（2-5-35）对 $p$ 求偏导数，并利用下列微分等式

$$\left(\frac{\partial h_p}{\partial p}\right)_{v,\lambda,s_x} = \left(\frac{\partial h_p}{\partial p}\right)_{v_p} + \left(\frac{\partial h_p}{\partial p}\right)_p \cdot \left(\frac{\partial v_p}{\partial p}\right)_{v,\lambda,s_x}$$

$$(1-\lambda)\left(\frac{\partial h_p}{\partial p}\right)_{v,\lambda,s_x} = v - \lambda v_p$$

$$\lambda\left(\frac{\partial v_p}{\partial p}\right)_{v,\lambda,s_x} = -(1-\lambda)\left(\frac{\partial v_x}{\partial p}\right)_{s_x}$$

$$v - \left(\frac{\partial h}{\partial p}\right)_v = \left(\frac{\partial h}{\partial v}\right)_p \cdot \left(\frac{\partial v}{\partial p}\right)_s$$

得到式（2-5-37）中 $\frac{\partial p}{\partial t}$ 的系数

$$v - \left(\frac{\partial h}{\partial p}\right)_{v,\lambda,s_x} = \lambda\left(\frac{\partial h_p}{\partial v_p}\right)_p \cdot \left(\frac{\partial v_p}{\partial p}\right)_{s_p} + (1-\lambda)\left(\frac{\partial h_p}{\partial v_p}\right)_p \cdot \left(\frac{\partial v_x}{\partial p}\right)_{s_x} \tag{2-5-40}$$

同样，可以得到式（2-5-37）中 $\frac{\partial \lambda}{\partial t}$ 项的系数

$$\left(\frac{\partial h}{\partial \lambda}\right)_{p,v,s_x} = (h_p - h_x) - \left(\frac{\partial h_p}{\partial v_p}\right)_p \cdot (v_p - v_x) \tag{2-5-41}$$

在上面的推导中用到了如下两个等式，即

$$\left(\frac{\partial v_x}{\partial \lambda}\right)_{p,v,s_x} = 0 \tag{2-5-42a}$$

$$\lambda\left(\frac{\partial v_p}{\partial \lambda}\right)_{p,v,s_x} = -(v_p - v_x) \tag{2-5-42b}$$

将式（2-5-39）~式（2-5-41）代入式（2-5-37），便可得到 $p$，$v$ 和 $\lambda$ 沿流线的变化率之间的关系

$$\frac{\partial p}{\partial t} = \left[\lambda\left(\frac{\partial v_p}{\partial p}\right)_{s_p} + (1-\lambda)\left(\frac{\partial v_x}{\partial p}\right)_{s_x}\right]^{-1}\frac{\partial v}{\partial t} +$$

$$\left[\left(\frac{\partial v_p}{\partial h_p}\right)_p \cdot (h_p - h_x) - (v_p - v_x)\right]\frac{\partial \lambda}{\partial t} \cdot \left[\lambda\left(\frac{\partial v_p}{\partial p}\right)_{s_p} + (1-\lambda)\left(\frac{\partial v_x}{\partial p}\right)_{s_x}\right]^{-1} \tag{2-5-43}$$

式（2-5-43）即为反应流体动力学体系中的热力学第一定律的表达式，同时它还表示了化学反应速率与体系各物理量变化率之间的关系。需指出的是，在推导建立该关系式时做了两点假定：其一，假定反应物的熵值沿流线保持不变；其二，反应产物内的组分沿流线保持不变，即达到了化学平衡状态。

# 第3章
# 波与冲击波

大量实验观测表明，炸药的爆轰过程是爆轰波沿爆炸物一层一层地传播的过程，而爆轰波则是一种沿爆炸物传播的冲击波。炸药爆炸与外界作用过程，又同爆炸气体产物的高速膨胀流动及其在介质中引起的压力突跃（冲击波）的传播密切相关。因此，在讨论这些问题之前，有必要对气体的流动、扰动波的传播以及冲击波的经典理论等气体动力学基础知识进行介绍。

通常在线性波运动中，任何初始间断将始终保持为间断，并且以声速传播。但非线性波大不相同。具有不同压力、密度和流速的两个区域之间存在着初始间断，在非线性波运动中则有下面两种不同的可能性：一种可能性是初始间断立即分解，扰动在传播中逐渐变为连续的；另一种可能性是初始间断演变成一个或两个冲击波阵面的形式传播，而且这种冲击波阵面不是以声速而是以超声速的传播速度向前运动的。

冲击波正是非线性波传播的一种现象，即使介质中原先不存在初始间断，在非线性波传播过程中也可能形成冲击波。这是由于非线性偏微分方程所确定的规律：在微分方程本身保持正则的地方，却给不出可以连续延拓的解。非线性波与线性波的另一个明显不同点是波的相互作用现象：叠加原理对线性波成立，但对非线性波不成立。因此，线性波的反射和折射规律对非线性波也不再成立。

在下面章节中将简明扼要地对气体动力学基本方程、弱扰动及冲击波三个与爆炸现象及其效应密切相关的问题分别做一介绍。

## 3.1 气体的物理性质

气体动力学是流体力学的一个重要组成部分，它主要是考察气体在其压缩性起显著作用时的宏观流动规律及气体与所流过物体之间相互作用的现象。往往把气体看作连续可压缩的流体。气体具有黏性和导热性。但是研究黏性及导热性不起重要作用的气体动力学现象时，为了简化问题，常不予考虑。

### 1. 连续性假设

在气体动力学中把气体当作连续介质来处理。气体是由大量分子组成的，在微观上，所有的分子都在独立地做不规则的热运动。分子之间不断地相互碰撞。分子在相互碰撞前的平均行程称为分子的平均自由程。但是这个分子的平均自由程与气体动力学所研究的物体或现象的尺度相比显得微乎其微。例如，在标准状况下地表面气体每立方厘米的小空间内含有

$2.7 \times 10^{19}$个气体分子。分子的平均自由程为 $7 \times 10^{-6}$ cm。再如，对于每立方厘米的物体表面，每秒钟气体分子碰撞 $10^{23} \sim 10^{24}$ 次。由于碰撞极其频繁，无法辨别某个分子的个别碰击作用，而只能确定大量分子的集体作用，因此，气体动力学并不去研究个别气体分子的微观运动，而只关心大量分子组成的气体微团的宏观运动。微团的体积与物体的体积相比足够小，但与分子的平均自由程相比又足够大，它包含有极多的气体分子。气体动力学上采用气体"质点"这一术语来代表介质的微团。例如在以后说到流体质点或气体质点的流动速度时，指的并不是个别分子的速度，而是指整个微团的运动速度。

正因为这样，在气体动力学中可以把气体看成中间没有空隙的、可压缩的连续介质。这就是气体连续性假设的含义。

由于把气体看成连续性介质，所以可以把流动气体的热力学参量（如压力 $p$、密度 $\rho$、内能 $E$、温度 $T$ 等）及动力学参量（如压力 $p$、质点流动速度 $u$ 等）表示为时间 $t$ 和空间变量 $(x, y, z)$ 的连续函数。这样，便可以利用连续函数的数学工具来研究和描述气体动力学的各种问题。

如果在研究的问题中把气体微团取得过小（例如小于气体的平均自由程）或者气体相当稀薄（如在 100 km 以上的高空），气体的连续性假设将不再成立。这时气体的各个基本参量就不能再表示为连续函数了。

**2. 可压缩性**

气体是可压缩性很大的介质。可压缩性是指在压力和温度发生变化时，体积（或密度）发生改变的能力。压力增大时，气体的体积将缩小，密度要提高。压力变化越激烈，密度变化也越激烈。只有当压力变化很小时，密度变化才可以忽略不计，此时才可以近似地把介质视为不可压缩的流体。但是当气体做高速流动时，压力变化很大，气体的密度变化就不能忽略，此时就必须考虑气体的可压缩性。炸药爆炸后形成的气体产物的流动，属于高速流动，此时需要考虑气体的可压缩性。

**3. 黏性**

一切真实气体都具有黏性。流层之间存在着相对运动，引起切向应力，从而阻碍了流层之间的相对滑动。这种能够阻碍相对滑动的性质称为黏性。这是由于气体中存在着内摩擦，这种内摩擦是由气体分子在流动中的一部分动量因分子的热运动而从一流层迁移到另一流层引起的。

平板上方黏性流体的流动如图 3.1.1 所示，由于气流具有黏性，在平板表面处的质点流动速度为零，而随着距表面距离的增大，流速渐高，即

$$u = f(l)$$

这样，由于流层之间速度不同而引起的切向应力 $\tau$，按照牛顿黏性定律可表示为

$$\tau = \mu \frac{\partial u}{\partial l} \qquad (3-1-1)$$

式中：$u$ 为流速，$\mu$ 为动力黏度。式（3-1-

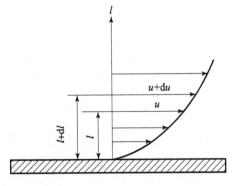

**图 3.1.1　平板上方黏性流体的流动**

1）表明，黏性引起的切向应力 $\tau$ 与流层间的速度梯度 $\frac{\partial u}{\partial l}$ 成正比。动力黏度 $\mu$ 为切向应力与速度梯度的比例系数，它与运动黏度 $\zeta$ 之间的关系为

$$\zeta = \frac{\mu}{\rho} \tag{3-1-2}$$

在标准状况下空气的运动黏度 $\zeta = 1.46 \times 10^{-5}$ m²/s，$\mu = 1.745 \times 10^{-6}$ Pa·s。

气体的黏度数值取决于气体的性质和温度。由实验得到

$$\mu = 1.745 \times 10^{-6} + 5.02 \times 10^{-9}(T - 273) \tag{3-1-3}$$

可见，一般来说，气体的黏性是很小的，特别是当 $\frac{\partial u}{\partial l}$ 不是很大时，可以忽略气体的黏性。这样便可以把气体看作理想流体。

### 4. 导热性

同凝聚介质一样，气体也具有导热性。也就是说，在不同温度的气体区域之间存在着热从高温区向低温区的传递。按照傅里叶热传导定律，有

$$q = -\lambda \frac{dT}{dx} \tag{3-1-4}$$

式中：面积热流量 $q$ 为单位时间内通过垂直于 $x$ 轴的单位面积的热量，J/(m²·s)；$\lambda$ 为导热系数，W/(m·K)。式（3-1-4）中的负号表示热流的方向与温度梯度相反。气体的导热系数 $\lambda$ 一般随温度的升高而增大，这是由于温度的升高加快了气体分子的迁移之故。通常气体的 $\lambda$ 值都很小，因此在温度梯度不太大时，可以忽略热传导效应。

## 3.2　气体状态方程

在气体动力学中考察和描述气体的流动时，除了气体的流动速度及其变化规律之外，还将涉及气体的热力学状态参数，如压力 $p$、密度 $\rho$ 或比容 $v$、比内能 $e$、热力学温度 $T$ 以及熵 $S$ 的关系，状态参数的改变量与所经历的变化过程或路径无关，而仅仅决定于体系的初态和终态。

状态参量彼此之间存在着一定的相互联系和制约关系，仅有两个量是独立的。任何一个热力学状态参数都可以通过任意的其他两个状态参数表示出来。设 $x$ 和 $y$ 为两个任意的状态参数，则第三个状态参数 $\varphi$ 可表示为

$$\varphi = \varphi(x, y) \tag{3-2-1}$$

式（3-2-1）称为状态方程，它是描述热力学状态参数之间的关系及其变化规律的函数表达式。从数学上给状态参数下一定义。将式（3-2-1）取全微分

$$d\varphi = \left(\frac{\partial \varphi}{\partial x}\right)dx + \left(\frac{\partial \varphi}{\partial y}\right)dy = Mdx + Ndy \tag{3-2-2}$$

对于连续性介质，$\varphi$ 及其偏导数都是连续的，则式（3-2-2）是全微分的必要与充分条件为

$$\frac{\partial M}{\partial y} = \frac{\partial N}{\partial x} \tag{3-2-3}$$

若式（3-2-3）成立，则必有

$$\int_C (M\mathrm{d}x + N\mathrm{d}y) = \int_{(a,b)}^{(x,y)} (M\mathrm{d}x + N\mathrm{d}y) = \varphi(x,y) - \varphi(a,b) \qquad (3-2-4)$$

式中：$(a, b)$ 和 $(x, y)$ 为沿曲线 $C$ 积分的起点和终点。这就是说，全微分式的线积分，仅仅与起点与终点的坐标有关，而与积分的路径无关。显然，对于无奇点的封闭曲线，其线积分应为零，即

$$\oint (M\mathrm{d}x + N\mathrm{d}y) = 0 \qquad (3-2-5)$$

这里的封闭曲线相当于热力学的循环过程。

由此，在热力学上把满足式（3-2-3）～式（3-2-5）所给定的条件的物理量皆称为系统的状态参数。

在气体流动中，气体的热力学状态参数的变化要用状态方程表述，它通常可取如下形式

$$\begin{cases} e = e(p,\rho) \quad 或 \quad e = e(p,v) \\ p = p(\rho,s) \quad 或 \quad p = p(v,s) \\ p = p(\rho,T) \quad 或 \quad p = p(v,T) \end{cases} \qquad (3-2-6)$$

式中：$\rho$，$v$，$e$，$s$，$p$，$T$ 分别为介质的密度、比容、比内能、比熵、压强和温度。它们都是热力学状态参数。

在讨论压力变化小于几个兆帕（MPa）的气体流动时，往往近似地视气体为理想气体。所谓理想气体是指气体分子不占有任何体积、彼此之间不存在相互作用力（如分子之间的引力或斥力）的气体，或遵守波义耳-盖吕萨克定律的气体。密度和压力不很高时气体都可近似地作为理想气体来处理。

波义耳和盖吕萨克在大量实验的基础上提出了理想气体遵从的状态方程

$$pv = RT \quad 或 \quad p = \rho RT \qquad (3-2-7)$$

式中：$R$ 为理想气体常数，它可以取为普适气体常数 $R_0$ 除以气体的摩尔质量 $M$，即 $R = R_0 / M$。式（3-2-7）可以写为

$$\frac{pv}{T} = \frac{p_0 v_0}{T_0} = R_0 \qquad (3-2-8)$$

式中：$p_0$ 为标准状况下大气的压力；$T_0$ 为 273.15 K；$v_0$ 为标准状况下每摩尔气体所占有的体积，即 $22.4 \times 10^{-3}$ m³。由此摩尔气体常数 $R_0$ 为

$$R_0 = \frac{101\,325 \times 22.4 \times 10^{-3}}{273.15} \approx 8.309 [\mathrm{J/(mol \cdot K)}]$$

将式（3-2-8）除以气体的摩尔质量 $M$，便可得到单位质量气体的状态方程

$$pv = \frac{R_0}{M}T = RT \qquad (3-2-9)$$

对于空气，$M = 28.897$ g/mol $= 28.897 \times 10^{-3}$ kg/mol，则 $R = 287$ J/(kg·K)。

理想气体的比内能 $e$ 仅是温度的函数，这是理想气体不存在分子相互作用力的缘故，$e$ 可表示为 $e = e(v,T)$，则

$$de = \left(\frac{\partial e}{\partial T}\right)_v dT + \left(\frac{\partial e}{\partial v}\right)_T dv \tag{3-2-10}$$

式中：$\left(\dfrac{\partial e}{\partial v}\right)_T = 0$，而 $\left(\dfrac{\partial e}{\partial T}\right)_v = c_V$，因此，对于理想气体

$$de = c_V dT \tag{3-2-11a}$$

或

$$e - e_0 = \int_{T_0}^{T} c_V dT \tag{3-2-11b}$$

式中：$c_V$ 为比定容热容。

当内能与温度成正比时，即视 $c_V$ 为常数时，有

$$e = c_V T \tag{3-2-12}$$

这种气体称为多方气体。对于多方气体，有

$$e = \frac{pv}{R} c_V = \frac{pv}{\gamma - 1} \tag{3-2-13}$$

式中：$\gamma = c_p/c_V$，称为气体的比热比。对于大多数常见的气体，$\gamma$ 值在 $1 \sim 5/3$。中等温度下的空气可取 $\gamma = 1.4$。

根据热力学第一定律

$$Tds = de + pdv$$

可得到

$$\begin{aligned} ds &= c_V \frac{dT}{T} + R \frac{dv}{v} \\ &= c_V d\ln T + R d\ln v \end{aligned} \tag{3-2-14}$$

积分得到

$$s - s_0 = \ln \frac{T^{c_V}}{T_0^{c_V}} \cdot \frac{v^R}{v_0^R} \tag{3-2-15}$$

考虑到 $R = c_V(\gamma - 1)$，则式（3-2-15）可写为

$$s - s_0 = c_V \ln \left( pv^\gamma / p_0 v_0^\gamma \right) \tag{3-2-16}$$

因此，在绝热可逆条件，即等熵条件下，含熵形式的状态方程可写为

$$p = p(\rho, s) = A(s)\rho^\gamma \tag{3-2-17}$$

式中：$A(s) = p_0 v_0^\gamma \cdot e^{\frac{s-s_0}{c_V}} = B e^{\frac{s-s_0}{c_V}}$，$A(s)$ 在熵为确定值时为一与气体性质有关的常数。因此此式称为理想气体的等熵方程。

需要指出的是，对于实际中遇到的真实气体，由于其分子是占有体积的，故当气体的压力很高、气体密度较大时，气体分子本身所占有的体积（称为余容，一般定义为分子体积的4倍）就不能忽略了。因为随着密度的增大，气体分子间距离不断缩小，分子之间的相互作用力就变得明显起来，它们对内能的贡献已不能忽略 $\left[\left(\dfrac{\partial e}{\partial v}\right) \neq 0\right]$。这时理想气体状态方程已不能描述其状态变化规律，而必须寻求更为合适的状态方程。

对于气体压力在数兆帕到数十兆帕范围内的真实气体，其状态变化行为常可用范德华

（Van der Waals）状态方程描述：

$$p + a\rho^2 = \frac{n\rho}{1 - b\rho}RT \qquad (3-2-18)$$

式中：第二项为冷压项，该项反映了在高密度下分子间相互吸引作用对压力的贡献；等号右侧为热压项；$b$ 为气体分子的余容，每摩尔余容等于分子体积的 4 倍乘以阿伏伽德罗常数 $6.023 \times 10^{23}$；$n$ 为气体介质的摩尔数。

当气体压力和密度更高时，如火炮炮膛内火药燃烧及火箭燃烧室内推进剂速燃所形成的压力高达数百兆帕，而凝聚炸药爆轰瞬间所形成的气体产物压力高达数万个兆帕（或数十个吉帕），范德华状态方程也已不能较好地描述它们的状态变化行为，所以需要建立稠密气体模型，构造它们的状态方程。

## 3.3　扰动及其传播

从物理本质上说，人们往往将波分为两大类：一类是所谓电磁波，如无线电台和电视台发出的电磁波、太阳辐射出的光波等；另一类称为机械力学波，如说话时发出的声波、石子投入水中形成的水波、地震时出现的地震波、炸药爆炸在空气中形成的冲击波，等等。

### 3.3.1　扰动和波的概念

若由于某种原因（如簧片振动、活塞推动、壁面折转、炸药爆炸等），物质某一局部的流动参数和状态参数发生变化（如流速增减，流动方向折转，压力、密度、温度升降等），破坏了原来的平衡状态，则叫作物质受到了扰动，扰动在物质中的传播叫作波。一切能够传播扰动的物质（如空气、水、岩石、金属、炸药等）统称介质。也可以说介质状态变化的传播叫作波。

波的形成是与扰动分不开的。如人说话时是声带振动给空气以扰动，形成一种气体疏密相间的状态并由近及远地传播开去，这就叫作声波的传播。炸药爆炸时所形成的高压高温气体产物急骤膨胀，对周围介质冲击压缩，从而形成爆炸冲击波的传播。可见，扰动就是在受到外界作用（如振动、冲击等）时介质的局部状态变化，而波就是扰动的传播。换言之，介质局部状态变化的传播称为波。波沿介质传播的速度称为波速，它以每秒波阵面沿介质移动的距离来度量，量纲为 m/s 或 mm/$\mu$s。在扰动的传播过程中，受扰动的介质与尚未受到扰动的介质之间存在一个分界面，此分界面被称为波阵面，它在介质中的传播速度叫作波速。图 3.3.1 所示为扰动及其传播。

应当注意，不能将扰动在介质中的传播速度与介质质点本身的运动速度相混淆。

扰动前后状态参数变化量与原来的状态参数值相比很微小的扰动，称为弱扰动（或小扰动），如声波就是一种弱扰动。弱扰动的特点是，其状态变化是微弱的、逐渐和连续的，波形剖面如图 3.3.2（a）所示。状态参数变化是突跃的、非常剧烈的扰动称为强扰动，其波形剖面如图 3.3.2（b）所示。冲击波就是一种典型的强扰动。

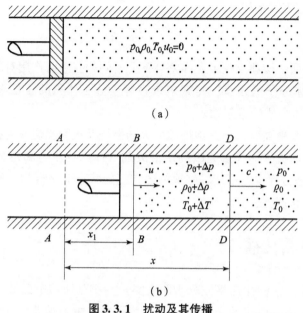

（a）

（b）

**图 3.3.1　扰动及其传播**

（a）$t=0$ 时刻；（b）$t=t_1$ 时刻

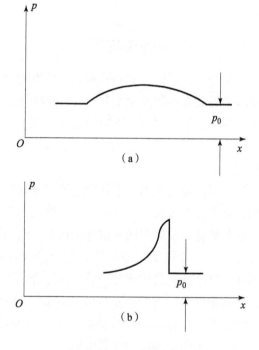

**图 3.3.2　波形剖面**

（a）弱扰动的波形；（b）强扰动的波形

　　强扰动与弱扰动具有很不相同的性质。前者即所谓冲击波（激波），后者一般称为声波或音波。但是应当清楚，在气体动力学中所说的声波并不仅指人耳所能听见的声音的传播。人耳所能听见的声音是弱扰动的一种，它的振动频率是 20～20 000 Hz。

### 3.3.2　声速和等熵线

**1. 声速**

　　一切弱扰动的传播速度都称为声速（或音速）。声速是气体动力学中一个十分重要的参数，有必要在此进行较为详细的讨论。

　　通过讨论活塞在直管中移动所引起的气体扰动的传播来建立声速与其他参数的关系式。

　　如图 3.3.3 所示，设直管中气体在 $t=0$ 时处于静止状态，即气体质点运动速度为零，状态参数为 $p_0$、$\rho_0$、$T_0$。在 $t_1$ 时刻，活塞以 $u$ 的速度非常缓慢地从 $AA$ 断面向右移动至 $BB$ 断面时，便有扰动以速度 $c$ 从活塞面向右传至 $DD$ 断面。在弱扰动传过的区域内气体状态发生了极微小的变化，其状态参数变为 $p+\mathrm{d}p$，$\rho+\mathrm{d}\rho$，$T+\mathrm{d}T$，气体质点速度从零变为 $u$。根据质量守恒定律可知，扰动前 $AA$ 断面

和 $DD$ 断面之间所具有的气体质量与扰动后 $BB$ 断面和 $DD$ 断面之间所包含的气体质量相等。设直管截面积为 $A$，则有

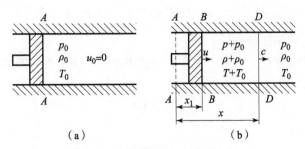

图 3.3.3　弱扰动传播与声速示意

$$x \cdot A\rho = (x - x_1) \cdot A \cdot (\rho + \mathrm{d}\rho) \qquad (3-3-1)$$

式中：$x$ 为 $t_1$ 时刻扰动传播的距离，$x = ct_1$；$x_1$ 为 $t_1$ 时刻活塞移动的距离，$x_1 = ut_1$，则式（3-3-1）变为

$$\rho ct_1 = (c - u)t_1(\rho + \mathrm{d}\rho) \qquad (3-3-2)$$

从等号两端消去 $t_1$，得

$$\rho c = (c - u)(\rho + \mathrm{d}\rho) \qquad (3-3-3)$$

根据动量守恒定律，这些气体受到扰动后的动量变化等于作用在上面的冲量，因此有

$$[(p + \mathrm{d}p) - p] = (x - x_1)A(\rho + \mathrm{d}\rho)(u - 0) \qquad (3-3-4)$$

简化后得

$$\mathrm{d}p = (c - u)(\rho + \mathrm{d}\rho) \cdot u \qquad (3-3-5)$$

将式（3-3-3）代入式（3-3-5）可得

$$\mathrm{d}p = \rho cu \qquad (3-3-6)$$

再由式（3-3-3）知

$$u = c - \frac{\rho c}{\rho + \mathrm{d}\rho} \qquad (3-3-7)$$

将式（3-3-7）代入式（3-3-6）并加以整理，得到

$$c^2 = \frac{\rho + \mathrm{d}\rho}{\rho} \frac{\mathrm{d}p}{\mathrm{d}\rho} \qquad (3-3-8)$$

因为 $\mathrm{d}\rho$ 是一微分量，$\dfrac{\rho + \mathrm{d}\rho}{\rho} \to 1$，所以可得

$$c = \sqrt{\frac{\mathrm{d}p}{\mathrm{d}\rho}} \qquad (3-3-9)$$

　　由于声速很快，介质受到弱扰动后增加的热量来不及向周围传播，因此把弱扰动的传播过程看作绝热过程，且扰动后介质状态参数的变化极微小，故又可将其看作一种可逆过程。也就是说，弱扰动的传播过程可被看作等熵过程。由此，声速也可被定义为

$$c = \sqrt{\left(\frac{\partial p}{\partial \rho}\right)_{\mathrm{s}}}$$

或

$$c^2 = \left(\frac{\partial p}{\partial \rho}\right)_S = v^2 \left(-\frac{\partial p}{\partial v}\right)_S \tag{3-3-10}$$

一般的介质，由于满足 $\left(\frac{\partial p}{\partial v}\right)_S < 0$，所以都具有实的声速。式（3-3-10）是声速的最为一般的表达式，适用于任何介质。

若已知介质的等熵方程，就可求得介质中的声速。下面考察一下多方气体中的声速。已知多方气体的等熵方程为

$$p = A\rho^k$$

将上式对 $\rho$ 取导数，有

$$\left(\frac{\partial p}{\partial \rho}\right)_S = Ak\rho^{k-1} = k\frac{p}{\rho}$$

因此

$$c = \sqrt{k\frac{p}{\rho}} \tag{3-3-11}$$

将 $p/\rho = RT$ 代入式（3-3-11），得

$$c = \sqrt{kRT} \tag{3-3-12}$$

式（3-3-10）与式（3-3-11）是多方气体中声速的两种表达式，分别表示多方气体中声速与其压力、密度和多方气体中声速与其温度的关系。

不同的气体有不同的 $k$ 和 $R$ 值，因此也就有不同的声速值。气体的状态参数不同时，声速值也不同。将地球表面上的空气可近似地视为理想气体，将 $k = 1.4$，$R = 287.68[\text{J}/(\text{kg}\cdot\text{K})]$ 和 $T = 288$ K 代入式（3-3-12），得 $c = 340$ m/s。

**2. 等熵线**

由等熵方程所确定的曲线叫作等熵线，它表示介质在进行等熵压缩和等熵膨胀时介质状态变化所经过的路径。也就是说，等熵线是介质发生等熵状态变化的过程线。对于处于热力学稳定状态下的物质来说，由于满足 $(\partial p/\partial \rho) < 0$ 和 $(\partial^2 p/\partial \rho^2)_S > 0$，所以在 $p$-$v$ 平面上的等熵线（图3.3.4），应为一簇凹的曲线。图3.3.4中的 $S_0$ 线表示的是将熵值 $S_0$ 的介质由初始状态 $0(p_0, v_0)$ 进行等熵压缩和等熵膨胀时介质状态变化所经过的路径。等熵压缩时，介质的状态是沿着等熵线 $OA$ 逐渐变化的；等熵膨胀时，则是沿着 $OB$ 逐渐变化的。实际上 $OA$ 和 $OB$ 是同一条 $S = S_0$ 的等熵线。若介质的初始熵值为 $S_1$，则当等熵压缩和膨胀时，其状态将沿 $S_1$ 线变化，以此类推。

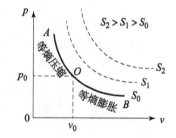

图3.3.4　$p$-$v$ 平面上的等熵线

具有一般热力学性质的介质符合 $(\partial p/\partial S) > 0$ 的条件，因此可知图3.3.4中的等熵线簇的熵值 $S_2 > S_1 > S_0$。

### 3.3.3　压缩波和稀疏波

扰动传过后，压力、密度、温度等状态参数增加的波称为压缩波。如图3.3.5所示，直

管中活塞推动方向的前方所形成的波即为压缩波。压缩波的特点是：状态参数 $p$，$\rho$，$T$ 增加，介质质点所获得的运动速度方向与波的传播方向相同，即 $\Delta u > 0$。

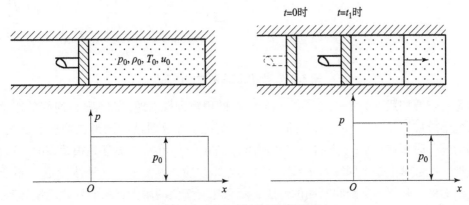

图 3.3.5 $t = 0$ 时刻的压缩波现象

当将活塞逐渐加速向右推动时，便有一系列的弱压缩扰动向右陆续传出。第一道压缩波也将以 $u_0 + c_0 = c_0$ 的速度在右边静止气体中传播，其特征线为由原点 $O$ 发出、斜率为 $c_0$ 的一条斜线 $x = c_0 t$。后续的压缩波由于是在被前面压缩波压缩过的气体中传播的，故第 $n$ 道波的传播速度（$u_n + c_n$）总是比其前面的第（$n-1$）道压缩波的速度（$u_{n-1} + c_{n-1}$）快，并且波幅也略为高些［图 3.3.6（b）］。这样，随着活塞不断向右加速推动，在不同时刻（$t$）和地点（$x$）发出的一系列右传压缩波的 $C_+$ 特征线簇将不断收敛、汇聚，压缩区将逐渐变窄，如图 3.3.7 所示。这就是说，后续压缩波将能陆续赶上前面的压缩波，从而最终可能形成波阵面极为陡峭的冲击波，如图 3.3.7（d）所示。

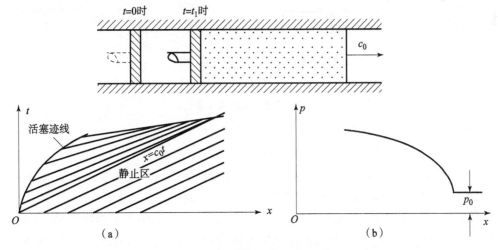

图 3.3.6 压缩波形成及特征线

（a）活塞向右推动与 $t_1$ 时刻压缩波的特征线；（b）$t_1$ 时刻压缩波剖面

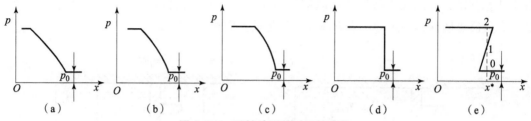

图 3.3.7 压缩波形随时间的变化

但是，若要按照 $(u_n + c_n) > (u_{n-1} + c_{n-1})$ 的逻辑进行推理，那么随着时间的继续推移，就有可能形成如图 3.3.7 （e）所示的波"溢"情况。而这时波的图形在物理上是没有意义的，因为同一时刻在点 $x = x^*$ 处有三个压力值，即 $p_0$，$p_1$ 和 $p_2$，显然是很荒谬的。这种解的非单值性，在数学上是由同簇特征线 $C_+$ 的交会导致的。事实上，这种波"溢"不会产生，因为波剖面极为陡峭的突跃间断面的形成，就意味着熵值的增大，从而导致能量耗散，这样就不能再用等熵流动方程组去求解冲击波流场的问题了。

稀疏波阵面传过之后，介质状态参数值将有所下降。如图 3.3.8 所示，直管中有高压静止气体，状态参数为 $p_0$，$\rho_0$，$T_0$ 及 $u_0 = 0$。当活塞突然向左抽动时，在活塞表面与高压气体之间就会形成低压（稀疏）状态，这种低压状态便逐层地向右扩展，此即为稀疏波传播现象。

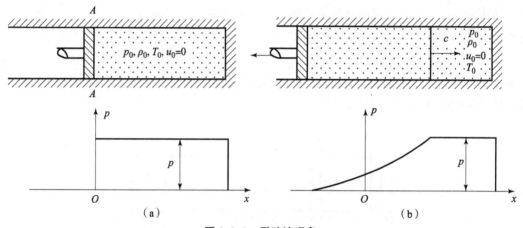

图 3.3.8 稀疏波现象

（a）$t = 0$ 时刻；（b）$t = t_1$ 时刻

稀疏波阵面传到之处，压力便开始降低，密度开始变小。由于波前面为原有的高压状态，波后为低压状态，所以高压区的气体必然要向低压区膨胀，气体质点便依次向左飞散。因此，稀疏波的传播过程总是伴随着气体的膨胀运动，故稀疏波又称膨胀波。

在稀疏波传播过程中，在通常情况下气体膨胀运动速度的绝对值是减小的，即 $|\Delta u| < 0$。另外，由于气体的膨胀飞散是按顺序连续地进行的，故稀疏波传播中介质的状态变化是连续的。波阵面前沿处的压力与未受扰动气体的压力相同，从波阵面至活塞表面之间压力依次降低，如图 3.3.8 （b）所示。在稀疏波扰动过的区域中，任意两邻接断面间的参数都只相差一个无穷小量。因此，稀疏波的传播过程属于等熵过程，它的传播速度就等于介质当地的声速。

## 3.4 冲击波

在 3.3.3 节讨论压缩波流动时已揭示出，在充有气体的直管中，活塞加速向右推动在气体中形成冲击波的物理本质是一系列弱压缩波聚集叠加的结果。

压缩波在传播过程中会发生叠加，其结果就是形成冲击波。实际上，冲击波是自然界中客观存在的一个重要现象。它可由很多原因引起，如炸药爆炸时，高压、高密度的气体产物高速膨胀，冲击压缩周围介质（包括金属、岩石及水等凝聚介质以及各种气体等），从而在其中形成冲击波的传播；物体间相互的高速碰撞会在介质内产生冲击波；火箭及弹丸的高速飞行、飞机及导弹在超声速飞行时会在空气中形成冲击波；高速穿甲弹撞击装甲钢板、流星冲击地面等都可在受冲击介质中形成冲击波。

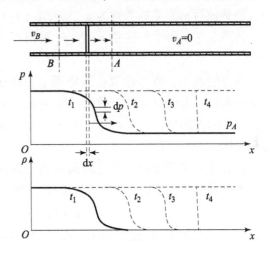

数学家黎曼在分析管道中流体非定常运动时发现，原来连续的流动有可能形成不连续的间断面。冲击波可视为由无穷多的微弱压缩波叠加而成，冲击波相对于波前流体的传播速度是超声速的，冲击波愈强，传播速度愈快；冲击波相对于波后气体的传播速度是亚声速的，如图 3.4.1 所示。冲击波是一种强压缩波，宏观上表现为一个高速运动的高温、高压、高密度的曲面，这就是冲击波的波阵面，在这个波阵面上，表征介质状态

图 3.4.1 冲击波形成过程

和运动的各参数都发生急剧的变化，即所谓突跃。其波阵面前后介质的参数变化不是微小量，而是一种有限量的跳跃变化。因此，冲击波的实质是一种状态突跃变化的传播。

冲击波阵面实际上有一定的厚度，其厚度为几个分子平均自由程，在这个厚度上各物理量发生迅速的、连续的变化 [图 3.4.2（b）]，这是由于物质具有黏性和热传导的原因。但在工程计算上可以不考虑黏性和热传导等耗散效应，而将冲击波视为一个没有厚度的间断面 [图 3.4.2（a）]。因此，也可以说冲击波是一种强间断。

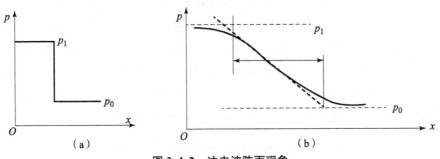

图 3.4.2 冲击波阵面现象

（a）理想的冲击波阵面；（b）实际的冲击波阵面

### 3.4.1 平面正冲击波的基本关系式

所谓平面正冲击波即作一维传播的、其波阵面与运动方向相垂直的突跃压缩波。平面定常正冲击波是一种最简单的情况，下面首先研究这种冲击波的基本关系式。

借助于质量、动量和能量三个守恒定律，可以把冲击波阵面通过前介质的初态参量和通过后介质突跃到的终态参量联系起来，从而建立冲击波的基本关系式。

设截面积为一个单位的介质中有一个平面正冲击波以 $D_S$ 的速度稳定地向右传播，波的右边，尚未受到扰动的介质（将它称为波前）的参数为 $p_0$、$\rho_0$、$e_0(T_0)$ 和 $u_0$，波阵面传过后的左边（称为波后）介质的参数为 $p_1$、$\rho_1$、$e_1(T_1)$ 和 $u_1$，如图 3.4.3 所示。这里 $u_0$ 和 $u_1$ 系指质点的速度。

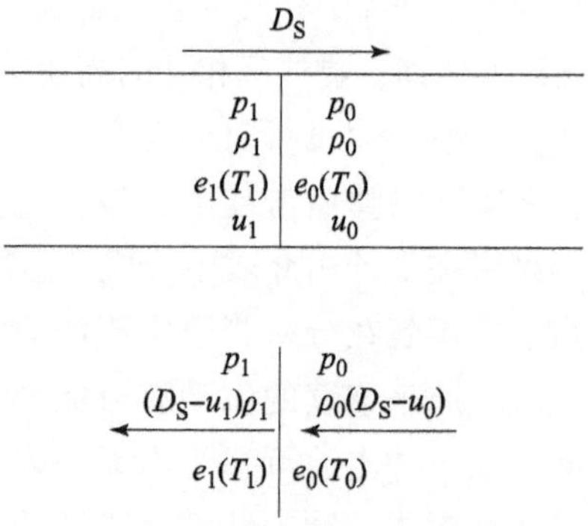

为方便起见，将坐标取在波阵面上。在这样的坐标系内，未受扰动的介质以 $(D_S - u_0)$ 的速度向左流向波阵面，以 $(D_S - u_1)$ 的速度从波阵面后流出。

**图 3.4.3 冲击波阵面前后的参数**

按照质量守恒定律，单位时间内从波阵面右侧流入的质量应等于从左侧流出的质量，即

$$\rho_0(D_S - u_0) = \rho_1(D_S - u_1) \qquad (3-4-1a)$$

若以比容 $v$ 替换式中的密度 $1/\rho$，则式（3-4-1a）可变为

$$D_S - u_0 = v_0 \frac{u_1 - u_0}{v_0 - v_1} \qquad (3-4-1b)$$

此即质量守恒方程或称连续方程。

按照动量守恒，单位时间内作用于介质的冲量应等于其动量的改变。此处作用于介质、使其产生运动的力是压力差 $(p_1 - p_0)$，作用的冲量则是此压力差乘以单位时间，因此有

$$p_1 - p_0 = \rho_0(D_S - u_0)(u_1 - u_0) \qquad (3-4-2a)$$

$$D_S - u_0 = v_0 \frac{p_1 - p_0}{u_1 - u_0} \qquad (3-4-2b)$$

接下来建立能量守恒方程。如前所述，在工程上处理冲击波问题时可以忽略介质的黏性和热传导，也就是说，可把冲击波的传播过程看作绝热的。这样，按照能量守恒定律，单位时间内流入冲击波阵面的物质所携带的能量应与流出波阵面时所携带的能量相等。

流入波阵面的物质所携带的能量包括物质本身所具有的内能 $e_0 \cdot \rho_0(D_S - u_0)$、物质的流动动能 $\rho_0(D_S - u_0) \cdot (D_S - u_0)^2/2$、由物质的体积与压力所决定的压力位能 $p_0 v_0 = p_0(D_S - u_0)$。

流出波阵面时能量同样包括上述三项。这样，能量守恒方程为

$$p_0(D_S - u_0) + \rho_0(D_S - u_0)\left[e_0 + \frac{1}{2}(D_S - u_0)^2\right]$$

$$= p_1(D_S - u_1) + \rho_1(D_S - u_1)\left[e_1 + \frac{1}{2}(D_S - u_1)^2\right]$$

整理后得到

$$\frac{p_1 u_1 - p_0 u_0}{\rho_0(D_s - u_0)} = (e_1 - e_0) + \frac{1}{2}(u_1^2 - u_0^2) \tag{3-4-3}$$

为了便于使用，将以上三式进行一些变换。由式（3-4-1b）和式（3-4-2b）消去 $D_s - u_0$，得

$$u_1 - u_0 = \sqrt{(p_1 - p_0)(v_0 - v_1)}$$

$$= (v_0 - v_1)\sqrt{\frac{p_1 - p_0}{v_0 - v_1}} \tag{3-4-4}$$

将式（3-4-4）代入式（3-4-1b）即得冲击波传播速度的表达式，常称为波速方程，为

$$D_s - u_0 = v_0 \sqrt{\frac{p_1 - p_0}{v_0 - v_1}} \tag{3-4-5}$$

式（3-4-4）和式（3-4-5）的左端是运动量，右端是热力学量，这样将运动量和热力学量分开来，就更明显，也更清楚地反映出二者之间的关系。

下面再对式（3-4-3）进行变换。

将式（3-4-2）改写为

$$\rho_0(D_s - u_0) = \frac{p_1 - p_0}{u_1 - u_0} \tag{3-4-6}$$

并将其代入式（3-4-3），得到

$$e_1 - e_0 = \frac{(p_1 u_1 - p_0 u_0)(u_1 - u_0)}{p_1 - p_0} - \frac{1}{2}(u_1^2 - u_0^2)$$

$$= \frac{1}{2}(u_1 - u_0)\left[\frac{2(p_1 u_1 - p_0 u_0)}{p_1 - p_0} - (u_1 + u_0)\right]$$

$$= \frac{1}{2}(u_1 - u_0)^2 \frac{p_1 + p_0}{p_1 - p_0} \tag{3-4-7}$$

将式（3-4-4）代入式（3-4-7），整理后得到

$$e_1 - e_0 = \frac{1}{2}(p_1 + p_0)(v_0 - v_1) \tag{3-4-8}$$

当已知介质的内能对压力、比容的函数关系 $e(p, v)$ 时，将其代入式（3-4-8），便得到该种介质的冲绝热方程，或称雨贡纽（Hugoniot）方程。

也可以将式（3-4-8）中的内能用热焓代替。这样，该方程变为

$$h_1 - h_0 = \frac{1}{2}(p_1 - p_0)(v_0 + v_1) \tag{3-4-9}$$

式（3-4-1b）、式（3-4-2b）、式（3-4-9）与式（3-4-1）、式（3-4-2）、式（3-4-3）是等价的，也是冲击波的基本关系式，但使用起来更方便。

归结起来，当物质状态方程已知时，便有了四个求解冲击波参数的基本方程，它们是连续方程、动量方程、能量方程和物质状态方程。这四个方程中含有 5 个冲击波参量，即 $p_1$、$v_1$、$u_1$、$D_s$ 和 $e_1$ 或 $T_1$。如果已知其中的一个，其余 4 个便可通过这四个方程求得。

### 3.4.2　多方气体中的冲击波

前面已经提到只有当物质的状态方程已知，从而知道其内能与压力、比容的函数关系时，才可得到该种物质的冲击波雨贡纽方程。

对于多方气体，已知其内能函数为

$$e = c_v T = \frac{pv}{k-1}$$

将上式代入式（3-4-8）和式（3-4-9），便得到多方气体中雨贡纽方程

$$\frac{p_1 v_1}{k-1} - \frac{p_0 v_0}{k-1} = \frac{1}{2}(p_1 + p_0)(v_0 - v_1) \tag{3-4-10}$$

将式（3-4-10）稍加变化，整理后得到

$$\frac{p_1}{p_0} = \frac{(k+1)v_0 - (k-1)v_1}{(k+1)v_1 - (k-1)v_0} \tag{3-4-11}$$

或

$$\frac{v_0}{v_1} = \frac{\rho_1}{\rho_0} = \frac{(k+1)p_1 + (k-1)p_0}{(k+1)p_0 + (k-1)p_1} \tag{3-4-12}$$

式（3-4-11）经过变换，可改写为

$$\left(p_1 + \frac{k-1}{k+1}p_0\right)\left(v_1 - \frac{k-1}{k+1}v_0\right) = \frac{4k}{(k+1)^2}p_0 v_0 \tag{3-4-13}$$

式（3-4-13）描述的是一条 $v-p$ 平面内的正双曲线，其中心坐标为 $\left(\frac{k-1}{k+1}v_0, \frac{k-1}{k+1}p_0\right)$。

式（3-4-10）~式（3-4-12）形式不同，但意义相同，都是多方气体中冲击波的雨贡纽方程，可利用其中的任一个方程和式（3-4-4），式（3-4-5）联立，来求解冲击波参数。

下面推导速度与热力学量之间的关系式。由式（3-4-12）可得

$$\begin{cases} \dfrac{v_0 - v_1}{v_1} = \dfrac{2(p_1 - p_0)}{(k+1)p_1 + (k-1)p_0} \\[2mm] \text{或者} \\[2mm] \dfrac{p_1 - p_0}{v_0 - v_1} = \dfrac{1}{2v_0}\left[(k+1)p_1 + (k-1)p_0\right] \end{cases} \tag{3-4-14}$$

将式（3-4-14）代入式（3-4-5）得

$$\begin{cases} (D_s - u_0)^2 = \dfrac{k+1}{2}v_0\left(p_1 + \dfrac{k-1}{k+1}p_0\right) \\[2mm] (D_s - u_1)^2 = \dfrac{k+1}{2}v_1\left(\dfrac{k-1}{k+1}p_1 + p_0\right) \end{cases} \tag{3-4-15}$$

式（3-4-15）第一式又可写为

$$p_1 = \frac{2}{k+1}\rho_0 (D_s - u_0)^2 - \frac{k-1}{k+1}p_0 \tag{3-4-16}$$

对多方气体，式（3-4-4）又可写为

$$(u_1 - u_0)^2 = \frac{2v_0(p_1 - p_2)^2}{(k+1)p_1 + (k-1)p_0} \tag{3-4-17}$$

为便于进一步研究，现将多方气体中冲击波的主要参数 $p_1$，$u_1$，$v_1$ 表示为未受扰动介质的声速 $c_0$ 的函数。

将式（3-4-1）变换一下，可得

$$u_1 - u_0 = \left(1 - \frac{v_1}{v_0}\right)(D_S - u_0) \tag{3-4-18}$$

将式（3-4-18）代入式（3-4-2），得

$$p_1 - p_0 = \rho_0(D_S - u_0)^2\left(1 - \frac{v_1}{v_0}\right) \tag{3-4-19}$$

另外，由式（3-4-12）可知

$$1 - \frac{v_1}{v_0} = 1 - \frac{(k+1)p_0 + (k-1)p_1}{(k+1)p_1 + (k-1)p_0}$$

$$= \frac{2(p_1 - p_0)}{(k+1)p_1 + (k-1)p_0}$$

将上式代入式（3-4-15）后，经整理得

$$p_1 + \frac{k-1}{k+1}p_0 = \frac{2}{k+1}\rho_0(D_S - u_0)^2$$

移项整理后得

$$p_1 - p_0 = \frac{2}{k+1}\rho_0(D_S - u_0)^2\left[1 - \frac{kp_0}{\rho_0(D_S - u_0)}\right]$$

考虑到 $c_0 = k\dfrac{p_0}{\rho_0}$，故有

$$p_1 - p_0 = \frac{2}{k+1}\rho_0(D_S - u_0)^2\left[1 - \frac{c_0^2}{(D_S - u_0)^2}\right] \tag{3-4-20}$$

将式（3-4-20）代入式（3-4-2），整理后得

$$u_1 - u_0 = \frac{2}{k+1}(D_S - u_0)\left[1 - \frac{c_0^2}{(D_S - u_0)^2}\right] \tag{3-4-21}$$

将式（3-4-21）代入式（3-4-18）则得

$$\frac{v_0 - v_1}{v_0} = \frac{2}{k+1}\left[1 - \frac{c_0^2}{(D_S - u_0)^2}\right] \tag{3-4-22}$$

当 $u_0 = 0$ 时，式（3-4-20）～式（3-4-22）分别变为

$$p_1 - p_0 = \frac{2}{k+1}\rho_0 D_S^2\left(1 - \frac{c_0^2}{D_S^2}\right) \tag{3-4-23}$$

$$u_1 = \frac{2}{k+1}D_S\left(1 - \frac{c_0^2}{D_S^2}\right) \tag{3-4-24}$$

$$\frac{v_0 - v_1}{v_0} = \frac{2}{k+1}\left(1 - \frac{c_0^2}{D_S^2}\right) \tag{3-4-25}$$

若给定冲击波的速度 $D_S$ 和波前的状态，便可利用式（3-4-23）～式（3-4-25）求

得冲击波后的 $p_1$，$u_1$，$v_1$。

对于很强的冲击波，由于 $p_1 \gg p_0$，$D_s \gg c_0$，所以可得到

$$p_1 = \frac{2}{k+1}\rho_0 D_s^2 \tag{3-4-26}$$

$$u_1 = \frac{2}{k+1}D_s \tag{3-4-27}$$

$$\frac{v_0 - v_1}{v_0} = \frac{2}{k+1} \quad \text{或} \quad \frac{\rho_1}{\rho_0} = \frac{k+1}{k-1} \tag{3-4-28}$$

### 3.4.3　冲击波的瑞利线和雨贡纽曲线

**1. 波速线（瑞利线）**

为了讨论方便起见，设冲击波前介质是静止的，即 $u_0 = 0$（这一假设不会影响冲击波的热力学性质，因而不影响讨论的结果）。

式（3-4-5）实际上是一个线性方程，为了看得更清楚，现将它的两端平方，并整理得到

$$p_1 = \frac{D_s^2}{v_0^2}v_1 + \left(\frac{D_s^2}{v_0} + p_0\right) \tag{3-4-29}$$

显然，在 $p-v$ 坐标平面内，当 $D_s$ 一定时，式（3-4-29）代表一条通过初态 $A(v_0, p_0)$ 点的直线，其斜率与冲击波速度有关，为 $\tan\alpha = -(D_s^2/v_0^2)$，波速愈大，斜率愈大，如图3.4.4所示的三条直线，称为冲击波的波速线或瑞利线（Rayleigh line）。

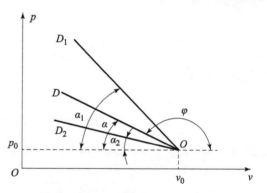

式（3-4-29）适用于任何介质，与介质性质无关。当波前状态 $v_0$，$p_0$ 和冲击波速度 $D_s$ 一定时，冲击波通过任何介质后，波后状态都应对应于此条线上某一确定的点。但不同性质的介质，波后状态与波速线上不同的点相对应。也就是说，尽管波前状态和冲击波速度相同、介质的热力学性质不同，波后的状态是不同的。

**图3.4.4　$p-v$ 平面内的瑞利线**

**2. 雨贡纽曲线（冲击绝热线）**

将介质的内能函数 $e = e(p, v)$ 代入式（3-4-8），即得该种介质的雨贡纽方程

$$e_1(p_1, v_1) - e_0(p_0, v_0) = \frac{1}{2}(p_1 + p_0)(v_0 - v_1) \tag{3-4-30}$$

由此可知，雨贡纽方程与介质的热力学性质有关。下面以多方气体为例来讨论冲击波的一些规律，这些规律对于大多数介质（它们具有正常的热力学性质）来说具有普遍性。

多方气体的雨贡纽方程为式（3-4-11）或式（3-4-12），为了便于讨论，将它们重写于下：

$$\frac{p_1}{p_0} = \frac{(k+1)v_0 - (k-1)v_1}{(k+1)v_1 - (k-1)v_0}$$

$$\frac{v_0}{v_1} = \frac{\rho_1}{\rho_0} = \frac{(k+1)p_1 - (k-1)p_0}{(k+1)p_0 + (k-1)p_1}$$

以上方程代表 $p-v$ 平面上一条通过初态点 $A(v_0,p)$ 的曲线，即雨贡纽曲线。另外，由式（3-4-12）可以看出，当 $p_1$ 很大，$p_0$ 与之相比可以忽略时，密度的增加并不是无限的，而是趋于一个确定的值，这个值取决于 $k$ 的值。即

$$\frac{\rho_1}{\rho_0} = \frac{v_0}{v_1} = \frac{k+1}{k-1} \tag{3-4-31}$$

将式（3-4-11）对 $v_1$ 取一阶和二阶导数，得

$$\frac{\mathrm{d}p_1}{\mathrm{d}v_1} = -\frac{(k-1)p_0}{(k+1)v_1 - (k-1)v_0} - \frac{p_0\big[(k+1)v_0 - (k-1)v_1\big](k+1)}{\big[(k+1)v_1 - (k-1)v_0\big]^2}$$

$$= -\frac{4kp_0v_0}{\big[(k+1)v_1 - (k-1)v_0\big]^2} \tag{3-4-32}$$

$$\frac{\mathrm{d}^2p_1}{\mathrm{d}v_1^2} = \frac{8k(k+1)p_0v_0}{\big[(k+1)v_1 - (k-1)v_0\big]^3} \tag{3-4-33}$$

由于 $\mathrm{d}p/\mathrm{d}v_1 < 0$，$\mathrm{d}^2p_1/\mathrm{d}v_1^2 > 0$，所以波后压力 $p_1$ 随波后比容 $v_1$ 的减小而增加（比容愈小，曲线愈陡，$p_1$ 可无限增加），且曲线是向下凹的，如图 3.4.5 所示。

从数学上来说，将下标"0"和"1"交换后，雨贡纽方程式（3-4-11）或式（3-4-12）并不变，说明方程具有对称性，所以，当给定初态 $A(v_0,p_0)$ 时，雨贡纽曲线可以是 $p_1 > p_0$ 的上支，也可以是 $p_1 < p_0$ 的下支。在具有正常热力学性质的介质中，冲击波是一种突跃压缩波。因此说，只有雨贡纽曲线的上支才代表冲击波。

对式（3-4-31）在 $A(v_0,p_0)$ 点取值，即令 $v_1 = v_0$，得 $(\mathrm{d}p_1/\mathrm{d}v_1)_A = -kp_0/v_0$，而对多方气体的等熵方程 $p_1 = A\rho_1^k = Av_1^{-k}$ 取导数，在 $A$ 点有 $(\partial p_1/\partial v_1)_S = -kp_0/v_0$，可见雨贡纽

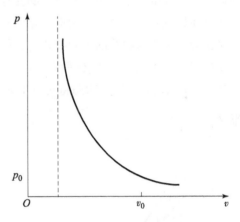

**图 3.4.5 雨贡纽曲线**

曲线在初始点 $A(v_0,p_0)$ 与过该点的等熵线相切，如图 3.4.6 所示。等熵方程与雨贡纽方程的二阶导数在初始点也是相同的，说明两条曲线在初始点是二阶相切的。对于凝聚介质也可得到同样的证明。实际上大多数介质都符合此种情况。

雨贡纽曲线既然是一条通过初始点的曲线，对某一确定的介质而言，不同的 $(v_0,p_0)$ 对应不同的曲线。因此，从某一给定的初态出发，用几个冲击波依次来压缩气体和用一个冲击波来压缩气体不可能达到相同的终态，如图 3.4.7 所示。图中 $H_A$、$H_B$、$H_C$ 为三条雨贡纽曲线，它们的初始点分别为 $A$、$B$、$C$ 三点。在 $B$ 点 $H_A$ 线与 $S_1$ 线相交，而不是相切。而 $H_B$ 线则与 $S_1$ 线二阶相切。因此 $H_A$ 线与 $H_B$ 线不可能重合。同理，$H_C$ 线也不会与前二者重合。

此外，由多方气体雨贡纽曲线的斜率公式（3-4-2），也可以看出在 $B$ 点以上 $H_A$ 线比 $H_B$ 线更陡（别的介质实际上也如此）。

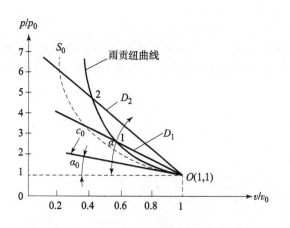

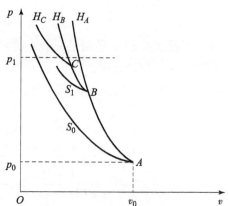

图 3.4.6　具有同一初始状态点的冲击波的雨贡纽曲线和等熵线 $S_0$

图 3.4.7　$H_C$，$H_B$，$H_A$ 三条雨贡纽曲线

上面分别讨论了冲击波的瑞利直线与雨贡纽曲线。当介质性质和波前状态 $(v_0,p_0)$ 以及冲击波速度 $D_S$ 确定以后，冲击波的压力 $p_1$、比容 $v_1$ 可通过上述两条线的方程联立求解，即波后状态对应瑞利线和雨贡纽曲线的交点。

当介质性质和波前状态一定时，雨贡纽曲线 $H$ 是确定的。若冲击波速度不同，则波后状态必然处于雨贡纽曲线的不同位置上，如图 3.4.8 所示。当具有相同波速的冲击波在具有同一初始状态的不同介质中传过时，由于不同介质的雨贡纽曲线不同（图 3.4.9 中的 $H_1$、$H_2$、$H_3$），所以达到的波后状态将对应于 $R$ 线上的不同点，如图 3.4.8 中的 1、2、3 点。

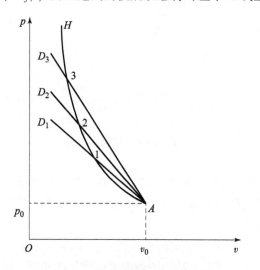

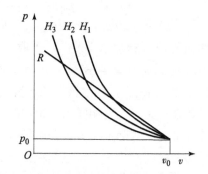

图 3.4.8　不同冲击波速度对应的雨贡纽状态

图 3.4.9　具有相同波速的冲击波在同一初始状态的不同介质传播

由此可以看出，冲击波的雨贡纽曲线是不同波速的冲击波在具有同一初始状态的相同介

质中传过后所达到的终态点的连线。而波速线则是一定波速的冲击波传过具有同一初始状态的不同介质所达到的终态点的连线，也就是说，这两条线上的任一点都是和一定的波后状态对应的，它们都不是冲击压缩的过程线，不能认为冲击压缩过程是沿着这两条线中的任一条进行的。

### 3.4.4  冲击波的基本性质

冲击波的基本性质可以归纳论证如下。

（1）冲击波阵面是一个间断面，冲击波通过后介质的状态参数发生跃变。

（2）在具有一般热力学性质的介质中，冲击波必为突跃压缩波，而不可能是稀疏波。

为了简单起见，以多方气体为例来说明这一点。多方气体中冲击波前后的熵差为

$$s_1 - s_0 = c_V \ln \frac{p_1 v_1^k}{p_0 v_0^k}$$

再考虑到多方气体的雨贡纽方程式（3-4-11），即可得到如下计算式：

$$s_1 - s_0 = c_V \ln \frac{p_1 v_1^k}{p_0 v_0^k} = c_V \ln \left\{ \frac{p_1}{p_0} \left[ \frac{(k-1)p_1/p_0 + (k+1)}{(k+1)p_1/p_0 + (k-1)} \right]^k \right\} \qquad (3-4-34)$$

若冲击波为稀疏波，波传过后比容增加，压力下降，即 $v_1 > v_0$，$p_1 < p_0$，则式（3-4-34）右端花括号中的值将小于1，那么 $\Delta s < 0$。根据热力学第二定律，绝热过程中物质的熵是不可能减小的，因此说，在具有一般热力学性质的介质中，冲击波不可能是突跃稀疏波，只能是突跃压缩波。波传过后，介质的压力、密度、温度是增加的。

（3）冲击波传过后，介质的熵是增加的。由于冲击波传过后，压力增加，所以由式（3-4-34）可看出，当 $p_1/p_0$ 从1开始增加时，$\Delta s$ 单调增加，当 $p_1/p_0 \to \infty$ 时，$\Delta s \to \infty$。在3.4.6节中将看到冲击波引起的熵增是冲击波强度（$p_1 - p_0$）的三阶量。

（4）冲击波相对于波前介质是超声速的。这可由以下关系式看出：

$$(D_s - u_0)^2 = v_0^2 \frac{p_1 - p_0}{v_0 - v_1}$$

$$c_0^2 = v_0^2 \left( -\frac{\partial p}{\partial v} \right)_s$$

$(p_1 - p_0)/(v_0 - v_1)$ 是过雨贡纽曲线上的任一点所作的瑞利线的斜率。$(-\partial p/\partial v)_s$ 是等熵线在初态点的斜率。由于雨贡纽曲线是向下凹的，且 $p_1$ 愈大，线变得愈陡，所以前者总是大于后者（这可由图3.4.4看出），因而有 $D_s - u_0 > c_0$。

（5）冲击波相对于波后介质是亚声速的。由于

$$\frac{(D_s - u_1^2)^2}{c_1^2} = \frac{(k-1) + (k+1)\dfrac{p_0}{p_1}}{2k} \qquad (3-4-35)$$

而且 $p_1 > p_0$，所以

$$\frac{(D_s - u)^2}{c_1^2} < 1, \quad 即 \ D_s - u_1 < c_1$$

（6）由于冲击波是压缩波，所以冲击波传过后，介质获得了一个与波传播方向相同的

运动速度。

### 3.4.5 冲击波的反射

**1. 冲击波的传播**

冲击波形成后，在传播过程中，若无外界能量支持补充，其强度将逐渐衰减，直至最后衰减成为声波。图3.4.10所示为平面一维正冲击波传播过程。

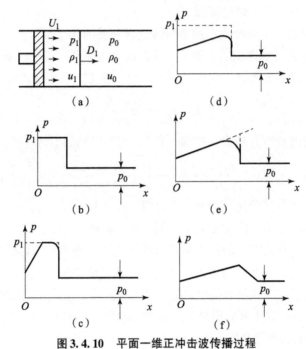

**图 3.4.10 平面一维正冲击波传播过程**

（a）活塞推动产生冲击波；（b）$t = t_1$ 时刻；（c）$t = t_2$ 时刻；（d）$t = t_3$ 时刻；（e）$t = t_4$ 时刻；（f）$t = t_5$ 时刻

在充满气体的无限长管子中，利用加速运动的活塞使其形成冲击波。在冲击波形成后（图3.4.10中所示的 $t_1$ 时刻），让活塞突然停止运动，则冲击波将依靠自身所具有的能量继续传播下去。

活塞停止运动以前，活塞右边的气体以与活塞相同的速度向前运动。活塞突然停止运动时，气体质点由于惯性的作用继续向前运动。这样，气体和活塞脱离而形成空隙，并引起气体向空隙膨胀，从而产生一系列稀疏波，以当地声速紧跟在冲击波之后向右传播。而冲击波相对于波后气体是亚声速的，因此，随着时间的推移，稀疏波必将赶上冲击波并将其削弱。此外，冲击波传播过程实际上存在着黏性摩擦、热传导和热辐射等不可逆的能量耗散效应，必将进一步加速冲击波的衰减。结果，在传播过程中，冲击波将由陡峭波阵面的波蜕变为弧形波阵面的弱压缩波（如图中 $t_3$、$t_4$ 和 $t_5$ 时刻所示），最后进一步衰减成声波。图3.4.10（a）表示的是活塞刚停止时刻（$t = t_1$）管中的压力分布。此后，经过了不同时刻，波传播到了不同位置，波的强度受到了不同程度的削弱。图3.4.10（b），（c），（d）和（e）表示不同时刻管中压力的分布情况。

一定量炸药在空气中爆炸所形成的冲击波为以爆心为中心的球形冲击波。其衰减速度比平面一维冲击波更快。这是因为除了上面所谈到的原因之外，球形冲击波在传播过程中，波的强度和距离 $x$ 的三次方成比例，因此受压缩的气体量增加很快，使受压缩的单位质量气体所得到的能量随着波的传播减少得很快。

**2. 冲击波在固壁面上的正反射**

冲击波在传播过程中遇到障碍物时会发生反射。若障碍物受冲击波作用的面与冲击波的传播方向成垂直状态，则所发生的反射称为正反射。

下面讨论多方气体中传播的平面一维冲击波在固壁面上的正反射现象。

如图 3.4.11 所示，平面一维冲击波以 $D_S$ 的速度对障碍物表面垂直入射，入射波前，介质的参数为压力 $p_0$、密度 $\rho_0$（或比容 $v_0$）、质点速度 $u_0$ 以及比内能 $e_0$，入射波后介质的参数为 $p_1$，$\rho_1$（或 $v_1$），$u_1$，$e_1$，它们相互间满足冲击波的基本关系式为

$$D_{S_1} - u_0 = v_0 \sqrt{\frac{p_1 - p_0}{v_0 - v_1}} \tag{3-4-36}$$

$$u_1 - u_0 = \sqrt{(p_1 - p_0)(v_0 - v_1)} \tag{3-4-37}$$

$$\frac{\rho_0}{\rho_1} = \frac{v_1}{v_0} = \frac{(k-1)p_1 + (k+1)p_0}{(k+1)p_1 + (k-1)p_0} \tag{3-4-38}$$

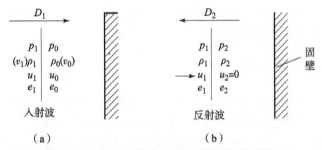

**图 3.4.11　平面一维冲击波在固壁面上的正反射**

当入射波碰到障碍物表面时，若障碍物表面为不变形的固壁，气流将受阻，速度立即由 $u_1$ 变为 $u_2 = 0$，气体进一步受到压缩，密度由 $\rho_1$ 增大为 $\rho_2$，压力由 $p_1$ 增大为 $p_2$，比内能由 $e_1$ 提高为 $e_2$。由于 $p_2 > p_1$，$\rho_2 > \rho_1$，受第二次压缩的气体必然反过来压缩已被入射波压缩过的气体，这样便形成了反射冲击波。如果入射波是向右传的，反射波则向左传。反射波前介质的状态就是入射波后介质的状态。反射波前后介质的参数仍然可用冲击波的基本方程式联系起来：

$$D_{S_2} - u_1 = -v_1 \sqrt{\frac{p_2 - p_1}{v_1 - v_2}} \tag{3-4-39}$$

$$u_2 - u_1 = -\sqrt{(p_2 - p_1)(v_1 - v_2)} \tag{3-4-40}$$

$$\frac{\rho_1}{\rho_2} = \frac{v_2}{v_1} = \frac{(k-1)p_2 + (k+1)p_1}{(k+1)p_2 + (k-1)p_1} \tag{3-4-41}$$

因 $u_2 = 0$，若再设 $u_0 = 0$，则由式（3-4-37）和式（3-4-40）可得

$$\sqrt{(p_1 - p_0)(v_0 - v_1)} = \sqrt{(p_2 - p_1)(v_1 - v_2)} \tag{3-4-42}$$

将式（3-4-42）两端平方后稍加变换，得到

$$\frac{p_1 - p_0}{\rho_0}\left(1 - \frac{\rho_0}{\rho_1}\right) = \frac{p_2 - p_1}{\rho_1}\left(1 - \frac{\rho_1}{\rho_2}\right) \tag{3-4-43}$$

将式（3-4-38）和式（3-4-41）代入式（3-4-43）后整理得到

$$\frac{p_2}{p_1} = \frac{(3k-1)p_1 - (k-1)p_0}{(k-1)p_1 - (k+1)p_0} \tag{3-4-44}$$

此即反射冲击波阵面压力 $p_2$ 与入射冲击波阵面压力 $p_1$ 之间的关系式。

将式（3-4-44）代入式（3-4-41），进行简化后得

$$\frac{\rho_2}{\rho_1} = \frac{kp_1}{(k-1)p_1 + p_0} \tag{3-4-45}$$

当入射冲击波很强，即 $p_1 \gg p_0$ 时，$p_0$ 可以忽略，则有

$$\frac{p_2}{p_1} = \frac{3k-1}{k-1} \tag{3-4-46}$$

$$\frac{\rho_2}{\rho_1} = \frac{k}{k-1} \tag{3-4-47}$$

通常情况下，空气的绝热指数 $k=1.4$，则 $p_2/p_1 = 8$，$\rho_2/\rho_1 = 3.5$，$\rho_2/\rho_0 = 21$。而当空气受到很强的冲击波作用时，绝热指数变小，反射压力将进一步增大（$k=1.2$ 时，$p_2 = 13p_1$；$k=1.1$ 时，$p_2 = 23p_1$）。由此可见，当强冲击波向目标正入射时，波的反射加强了对目标的破坏作用，目标附近的空气受到强烈的压缩。

### 3.4.6 弱冲击波及声学近似

前面已经提到，冲击波传过后将引起介质的熵增加。但若冲击波很弱（$\Delta p/p \ll 1$），熵值变化很小，那么可以近似地将其看成一种具有间断面的简单压缩波，并近似地认为其传播过程是等熵的，也就是说，把弱冲击波近似地看成一种有间断面的声波，这种处理方法称为声学近似理论。

下面首先考察冲击波传过后熵值的变化。冲击波的能量方程为

$$h_1 - h_0 = \frac{1}{2}(p_1 - p_0)(v_0 + v_1)$$

$$= \frac{1}{2}(p_1 - p_0)\left[2v_0 + (v_1 - v_0)\right]$$

$$= v_0(p_1 - p_0) + \frac{1}{2}(p_1 - p_0)(v_1 - v_0)$$

取 $p$，$s$ 为独立变量，将上式中的 $(v_1 - v_0)$ 在初始点附近按泰勒级数展开，得

$$h_1 - h_0 = v_0(p_1 - p_0) + \frac{p_1 - p_0}{2}\left[\left(\frac{\partial v_1}{\partial p}\right)_s(p_1 - p_0) + \frac{1}{2}\left(\frac{\partial^2 v_1}{\partial p^2}\right)_s(p_1 - p_0)^2 + \cdots + \right.$$

$$\left.\left(\frac{\partial v_1}{\partial s}\right)_p(s_1 - s_0) + \cdots\right] \tag{3-4-48}$$

再将 $(h_1 - h_0)$ 在初始点附近展开，得

$$h_1 - h_0 = \left(\frac{\partial h_1}{\partial p}\right)_s(p_1 - p_0) + \frac{1}{2}\left(\frac{\partial^2 h_1}{\partial p^2}\right)_s(p_1 - p_0)^2 +$$

$$\frac{1}{6}\left(\frac{\partial^3 h_1}{\partial p^3}\right)(p_1 - p_0)^3 + \cdots + \left(\frac{\partial h_1}{\partial s}\right)_p (s_1 - s_0) + \cdots \qquad (3-4-49)$$

比较式（3 - 4 - 49）与热力学关系式 $dh = Tds + vdp$，可知

$$\left(\frac{\partial h}{\partial s}\right)_p = T, \left(\frac{\partial h}{\partial p}\right)_s = v$$

将以上关系式代入式（3 - 4 - 49），得到

$$h_1 - h_0 = v_0(p_1 - p_0) + \frac{1}{2}\left(\frac{\partial v_1}{\partial p}\right)_s (p_1 - p_0)^2 + \frac{1}{6}\left(\frac{\partial^2 v_1}{\partial p^2}\right)_s (p_1 - p_0)^2 + \cdots +$$

$$T_0(s_1 - s_0) + \cdots + \left(\frac{\partial^2 h}{\partial p \partial s}\right)(p_1 - p_0)(s_1 - s_0) \qquad (3-4-50)$$

将式（3 - 4 - 48）与式（3 - 4 - 50）比较，得到

$$\frac{1}{4}\left(\frac{\partial^2 v_1}{\partial p}\right)_s (p_1 - p_0)^3 = \frac{1}{6}\left(\frac{\partial^2 v_1}{\partial p^2}\right)_s (p_1 - p_0)^3 + T_0(s_1 - s_0) + \cdots$$

于是可得

$$T_0 \Delta s = T_0(s_1 - s_0) = \frac{1}{4}\left(\frac{\partial^2 v_1}{\partial p^2}\right)_s (p_1 - p_0)^3 - \frac{1}{6}\left(\frac{\partial^2 v_1}{\partial p^2}\right)(p_1 - p_0)^3 + \cdots$$

所以

$$\Delta s = \frac{1}{12 T_0}\left(\frac{\partial^2 v_1}{\partial p^2}\right)_s (p_1 - p_0)^3 + \cdots \qquad (3-4-51)$$

对于多方气体，因 $p = Av^{-k}$，$\partial^2 v / \partial p^2 = (k+1)v_0 / k^2 p_0^2$，从而得到

$$\Delta s = \frac{1}{12 T_0}\frac{k+1}{k^2}\frac{v_0}{p_0^2}(p_1 - p_0)^3$$

$$= \frac{k+1}{12 k^2}\frac{R}{p_0^3}(p_1 - p_0)^3$$

$$= \frac{c_V(k^2 - 1)}{12 k^2}\left(\frac{p_1 - p_0}{p_0}\right)^3$$

以上结果说明，冲击波引起的熵增是冲击波强度的三阶量。对于弱冲击波，其强度为一阶微量时，熵的跳跃仅为三阶微量，因此，可以将其看作等熵，也就是说，可以将其作为声波处理。这就是弱冲击波的声学近似理论。

下面讨论弱冲击波前后参数间的关系。

由冲击波基本关系式知

$$u_1 - u_0 = \sqrt{(p_1 - p_0)\left(\frac{1}{\rho_0} - \frac{1}{\rho_1}\right)}$$

$$= (p_1 - p_0)\sqrt{\frac{\frac{1}{\rho_0} - \frac{1}{\rho_1}}{p_1 - p_0}}$$

将上式中的 $\frac{1}{\rho_0} - \frac{1}{\rho_1}$ 作为 $p$ 的函数在 $p_0$ 附近按泰勒级数展开，得到

$$u_1 - u_0 = (p_1 - p_0) \sqrt{\frac{-\left(\partial \dfrac{1}{\rho_1}\right)}{\partial p} \frac{p_1 - p_0}{p_1 - p_0} - \frac{1}{2} \frac{\partial^2 \left(\dfrac{1}{\rho_1}\right)}{\partial p^2} \frac{(p_1 - p_0)^2}{p_1 - p_0}} \cdots$$

保留一阶时可将其看作等熵，则上式中的偏微商可写成全微商

$$u_1 - u_0 = (p_1 - p_0) \sqrt{\left[\frac{-\mathrm{d}\left(\dfrac{1}{\rho_1}\right)}{\mathrm{d}p}\right]_0}$$

$$= (p_1 - p_0) \sqrt{\frac{1}{\rho^2}\left(\frac{\mathrm{d}\rho_1}{\mathrm{d}p}\right)_0}$$

$$= (p_1 - p_0) \sqrt{\frac{1}{\rho_0^2}\left(\frac{1}{c_0^2}\right)} = \frac{p_1 - p_0}{\rho_0 c_0}$$

即

$$\Delta p = \rho_0 c_0 (u_1 - u_0) \tag{3-4-52}$$

式（3-4-52）说明弱冲击波相对于气体以声速 $c_0$ 的速度前进，单位时间通过冲击波的气体质量为 $\rho_0 c_0$，冲击波前后气体质点速度的变化为（$u_1 - u_0$）。

此外，还有

$$\Delta \rho = \rho_1 - \rho_0 = \left(\frac{\partial \rho_1}{\partial p}\right)_s \Delta p = \frac{\Delta p}{c_0^2}$$

$$= \frac{\rho_0}{c_0}(u_1 - u_0) \tag{3-4-53}$$

由于有

$$c^2 \sim \frac{p}{\rho} \sim \frac{\rho^\gamma}{\rho} \sim \rho^{\gamma-1}$$

又将以上关系两边取对数并微分，得

$$2\frac{\Delta c}{c} = (\gamma - 1)\frac{\Delta \rho}{\rho}$$

所以

$$\Delta c = \frac{\gamma - 1}{2}\frac{c_0}{\rho_0}\Delta \rho = \frac{\gamma - 1}{2}\Delta u$$

即

$$\Delta u = \frac{2}{\gamma - 1}\Delta c \tag{3-4-54}$$

再看看冲击波速度

$$D_s - u_0 = \frac{1}{\rho_0}\sqrt{\frac{p_1 - p_0}{\dfrac{1}{\rho_0} - \dfrac{1}{\rho_1}}} = \sqrt{\frac{\rho_0 \rho_1}{\rho_0^2}}\sqrt{\frac{p_1 - p_0}{\Delta \rho}}$$

$$= \sqrt{\frac{\rho_1}{\rho_0}}\sqrt{\frac{p_1 - p_0}{\Delta \rho}}$$

$$= \left(1 + \frac{\Delta\rho}{\rho_0}\right)^{1/2} \sqrt{\left(\frac{\mathrm{d}p}{\mathrm{d}\rho}\right)_0} \frac{\Delta\rho}{\Delta\rho} + \frac{1}{2}\sqrt{\left(\frac{\mathrm{d}^2 p}{\mathrm{d}\rho^2}\right)_0} \frac{\Delta\rho^2}{\Delta\rho}$$

$$= \left(1 + \frac{\Delta\rho}{\rho_0}\right)^{1/2} \left(c_0^2 + \frac{1}{2}\frac{\mathrm{d}c_0^2}{\mathrm{d}\rho}\Delta\rho\right)^{1/2}$$

将上式按二项式展开，则得

$$D_{\mathrm{S}} - u_0 = \left(1 + \frac{1}{2}\frac{\Delta\rho}{\rho_0}\right)\left(c_0 + \frac{1}{4c_0}\frac{\mathrm{d}c_0^2}{\mathrm{d}\rho}\Delta\rho\right)$$

$$D_{\mathrm{S}} - u_0 = c_0 + \frac{1}{4c_0}\frac{\mathrm{d}c_0^2}{\mathrm{d}\rho}\Delta\rho + \frac{1}{2}\frac{\Delta\rho}{\rho_0}c_0 + \frac{1}{8c_0\rho_0}\frac{\mathrm{d}c_0^2}{\mathrm{d}\rho}\Delta\rho^2$$

忽略高阶后，得

$$D_{\mathrm{S}} - u_0 = c_0\left(1 + \frac{1}{2}\frac{\Delta\rho}{\rho} + \frac{1}{4c_0^2}\frac{\mathrm{d}c_0^2}{\mathrm{d}\rho}\Delta\rho\right)$$

$$= c_0\left(1 + \frac{1}{2}\frac{\Delta\rho}{\rho_0} + \frac{1}{4c_0^2}\frac{2c_0\mathrm{d}c_0}{\mathrm{d}\rho}\Delta\rho\right)$$

而

$$\frac{\Delta\rho}{\rho_0} = \frac{\Delta u}{c_0}$$

所以

$$D_{\mathrm{S}} - u_0 = c_0\left(1 + \frac{\Delta u}{2c_0} + \frac{\Delta c}{2c_0}\right)$$

$$= \frac{c_1 + c_0}{2} + \frac{u_1 - u_0}{2}$$

最后得

$$D_{\mathrm{S}} = \frac{(u_1 + c_1) + (u_0 + c_0)}{2} \qquad\qquad (3-4-55)$$

即弱冲击波的传播速度是波前后小扰动速度的平均值。

式（3-4-52）~式（3-4-55）就是对弱冲击波做了声学近似后得到的波前后参数之间的关系式。

# 第4章
# 爆轰波经典理论

19 世纪 80 年代初，贝尔特劳（Berthelot）和维也里（Vieille）以及马拉尔德（Mallard）和吕·查特里尔（Le Chatelier）在观察管道中燃烧火焰的传播过程时，发现了爆轰波的传播现象。人们对气相爆炸物（如 $2H_2 + O_2$，$CH_4 + 2O_2$ 等混合气体）和凝聚相爆炸物（如硝基甲烷、$CH_3NO_2$ 之类的液体炸药，梯恩梯、黑索今之类的固态炸药）的爆轰过程所进行的大量实验观察研究表明，爆轰过程是爆轰波沿爆炸物一层一层地进行传播的过程；并且还发现，各种爆炸物在激起爆轰之后，其爆轰波都趋向于以该爆炸物所特有的爆速沿爆炸物稳定地进行传播。

爆轰波是什么？从本质上讲，爆轰波是沿爆炸物传播的强冲击波。与通常的冲击波的主要不同点是，在其传过后爆炸物因受到它的强烈冲击作用而立即激起高速化学反应，形成高温高压爆轰产物并释放出大量化学反应热能。这些能量又被用来支持爆轰波对下一层爆炸物进行冲击压缩。因此，爆轰波能够不衰减地传播下去。可见，爆轰波是一种伴随有化学反应热放出的强间断面的传播。基于这样一种认识，1899 年柴普曼和柔格于 1905 年及 1917 年各自独立地提出了关于爆轰波的平面一维流体动力学理论，简称爆轰波的 C – J 理论或 C – J 假说。该理论明显的成功之处是，即使利用当时已有的热力学函数值对气相爆轰波速度进行预报，其精度仍在 1% ~2% 的量级。当然，假若当时能较精确地测量爆轰波压力或密度，或许能发现该理论与实际之间可能出现可观的偏差，从而可对该理论提出质疑。然而，尽管如此，它仍不失为一种较好的简单理论。

对 C – J 理论的一个根本性的改进是在 20 世纪 40 年代由 Zeldovich（Я. Ъ. Зедъдович 苏联，1940）、Von Neumann（美国，1942）和 Doering（德国，1943）各自独立地提出的，他们对爆轰波提出的模型称为爆轰波的 ZND 模型。该模型是基于欧拉的无黏性流体动力学方程，不考虑输运效应和能量耗散过程，只考虑化学反应效应，并把爆轰波看成由前导冲击波和紧随其后的化学反应区组成的间断，如图 4.0.1 所示。前导冲击波阵面（图中 $N – N'$ 断面）过后，原始爆炸物受到强烈冲击压缩，具备了激发高速化学反应的压力与温度条件，但尚未发生化学反应。

反应区的末端截面（如 $M – M'$ 断面）处化学反应完成并形成爆轰产物，该断面称为柴普曼 – 柔格平面，简称为 C – J 面。这样，前导冲击波与紧跟其后的高速化学反应区构成了一个完整的爆轰波阵面，它们以同一的爆速 $D$ 传播，并将原始爆炸物与爆轰终了产物隔开。可见，爆轰波是后面带有一个高速化学反应区的强冲击波。

对于通常的气相爆炸物，爆轰波的传播速度一般为 1 500 ~ 4 000 m/s，爆轰终了断面所达到的压力和温度分别为数个兆帕和 2 000 ~ 4 000 K。

对于军用高猛炸药，爆速通常在 6 500 ~ 9 500 m/s，波阵面传过后产物的压力高达数十个吉帕，温度高达 3 000 ~ 5 000 K，密度大约增加 1/3。炸药分子中各原子在高速化学反应过程中发生重新组合，生成 $CO_2$，$H_2O$，$CO$，$N_2$，$H_2$，$O_2$，

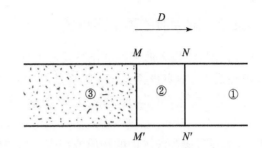

**图 4.0.1　爆轰波阵面示意**

①—原始爆炸物，$N–N'$ 面前导冲击波；②—化学反应区，$M–M'$ 面反应终了断面；③—爆轰终了产物

C 以及 $CH_4$，$NH_3$，$NO$ 等产物。由于爆轰波阵面厚度一般为零点几毫米至 1 mm 左右，所以上述状态变化是在数量级为 $10^{-8}$ ~ $10^{-6}$ s 的时间间隔内发生的。

对于由富氧组分及缺氧组分构成的混合炸药，如由细铝粉、镁粉、硼粉与黑索今、梯恩梯等高猛炸药组成的混合炸药，以及由木粉、无机盐类、硝酸铵、梯恩梯组成的工业矿用混合炸药，爆炸化学反应往往来不及在反应区内完成，剩余的一部分化学能量是在反应区过后的所谓后燃阶段释放出来的。但是，这部分能量不能用来支持前导冲击波对下一层炸药进行冲击压缩。因此，虽然这类炸药具有较高的爆炸热，但爆速比较低。

爆炸物在外界能量作用下发生起爆到成长为爆轰，是一种复杂的力学、化学和物理的现象，为了认识爆轰现象的本质，揭示爆轰过程的稳定特性，弄清爆轰传播的机理及影响因素，探求建立爆轰波参数的计算方法和爆轰反应区内发生的化学反应流动的理论描述，半个多世纪以来，爆轰学家们进行了大量实验与理论研究。

# 4.1　C–J 理论

## 4.1.1　C–J 模型的基本假设

C–J 模型有如下三点基本假设。

（1）流动是严格一维的。

（2）平面爆轰波阵面是一个强间断，在这个间断上化学反应瞬时完成，化学反应区很薄，可作为一数学平面来处理，波阵面后的产物处于热化学平衡状态，可用热力学状态方程描述其状态变化规律。

（3）突跃间断是稳定的，在其传播过程中无黏性和热传导等耗散效应。

以上假设说明 C–J 模型讨论的是一维理想爆轰波的定型传播问题。

C–J 模型不考虑化学反应的过程及化学反应动力学，以及热力学和流体力学之间的非线性相互作用，只在流体力学方程中加一个反应热项来体现化学反应的作用，从而大大简化了爆轰问题的研究，这正是 C–J 模型的优点所在。

### 4.1.2 爆轰波的基本方程式

C-J模型将爆轰波视为带化学反应的冲击波，波阵面上仍应满足质量、动量和能量三个守恒关系式。这些关系式与普通无反应的冲击波完全相同。即当 $u_0 = 0$ 时，

$$\rho_0 D = \rho(D - u) = j \tag{4-1-1}$$

$$p - p_0 = \rho_0 D u \tag{4-1-2}$$

式中：$j$ 为通过爆轰波阵面的物质流密度，即单位时间、单位面积爆轰波阵面所扫过的体积内反应的物质质量。将式 (4-1-1) 变化成另一种等效形式有时是很方便的，即

$$u = \rho_0 D(v_0 - v) = j(v_0 - v) \tag{4-1-3}$$

借助于式 (4-1-3) 和式 (4-1-1)，可将式 (4-1-2) 写成理论上十分重要的另一种形式：

$$j^2 = \frac{p - p_0}{v_0 - v} \tag{4-1-4}$$

从式 (4-1-1) 和式 (4-1-2) 出发，经过变换后可得

$$u = (v_0 - v)\sqrt{\frac{p - p_0}{v_0 - v}} \tag{4-1-5}$$

$$D = v_0 \sqrt{\frac{p - p_0}{v_0 - v}} \tag{4-1-6}$$

为了今后方便起见，将式 (4-1-6) 写为

$$(R) = \rho_0^2 D^2 - (p - p_0)/(v - v_0) = 0 \tag{4-1-6'}$$

它代表 $v - p$ 平面内一条通过初始状态点的直线，即爆轰波的波速线，或称瑞利线，它的斜率等于 $j^2$。

爆轰波的内能函数则与无反应冲击波不同，不但与压力、比容有关，还与化学反应程度 $\lambda$ 有关。设未反应时 $\lambda = 0$，反应完时 $\lambda = 1$，则爆轰波前的比内能为 $e_0(p_0, v_0, \lambda = 0)$，爆轰波阵面后的比内能为 $e(p, v, \lambda = 1)$，于是，爆轰波的能量关系式为

$$e(p, v, \lambda = 1) + pv + \frac{1}{2}(D - u)^2 = e_0(p_0, v_0, \lambda = 0) + p_0 v_0 + \frac{1}{2}D^2 \tag{4-1-7}$$

将式 (4-1-5) 与式 (4-1-6) 代入式 (4-1-7) 消去 $D$、$u$ 后得到爆轰波雨贡纽方程的一般形式：

$$(H) = e(p, v, \lambda = 1) - e_0(p_0, v_0, \lambda = 0) - \frac{1}{2}(p + p_0)(v_0 - v) = 0 \tag{4-1-8}$$

若具体介质的内能函数 $e(p, v, \lambda)$ 已知，则可得到该种介质中爆轰波雨贡纽方程的具体形式。例如在研究气体爆炸混合物的爆轰时，往往将原始爆炸物和爆轰产物近似地视为符合多方气体状态方程 $pv = RT$，且其内能除了包含分子热运动动能外，还有激发的化学能。因此其内能函数为

$$e = c_V T - \lambda q \tag{4-1-9}$$

式中：$c_V T$ 为分子热运动动能；$q$ 为完全反应时的反应热（美国采用定压反应热 $-\Delta H$，苏联用定容反应热 $q_V$，本书认为用 $q_V$ 更合适），即爆轰热，对于一定的爆炸物，它是一常数；

$\lambda q$ 是反应度为 $\lambda$ 时的反应热（化学能）。内能等于分子热运动动能和化学能之和，$\lambda q$ 之前取负号是因为在热力学中放热为负。

将式（4-1-9）代入式（4-1-8），并考虑到 $c_0 = \dfrac{R}{k-1}$，则多方气体中爆轰波的雨贡纽方程为

$$\frac{pv}{k-1} - \frac{p_0 v_0}{k-1} = \frac{1}{2}\ (p + p_0)\ (v_0 - v)\ + q_V \tag{4-1-10a}$$

式（4-1-10a）可变为

$$\left(\frac{p}{p_0} + u^2\right)\left(\frac{v}{v_0} - \mu^2\right) = 1 - \mu^2 + 2\mu^2 \frac{q_V}{p_0 v_0} \tag{4-1-10b}$$

其中式（4-1-10b）代表 $v-p$ 平面内的一条双曲线，其中心为 $\left(\dfrac{v}{v_0} = \mu^2,\ \dfrac{p}{p_0} = -\mu^2\right)$。

对于别的介质，雨贡纽曲线的形状定性地与此类似。

从式（4-1-10）可以看出，由于化学反应热的释放，爆轰波的雨贡纽曲线高于无反应冲击波的雨贡纽曲线，且不再通过初始状态点 $O(v_0, p_0)$，如图 4.1.1 所示。图 4.1.1 中曲线 1 是无反应冲击波的雨贡纽曲线，曲线 2 是爆轰波的雨贡纽曲线。

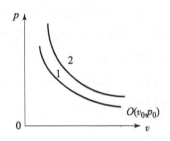

**图 4.1.1　无反应冲击波和爆轰波的雨贡纽曲线**

### 4.1.3　爆轰波稳定传播的条件

将式（4-1-6）描述的爆轰波的波速线或瑞利线与式（4-1-8）描述的爆轰波的放热雨贡纽曲线画在同一个 $v-p$ 平面上，如图 4.1.2 所示。

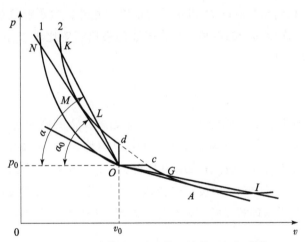

**图 4.1.2　爆轰波的波速线及放热雨贡纽曲线**

从图 4.1.2 可以看出，以爆速 $D$ 传播的爆轰波，波阵面前的原始炸药在遭受冲击而尚未发生化学反应时，其状态由 $O(p_0, v_0)$ 突跃到瑞利线 $ON$ 上的某一点，该点恰恰是该瑞利线与冲击波的雨贡纽曲线 1 的交点 $N$。然而，爆轰反应完成后，由于爆轰反应热 $Q$ 已放出，故爆轰波阵面传过后刚刚形成的爆轰产物的状态必定落在放热的雨贡纽曲线 2 上的某一点，

该点应是瑞利线与曲线 2 的相交点或是相切点。显然，若爆速不同，爆轰波阵面传过后爆轰产物所达到的状态点也不同。因此说，爆轰波的雨贡纽曲线 2 是不同强度的爆轰波传过后爆轰产物所达到的终点状态的连线。

需要指出的是，并非曲线 2 的所有线段都是与爆轰过程相对应的。为了说清楚这个问题，可从初始状态点 $O(p_0, v_0)$ 作等压线（水平线）与曲线 2 相交于 $c$ 点，作等容线（铅直线）与曲线 2 交于 $d$ 点，同时从两个方向上作曲线 2 的两条切线分别相切于 $M$ 点和 $A$ 点。这样曲线 2 被划分为 5 段。

先考察 $dc$ 段。在该线段内有 $v > v_0$，$p > p_0$，故瑞利线的斜率 $(p - p_0)/(v_0 - v) < 0$，$D$ 值为一虚数。这表明此线段不与任何实际存在的过程相对应，因此在图中以虚线表示。

在 $c$ 点处，有 $v > v_0$，$p = p_0$，故 $D = 0$。这表明该点与定压燃烧过程相对应。

在 $c$ 点以右的 $GAI$ 线段具有 $v > v_0$，$p < p_0$，按照式（4-1-6）知 $D > 0$，但据式（4-1-5）知质点速度 $u < 0$。这表明，波的传播方向与产物运动方向相反，符合燃烧过程的特征，故曲线 2 的该部分称为燃烧支或爆燃支。其中 $GA$ 段（$p - p_0$）的负压值较小，称为弱爆燃支；$AI$ 段的（$p - p_0$）负压值大，称为强爆燃支；$A$ 点的状态与燃烧波速度最大的过程相对应。同时，由于 $A$ 点处所具有的特点，$A$ 点又称燃烧过程的 C-J 点，其特点是燃烧过程的定型传播。

$$-\left(\frac{\partial p}{\partial v}\right)_{2,A} = \frac{p_A - p_0}{v_0 - v_A} \tag{4-1-11}$$

在 $d$ 点处有 $v = v_0$，$p > p_0$，故波速 $D$ 为无穷大。这表明该点与定容的瞬时爆轰过程相对应。

考察 $d$ 点以上的 $LMK$ 线段，其各点都具有 $p > p_0$，$v < v_0$ 的条件，由式（4-1-5）和式（4-1-6）可知，与它们相对应的 $D$ 和 $u$ 皆为正值。此外，由于通过该线段上的任一点和初始状态点 $O(p_0, v_0)$ 连接起来的瑞利线与水平线的夹角都要比过 $O(p_0, v_0)$ 等熵线的切线和水平线的夹角 $\alpha_0$ 大，即有

$$\frac{p - p_0}{v_0 - v} > -\left(\frac{\partial p}{\partial v}\right)_{2,0} \tag{4-1-12}$$

因此，该线段上各点相对应过程的传播速度 $D$ 比原始爆炸物的声速 $c_0$ 要大，这表明该线段各点符合爆轰过程的特点，故被称为爆轰支。其中 $M$ 点称为 C-J 爆轰点，过该点的瑞利线与可能的最小爆轰速度 $D_{\min}$ 相对应。在 $MK$ 线段部分，（$p - p_0$）值要比 $ML$ 线段各点的（$p - p_0$）大，称为强爆轰支或过驱动爆轰支，$M$ 点以下的线段称为弱爆轰支。

从以上对曲线 2 各段物理意义的分析可知，爆轰过程反应产物的终态点必定位于该曲线的爆轰支上。

下面讨论 C-J 爆轰的特点。

**1. C-J 爆轰波相对于波后介质的速度为声速，即 $D_J - u_J = C_J$**

该特点可由瑞利线（$R$）与雨贡纽曲线（$H$）相切的条件得到证明。由于两线在 $M$ 点相切，所以在 $M$ 点有 $\left(\dfrac{\mathrm{d}p}{\mathrm{d}v}\right)_{(H)} = \left(\dfrac{\mathrm{d}p}{\mathrm{d}v}\right)_{(R)}$。

而由于 $-\left(\dfrac{\mathrm{d}p}{\mathrm{d}v}\right)_{(R)} = \dfrac{p_J - p_0}{v_0 - v_J}$，因此有

$$-\left(\frac{\mathrm{d}p}{\mathrm{d}v}\right)_{(H)} = -\left(\frac{\mathrm{d}p}{\mathrm{d}v}\right)_{(R)} = \frac{p_J - p_0}{v_0 - v_J} \tag{4-1-13}$$

式中：下标 J 代表 $M$ 点的值，即 C–J 爆轰波后的值。

此外，将式（4–1–8）对 $v$ 取导数，得

$$\left(\frac{\mathrm{d}e}{\mathrm{d}v}\right)_H = \frac{1}{2}\left[(v_0 - v)\left(\frac{\mathrm{d}p}{\mathrm{d}v}\right)_{(H)} - (p + p_0)\right] \tag{4-1-14}$$

将式（4–1–13）代入式（4–1–14）得

$$\left(\frac{\mathrm{d}p}{\mathrm{d}v}\right)_{(H)} = -p \tag{4-1-15}$$

而根据热力学定律

$$T\mathrm{d}s = \mathrm{d}e + p\mathrm{d}v \tag{4-1-16}$$

对于等熵线 $\mathrm{d}s = 0$，也有

$$\left(\frac{\mathrm{d}e}{\mathrm{d}v}\right)_s = -p \tag{4-1-17}$$

说明等熵线和雨贡纽曲线也在 $M$ 点相切，也就是说，$M$ 点是雨贡纽曲线、瑞利线以及过该点的等熵线的公切点，如图 4.1.3 所示。因此有

$$\frac{p_J - p_0}{v_0 - v_J} = -\left(\frac{\mathrm{d}p}{\mathrm{d}v}\right)_s \tag{4-1-18}$$

而根据式（4–1–5）和式（4–1–6）可知

$$D_J - u_J = v_J \sqrt{\frac{p_J - p_0}{v_0 - v_J}} \tag{4-1-19}$$

将式（4–1–18）代入式（4–1–19）则得

$$D_J - u_J = v_J \sqrt{-\left(\frac{\mathrm{d}p}{\mathrm{d}v}\right)_s} = c_J \tag{4-1-20a}$$

或

$$D_J = u_J + c_J \tag{4-1-20b}$$

式（4–1–20a）或式（4–1–20b）即为著名的 C–J 条件的通常表达式。式（4–1–20b）

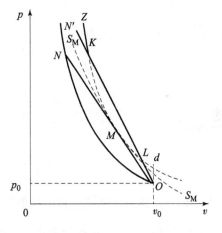

**图 4.1.3  雨贡纽线、瑞利线、等熵线相切于 $M$ 点**

的右端是稀疏波波头的传播速度，此式说明爆轰波后的稀疏波波头与爆轰波以同一速度推进，因而爆轰波不会被稀疏波削弱而得以自持稳定地传播。

**2. 在雨贡纽曲线上，$M$ 点对应的爆速为极小值**

将波速方程式（4–1–6）沿着雨贡纽曲线对 $v$ 取一阶和二阶导数，得

$$2D\left(\frac{\mathrm{d}D}{\mathrm{d}v}\right)_{(H)} = \frac{v_0^2}{v_0 - v}\left[\left(\frac{\mathrm{d}p}{\mathrm{d}v}\right)_{(H)} + \frac{p - p_0}{v_0 - v}\right] \tag{4-1-21}$$

$$2D\left(\frac{\mathrm{d}^2 D}{\mathrm{d}v^2}\right)_{(H)} = -2\left(\frac{\mathrm{d}D}{\mathrm{d}v}\right)_H^2 + \frac{2v_0^2}{(v_0-v)^2}\left[\left(\frac{\mathrm{d}p}{\mathrm{d}v}\right)_{(H)} + \frac{p-p_0}{v_0-v}\right] + \frac{v_0^2}{v_0-v}\left(\frac{\mathrm{d}^2 p}{\mathrm{d}v^2}\right)_{(H)} \quad (4-1-22)$$

将 $-\left(\dfrac{\mathrm{d}p}{\mathrm{d}v}\right)_{(H)} = \dfrac{p-p_0}{v_0-v}$ 的条件代入式（4 - 1 - 21）和式（4 - 1 - 22），可知在 $M$ 点处有

$$\left(\frac{\mathrm{d}D}{\mathrm{d}v}\right)_{(H)} = 0 \quad (4-1-23)$$

$$\left(\frac{\mathrm{d}^2 D}{\mathrm{d}v^2}\right)_{(H)} > 0 \quad (4-1-24)$$

这说明在雨贡纽线上 $M$ 点对应的爆速即 C - J 爆轰的爆速取极小值。

### 3. 在雨贡纽线上，C - J 爆轰对应的切点 $M$ 处具有最小熵值

将雨贡纽方程式（4 - 1 - 8）微分，得

$$\mathrm{d}e = \frac{1}{2}\left[(v_0-v)\mathrm{d}p - (p+p_0)\mathrm{d}v\right] \quad (4-1-25)$$

将式（4 - 1 - 25）代入 $T\mathrm{d}s = \mathrm{d}e + p\mathrm{d}v$ 中，得

$$T\mathrm{d}s = \frac{1}{2}\left[(v_0-v)\mathrm{d}p - (p+p_0)\mathrm{d}v\right] + p\mathrm{d}v \quad (4-1-26)$$

式（4 - 1 - 26）可变成

$$2T\mathrm{d}s = \left[(v_0-v)^2\mathrm{d}\left(\frac{p-p_0}{v_0-v}\right)\right] \quad (4-1-27)$$

而 $\dfrac{p-p_0}{v_S-v} = \tan\beta$，因此有

$$2T\mathrm{d}s = (v_0-v)^2\mathrm{d}\tan\beta = (v_0-v)^2(1+\tan^2\beta)\mathrm{d}\beta$$

$$= (v_0-v)^2\left[1+\left(\frac{p-p_0}{v_0-v}\right)^2\right]\mathrm{d}\beta$$

最后得到

$$2T\frac{\mathrm{d}s}{\mathrm{d}v} = (v_0-v)^2\left[1+\left(\frac{p-p_0}{v_0-v}\right)^2\right]\frac{\mathrm{d}\beta}{\mathrm{d}v} \quad (4-1-28)$$

由式（4 - 1 - 28）可知 $\dfrac{\mathrm{d}s}{\mathrm{d}v}$ 的正负性取决于 $\dfrac{\mathrm{d}\beta}{\mathrm{d}v}$ 的正负性。

$\beta$ 角为瑞利线与水平线的夹角。从图 4.1.3 中可以看出，在切点 $M$ 以上，沿着雨贡纽曲线，$\beta$ 随 $v$ 减小而增大，即 $\dfrac{\mathrm{d}\beta}{\mathrm{d}v} < 0$，则 $\dfrac{\mathrm{d}s}{\mathrm{d}v} < 0$；在 $M$ 点以下相反，$\dfrac{\mathrm{d}\beta}{\mathrm{d}v} > 0$，则 $\dfrac{\mathrm{d}s}{\mathrm{d}v} > 0$，说明在雨贡纽线上切点 $M$ 处熵具有极小值 $S_M = S_{\min}$。

## 4.2 ZND 模型

前述 C - J 模型是最简单、最经典的爆轰波模型，它将爆轰波视为一个带化学反应的强间断，反应区厚度为零，反应速率为无限大，化学反应度由波前 $\lambda = 0$ 突跃至波后 $\lambda = 1$。这种假设使问题大为简化，并能取得一些令人满意的结果。但实验观察表明，化学反应不是瞬

时完成的，而是具有有限的速率，化学反应区有一定的厚度，即使是高能炸药，这一厚度也可达毫米量级。能量低的炸药，反应区厚度更大。为此，苏联科学家泽尔多维奇（Zeldovieh）、美国科学家冯·纽曼（Von Neumann）、德国科学家道尔令（Doering）分别于1940 年、1942 年和 1943 年各自独立地提出了关于爆轰波结构的相同模型，即所谓的 ZND 模型。

### 4.2.1　ZND 模型的基本假设

ZND 模型把爆轰波阵面看成由前沿冲击波和紧跟其后的化学反应区构成，它们以同一速度沿爆炸物传播，反应区的末端平面对应 C–J 状态。此模型提出的假设如下。

（1）流动是一维的。

（2）前沿冲击波比化学反应区薄得多，可以处理为一个无反应的强间断，并忽略黏性、热传导、辐射、扩散等耗散效应。

（3）前沿冲击波后的化学反应区内化学反应速率是有限值，反应是单一的，且不可逆地向前发展，直至反应终了。化学反应度由 $\lambda = 0$ 连续地变到 $\lambda = 1$。

（4）反应区内各处的热力学变量均处于局部热力学平衡状态。

按照这一模型，爆轰波阵面内发生的历程（图 4.2.1）为原始爆炸物首先受到前沿冲击波的强烈冲击压缩，立即由初始状态 $O$ 点突跃到 $N$ 点的状态。在 $N$ 点达到的温度和压力下，高速的放热反应被激发，并沿着瑞利线展开。随着反应的进行，比容增大，压力下降。反应终了（$\lambda = 1$）达到 C–J 状态（因此化学反应区的末端平面称作 C–J 面），化学反应热全部放出。图 4.2.1（b）是按 ZND 模型画出的传播中的爆轰波阵面内的压力分布图。图中 C–J 面与前沿冲击波阵面之间压力急剧变化的陡峭部分称为压力峰（Van Neumann 峰）。C–J 面后是稀疏波的作用区，压力缓慢下降。

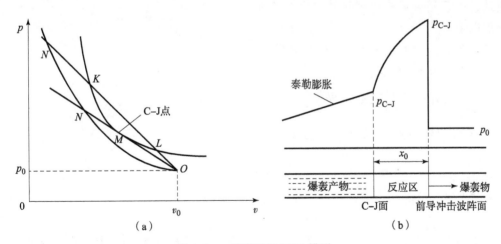

**图 4.2.1　爆轰波的 ZND 模型**

### 4.2.2　ZND 模型中的雨贡纽方程

在 ZND 模型中，多方气体中爆轰波的雨贡纽方程为

$$\frac{pv}{k-1} - \frac{p_0 v_0}{k-1} = \frac{1}{2}(p + p_0)(v_0 - v) + \lambda q_V \qquad (4-2-1)$$

式中：$\lambda$ 为 $0 \sim 1$ 的连续变量。式（4-2-1）适用于化学反应区中的任一断面，但其条件是 $\lambda$ 取化学反应度对应值。式（4-2-1）代表 $p-v$ 平面内以 $\lambda$ 为参数的一簇曲线。当给定 $\lambda$ 值时，式（4-2-1）代表某一定成分的雨贡纽曲线，称为冻结雨贡纽曲线。$\lambda = 0$ 的冻结雨贡纽曲线又叫作无反应的雨贡纽曲线。$\lambda = 1$ 的冻结雨贡纽曲线又叫作完全放热反应的雨贡纽曲线，$0 < \lambda < 1$ 的冻结雨贡纽曲线叫作部分放热反应的雨贡纽曲线，各断面处产物的状态则对应于具有相应 $\lambda$ 值的雨贡纽曲线与瑞利线的交点。

### 4.2.3　ZND 模型中的瑞利线

在 ZND 模型中，化学反应度 $\lambda$ 的值从 $Z$ 点处等于零沿着瑞利线逐渐增至 C-J 点处等于 1。也就是说，瑞利线是化学反应的过程线，或者说是化学反应区内状态变化的过程线。C-J 点的状态是自动进行的化学反应过程的终点状态。从热力学的概念可知，自动进行的不可逆过程熵值是增大的，并且在反应终了时熵值达到最大。因此说，在瑞利线上 C-J 点处具有最大的熵值。

### 4.2.4　ZND 模型中的柔格法则

在 ZND 模型中，波速线与完全放热反应的雨贡纽曲线（$\lambda = 1$）之间也存在着两种相交的情况：一种是当 $D = D_j$ 时，相切于 $M$ 点；另一种是当 $D > D_j$ 时相交于 $K$ 点和 $L$ 点，如图 4.2.2 所示。

在 ZND 模型中仍然认为只有波后状态与切点 $M$ 的状态相对应的爆轰波才能自持稳定地传播，也就是说柔格法则仍然成立。下面对此加以论证。

设传递爆轰的介质具有一般热力学性质，即满足以下三个热力学条件：

$$\left(\frac{\partial p}{\partial v}\right)_S < 0, \quad \left(\frac{\partial^2 p}{\partial v^2}\right)_S > 0, \quad \left(\frac{\partial p}{\partial s}\right)_v > 0$$

并设爆炸物和爆轰产物的状态方程取如下形式：

$$p = g(v, S) \qquad (4-2-2)$$

由以上状态方程可得

$$\mathrm{d}p = g_v \mathrm{d}v + g_S \mathrm{d}S \qquad (4-2-3)$$

而由波速线方程可得

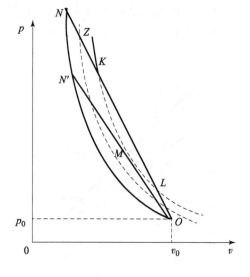

**图 4.2.2　ZND 模型中的波速线和雨贡纽曲线**

$$\mathrm{d}p = -\frac{D^2}{v_0^2}\mathrm{d}v = \beta \mathrm{d}v \qquad (4-2-4)$$

根据式（4-2-3）和式（4-2-4）可得

$$g_v \mathrm{d}v + g_S \mathrm{d}S = \beta \mathrm{d}v$$

即

$$\left(\frac{\mathrm{d}S}{\mathrm{d}v}\right)_{(R)} = \frac{\beta - g_v}{g_s} \qquad (4-2-5)$$

$$\left(\frac{\mathrm{d}^2 S}{\mathrm{d}v^2}\right)_{(R)} = -\frac{g_{vv}}{g_s} - 2\frac{g_{vs}}{g_s}\frac{\mathrm{d}S}{\mathrm{d}v} - \left(\frac{g_{ss}}{g_s}\right)\left(\frac{\mathrm{d}S}{\mathrm{d}v}\right)^2_{(R)} \qquad (4-2-6)$$

假设沿波速线有极值，则有

$$\left(\frac{\mathrm{d}S}{\mathrm{d}v}\right)_{(R)} = 0 \qquad (4-2-7)$$

此时由式（4-2-6）得

$$\left(\frac{\mathrm{d}^2 S}{\mathrm{d}v^2}\right)_{(R)} = -\frac{g_{vv}}{g_s} < 0 \qquad (4-2-8)$$

这说明若沿波速线熵有极值，必定是极大值，而且只有一个极大值，因为如果在波速线上有两个极大值，在两个极大值之间必定存在一个极小值。这与必定是极大值的结论相矛盾。

又根据前述三个热力学条件中的头两个可知，在 $v-p$ 平面内，介质的等熵线是一簇向上凹的曲线。因此波速线与任一条等熵线的交点不会多于两个，否则熵在波速线上将不会只有一个极大值。

另外，对雨贡纽方程

$$e(p,v) - e_0(p_0,v_0) = \frac{1}{2}(p+p_0)(v_0-v) + \lambda q_v$$

求微分，得

$$\mathrm{d}e = \frac{1}{2}\left[(v-v_0)\mathrm{d}p - (p+p_0)\mathrm{d}v\right] + q_v\mathrm{d}\lambda$$

将热力学关系式 $\mathrm{d}e = T\mathrm{d}s - p\mathrm{d}v$ 代入上式，得

$$T\mathrm{d}s = \frac{1}{2}\left[(v-v_0)\mathrm{d}p + (p-p_0)\mathrm{d}v\right] + q_v\mathrm{d}\lambda \qquad (4-2-9)$$

$$T\mathrm{d}^2 s = -\mathrm{d}T\mathrm{d}s + \frac{1}{2}\left[(v_0-v)\mathrm{d}^2 p + (p-p_0)\mathrm{d}^2 v\right] + q_v\mathrm{d}^2\lambda \qquad (4-2-10)$$

根据波速线方程有

$$(v_0-v)\mathrm{d}p + (p-p_0)\mathrm{d}v = 0 \qquad (4-2-11)$$

$$(v_0-v)\mathrm{d}^2 p + (p-p_0)\mathrm{d}^2 v = 0 \qquad (4-2-12)$$

将式（4-2-11）和式（4-2-12）代入式（4-2-9）和式（4-2-10），则沿波速线有

$$T\mathrm{d}s = q_v\mathrm{d}\lambda \qquad (4-2-13)$$

$$T\mathrm{d}^2 s = q_v\mathrm{d}^2\lambda - \mathrm{d}T\mathrm{d}s \qquad (4-2-14)$$

由式（4-2-13）和式（4-2-14）可知，当 $\mathrm{d}s=0$ 时，$\mathrm{d}\lambda=0$；当 $\mathrm{d}s=0$，$\mathrm{d}^2 s < 0$ 时，$\mathrm{d}^2\lambda < 0$。这表明沿波速线，$\lambda$ 的变化规律和熵的变化规律是一致的，在波速线上 $\lambda$ 也只有一个极大值，且熵取极大值的点 $\lambda$ 也取极大值。波速线与任一条对应一定 $\lambda$ 值的雨贡纽曲线的交点也不多于两个。因此，在理论上也存在强爆轰、弱爆轰和 C-J 爆轰三种情况。下面对这三种爆轰的特性进行讨论。

由图 4.2.1 可知沿 $D > D_j$ 的波速线，从 $N$ 点变到 $K$ 点时，随着 $v$ 的增大，$\lambda$ 增大，熵也

增大，也就是说在 $K$ 点处有

$$(dS/dv)_R > 0 \qquad (4-2-15)$$

又有式（4-2-5），即

$$(dS/dv)_R = (\beta - g_v)/g_S$$

而且 $g_v = -\rho^2 c^2$，$g_S > 0$，$\beta = -\rho^2 D^2 = -\rho^2 (D-u)^2$，将这些公式代入式（4-2-15），并考虑到式（4-2-5），便可得到

$$D < u + c \qquad (4-2-16)$$

式（4-2-16）表明强爆轰相对于波后介质是亚声速的。

下面考察弱爆轰。当沿波速线从初始点 $O$ 点变到 $L$ 点时，随着 $v$ 的减小，$\lambda$ 增大，熵也增大，即在 $L$ 点处有

$$(dS/dv)_R < 0 \qquad (4-2-17)$$

由此，根据式（4-2-5）可得

$$D > u + c \qquad (4-2-18)$$

式（4-2-18）说明弱爆轰相对于波后介质是超声速的。

再讨论沿 $D = D_j$ 的波速线 $ON'$ 的情况。当从 $N'$ 点变到 $M$ 点时，随着 $v$ 的增大，$\lambda$ 增大，熵也增大，因此在此区间内有 $(dS/dv)_R > 0$；从 $M$ 点到 $O$ 点时，随着 $v$ 的增大，$\lambda$ 减小，熵也减小，即在此区间内有 $(dS/dv)_R < 0$，则在 $M$ 点有

$$\left(\frac{dS}{dv}\right)_{(R)} = 0 \qquad (4-2-19)$$

从而 $\beta - g_v = 0$，于是得

$$D = u + c \qquad (4-2-20)$$

这说明 C-J 爆轰相对于波后介质是以声速传播的。因此只有 C-J 爆轰才能稳定传播。

由此，依据爆轰波的 ZND 模型论证了柔格法则的成立。

前面阐述了经典的爆轰波 C-J 理论，该理论把爆轰波阵面看成一个理想的无厚度的强间断面，当它传过之后原始爆炸物立即转化成爆轰反应产物并放出化学能 $Q_e$。实际上该理论没有考虑到，爆轰化学反应不论进行得多快，都要经历一定的时间和过程，因此爆轰波阵面总具有一定的厚度。显然，C-J 理论未顾及爆轰波阵面厚度的存在及其内部发生的化学的和流体动力学的过程，故它不能用来研究爆轰波阵面的结构及其内部发生过程的细节。

## 4.3 活塞问题的确定性

### 4.3.1 问题的提出

前面讨论的是在波面后为自由边界时自持爆轰波能稳定传播所必须满足的条件。现在假设在充满可燃气体的管道中，在 $t=0$ 时刻靠近左边活塞表面处起爆，则有爆轰波向右传播；同时，假设活塞以 $u_p$ 的速度向右运动，在此条件下来考察爆轰波或爆燃波及其后流场的性质，此即称为活塞问题，如图 4.3.1 所示。显然，爆轰波或爆燃波后产物的边界为一自由面时可被看成活塞问题的一种特例。

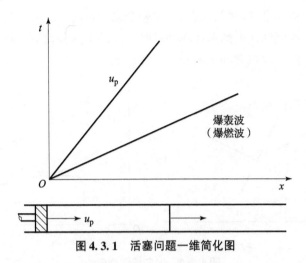

**图 4.3.1   活塞问题一维简化图**

在活塞问题中假设爆轰波或爆燃波前为一个均匀静止区，活塞速度 $u_p$ 为恒速，则此时爆轰波或爆燃波将保持强度不变。因此，波前和波后的两个流动区中的流动为等熵流动，它受下面一维等熵流动方程组的控制。

$$\begin{cases} \dfrac{\partial}{\partial t}\left(u + \dfrac{2}{k-1}c\right) + (u+c)\dfrac{\partial}{\partial x}\left(u + \dfrac{2}{k-1}c\right) = 0 \\[3mm] \dfrac{\partial}{\partial t}\left(u - \dfrac{2}{k-1}c\right) + (u-c)\dfrac{\partial}{\partial x}\left(u - \dfrac{2}{k-1}c\right) = 0 \end{cases}$$

流动的特征线解为：

沿着 $C_+$ 特征线

$$\frac{\mathrm{d}x}{\mathrm{d}t} = u + c$$

有

$$\mathrm{d}u + \frac{\mathrm{d}p}{\rho c} = 0$$

而沿着 $C_-$ 特征线

$$\frac{\mathrm{d}x}{\mathrm{d}t} = u - c$$

有

$$\mathrm{d}u - \frac{\mathrm{d}p}{\rho c} = 0$$

即流动区中的任一点都有一条 $C_+$ 特征线和一条 $C_-$ 特征线通过。

在 $(x, t)$ 平面上有一条曲线，如果该曲线上每个点在 $\mathrm{d}t > 0$ 时，两条特征线分别朝向曲线的两边，这条曲线则称为时向线，如图 4.3.2（a）所示。若曲线上每个点在 $\mathrm{d}t > 0$ 时两条特征线朝向曲线的同一边，则此曲线称为空向线，如图 4.3.2（b）所示。

关于一维等熵不定常流动方程初边值问题解的唯一性有如下两个重要定理：其一，如果流动区的两个边界都是时向线，每个边界上已知一个未知量的值，在两边界的交点上已知两个未知量的值，则该区域内的解存在并且唯一。该情形要求未知量值在交点处连续。其二，如果流动区中有一个边界是空向线，其上已知两个未知量的值，另一边界是时向线，其上已知一个未知量的值，则流动区内的解存在并且唯一。对于这种情形，在两边界的交点处容许初值有间断，因而，解可以包含冲击波和中心稀疏波。

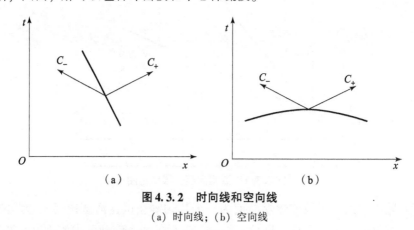

**图4.3.2　时向线和空向线**

（a）时向线；（b）空向线

### 4.3.2　活塞问题解的确定性

下面利用上述两个关于解存在唯一性的定理来研讨活塞问题解的确定性问题。

从图4.3.1中可以看到，活塞问题的一条边界为 $x$ 轴，它在 $dt > 0$ 时的两条特征线都在 $x$ 轴的上方，因此是空向线；另一条边界为活塞的迹线，它显然是时向线。然而，两个边界包围的区域中还存在一个爆轰波或爆燃波，因此在讨论解的确定性时，需要将整个流动区分成两个连续的等熵流动区域进行分析。现针对反应波的不同情况加以讨论。

**1. 弱爆轰情况**

由柔格法则可知，弱爆轰相对于波前是超声速的，故区域 $DOx$ 中的两条特征线 $C_+$ 和 $C_-$ 都要跨过 $OD$ 线，如图4.3.3（a）所示。鉴于边界 $x$ 轴上的初始状态皆为已知，并且该边界线为空向线，因此该波前区域中的解唯一确定。假如给定任一爆轰波速度，则可由波速公式确定其波后状态，此即为边界 $OD$ 相对于区域 $DOP$ 的边界条件。

考察区域 $DOP$ 可知，其一个边界为活塞的运动迹线 $OP$，它是一条时向线，该线上的一个未知量 $u$ 为已知；另一边界为爆轰波的传播轨迹 $OD$，它上面的两个未知量，如压力 $p$ 和质点速度 $u$ 为已知。因此，从前面所述的关于解的确定性问题第二定理可知，该区域的解可唯一确定。这样，当任意给定爆速之后解就完全确定。由此可见，弱爆轰情形的活塞问题的解不是唯一确定的，它取决于爆速这一参数，具有一阶不确定性。如果爆轰波为弱爆轰，在活塞速度给定情况下，解就可能有多个，爆轰波后质点速度 $u$ 不一定等于活塞速度 $u_p$。当 $u > u_p$ 时，则波后将有中心稀疏波形成，这样便可以 $u_p$ 为常数这一条件确定 $DOP$ 区域的解；假若 $u < u_p$，则可以通过一个冲击波与活塞速度相匹配。正如前面第二定理所指明的，对于区域 $DOP$ 的弱爆轰的边界条件，容许在交点上出现初始值的间断。

**2. 强爆轰情况**

强爆轰情况下波前区参数为已知，因此，当任意给定一个爆速时便可完全确定波后的状态。该爆轰波传播迹线作为 $DOP$ 区域的一个边界，其上面有两个未知量的值为已知。对于强爆轰情况，由柔格规则可知有 $D-u<c$，即爆轰波相对于波后介质而言是亚声速的，所以 $OD$ 线为一条时向线，如图 4.3.3（b）所示；而该区域的另一边界 $OP$ 也是一条时向线，其上已知一个未知量 $u=u_{\mathrm{p}}$。由前面所述的定理可知，只要得到 $OD$ 上一个未知量的值，就可唯一地确定区域 $DOP$ 的解。若这个解不能与边界 $OD$ 上的另一个未知量的值相一致，则需适当调整爆速 $D$，使其最终达到一致。实际上，强爆轰的活塞问题，其唯一的解为爆轰波后质点速度 $u=u_{\mathrm{p}}$。若 $u_{\mathrm{p}}<u$，则必定有稀疏波赶上爆轰波，并使其传播速度衰减直至使爆轰波阵面后的 $u$ 衰减至 $u=u_{\mathrm{p}}$，爆轰波方可稳定下来。反之，若 $u_{\mathrm{p}}>u$，则必定在其前方形成压缩波而使爆轰波强化、爆速 $D$ 提高，直至形成的波阵面后介质的速度 $u$ 加快到 $u=u_{\mathrm{p}}$，爆轰波才会稳定下来。由此可见，强爆轰活塞问题的解是唯一确定的。

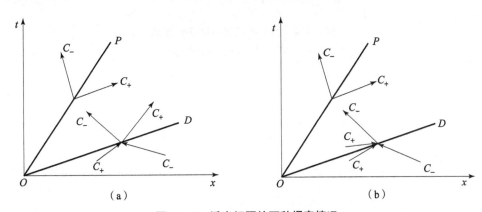

**图 4.3.3　活塞问题的两种爆轰情况**

（a）弱爆轰情况；（b）强爆轰情况

### 3. 弱爆燃情况

爆燃波的传播相对于波前介质而言是亚声速的，相对于波前区 $xOD$，其边界 $OD$ 是时向线。如果任取一个爆燃波速度（它可决定边界 $OD$ 的位置）和爆燃波上一个未知量的值，则波前区域的解可唯一地确定，因而波后的未知量也随之确定。由于弱爆燃波相对于波后介质也是亚声速，故 $OD$ 边界线应为时向线；而活塞运动迹线 $OP$ 作为波后区域 $DOP$ 的另一边界也为时向线 [图 4.3.4（a）]，因此，由前面所述定理一可知，在 $OP$ 和 $OD$ 边界线上只要知道一个未知量的值，该区域的解就可唯一地确定。然而，前面任意给定的两个量中只有一个是任意给定的，另一个必须适当地选取方可使得区域 $DOP$ 中的解和 $OD$ 上的值相一致。由此可以证明，弱爆燃的活塞问题的解是一阶不确定的。

### 4. 强爆燃情况

强爆燃情况下，波前区解的性质和弱爆燃完全一样，故任意给定一个爆燃波速度和波前一个未知量的值就可完全确定该区的参数，进而也可完全确定波阵面后的值。由于强爆燃相对于波后介质为超声速，则边界 $OD$ 对于区域 $DOP$ 来说是空向线，如图 4.3.4（b）所示。这样，由定理二可知，区域 $DOP$ 的解就完全确定。因为波速及波前一个未知量的值是任意给定的，则强爆燃活塞问题的解具有二阶不确定性。

综上所述，只有强爆轰（包括 C－J 爆轰）的活塞问题，其解是唯一确定的；弱爆轰及弱爆燃活塞问题的解有一阶不确定性，即有一个未知量的值可以任意给定；强爆燃活塞问题的解则有二阶不确定性，它的解随两个参数变化。

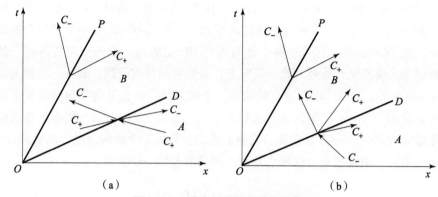

**图4.3.4 活塞问题的两种爆燃情况**

（a）弱爆燃情况；（b）强爆燃情况

# 第 5 章
# 凝聚炸药点火与起爆

## 5.1 炸药的感度

炸药是一种处于亚稳态的含能材料，用各种能量传递给炸药的方法都可能起爆炸药。通常，把炸药在外界作用下发生爆炸变化的难易程度称为炸药的敏感度或炸药的感度。

一般来说，在未受到外界作用时，炸药不会爆炸。但是受到外界作用时就存在发生爆炸的可能性。这意味着，能使炸药起爆的外界作用能量存在一个临界值。通常，把起爆炸药所需的能量，称为初始冲能或起爆冲能。起爆炸药的能量越小，则表明炸药越敏感，也即感度越大。反之，则表明炸药较为钝感，即感度小。

引起炸药发生爆炸的方式有很多，如加热、火焰、机械撞击、摩擦、针刺、高速破片的撞击或侵彻、爆轰波以及冲击波的冲击作用、静电、高电压火花放电、激光等。除此之外，高强度电磁辐射，以及高能粒子的辐射（α、β、γ 射线的辐射作用）等都可能激起炸药的爆炸变化。

因此根据作用于炸药的方式不同，可把炸药对外界作用的感度分为加热感度、火焰感度、撞击感度、摩擦感度、针刺感度、冲击波感度、对弹丸发射作用的感度以及光感度、静电感度等。

各种炸药对不同形式的初始冲能具有一定的选择性。例如太恩、特屈儿对爆轰和冲击波的作用很敏感，所以一般常用作传爆药柱；而斯蒂夫酸铅对火焰作用很敏感，所以常用在火焰雷管中做第一装药。

同一种炸药激起爆炸所需要的某种形式的能量，也不是一个严格固定的值。它随着加载方式、加载速度的不同而不同。例如，在静压作用条件下需要很大能量才能使炸药爆炸，而突然的冲击加载却只需要较小的能量。炸药起爆在迅速加热时所需要的能量比缓慢加热时要小。

同一种炸药与不同初始冲能的感度之间没有一定的当量关系。例如，叠氮化铅对机械能比对热能要敏感，而斯蒂夫酸铅则恰好相反。炸药对于外界作用的选择能力，不仅和炸药的物理、化学性质有关，而且还和炸药的物理状态、装药结构等有关。因为这些性质对炸药吸收能量的条件以及它在这种或那种起爆冲能作用下激发和发生化学反应的机理有重要影响。如同种密度的压装药柱要比注装药柱对冲击波作用和机械作用敏感得多。

研究炸药的起爆和感度，对于指导炸药和弹药的安全生产、储运、加工处理和使用都具有十分重要的意义。

## 5.2 热爆炸理论及炸药的热感度

热爆炸理论又称热自燃理论。它是关于放热化学反应和放热系统的热"自动"着火的理论。一切炸药都是能够发生放热化学反应的物质。它们的热自动着火问题正是热爆炸理论研究的范畴。

热爆炸理论有定常和非定常以及均温系统和非均温系统之分。系统中的温度不随时间变化的称为定常的，系统中的温度分布随时间变化的即为非定常的，温度与空间位置无关即各处温度相等的系统称为均温系统，温度存在空间分布（比如中间温度高，沿径向向外逐渐降低，系统边缘温度最低）的系统则为非均温系统。图 5.2.1 中的（a）表示的是均温定常系统，是一种最简单的情况，（b）表示的是非均温定常系统，（c）表示的是非均温非定常系统。

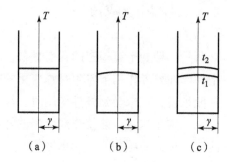

**图 5.2.1 炸药中温度的三种分布**

### 5.2.1 均温分布的定常热爆炸理论

为了建立均温分布定常热爆炸的热平衡方程式，做以下三点假设。

（1）炸药各处温度相同。这一假设适于研究薄层炸药的热爆炸，如铝盘中炸药的烘干过程，可以认为盘中炸药各处温度是均匀分布的。

（2）环境温度 $T_0$ = 常数，烘药时烘箱加热温度即为 $T_0$。

（3）炸药达到爆炸时的炸药温度 $T$ 大于 $T_0$，但是两者差值 $(T - T_0)$ 不大。

基于上述假设，可以建立炸药的热平衡方程式。

炸药在单位时间内因发生化学反应而放出的热量 $Q_1$，取决于化学反应速度 $W(\mathrm{kg/s})$ 及单位质量炸药反应后所放出的热量 $q(\mathrm{J/kg})$，即

$$Q_1 = W \cdot q \tag{5-2-1}$$

按照化学反应动力学，一级反应在开始反应时的速度为

$$W = \omega \mathrm{e}^{-E/RT} \cdot m \tag{5-2-2}$$

式中：$\omega$ 为频率因子，它与分子的碰撞概率有关；$E$ 为炸药的活化能；$m$ 为炸药质量；$R$ 为气体常数。

将式（5-2-2）代入式（5-2-1），则有

$$Q_1 = \omega \mathrm{e}^{-E/RT} \cdot mq \tag{5-2-3}$$

与炸药发生化学反应的同时，单位时间内因热传导而散失于环境的热量

$$Q_2 = \eta(T - T_0) \tag{5-2-4}$$

式中：$\eta$ 为导热系数，$\mathrm{J/(K \cdot s)}$。

在 $Q-T$ 坐标系内，$Q_1 = \omega \mathrm{e}^{-E/RT} mq$ 为一条指数曲线，称为得热线。$Q_2 = \eta(T - T_0)$ 为一条斜率为 $\tan\alpha$ 的斜线，称为失热线。下面来分析得热线与失热线的关系。

图 5.2.2 所示为得热线与失热线关系的三种可能情况。

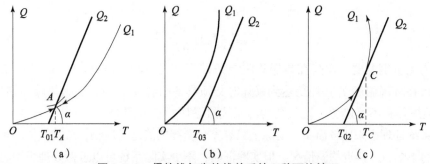

**图 5.2.2　得热线与失热线关系的三种可能情况**

图 5.2.2（a）中得热线与失热线有交点 $A$。在 $A$ 点左边，$Q_1 > Q_2$，得热大于失热，使炸药温度升高，升高到 $A$ 点时 $Q_1 = Q_2$。在 $A$ 点右边，$Q_2 > Q_1$，失热大于得热，使炸药温度降低，又回到 $A$ 点。由此看出，当环境温度较低时，炸药温度维持在 $T_A$，反应稳定地、缓慢地进行，不会自行加快，$A$ 点叫稳定平衡点。

图 5.2.2（b）中得热线在失热线上方，在这种情况下，因环境温度 $T_{03}$ 很高，炸药在任何温度下，得热总是大于失热，炸药温度将不断升高，最后导致爆炸。

图 5.2.2（c）中得热线与失热线相切，在切点 $C$ 处，$Q_1 = Q_2$。而在 $C$ 点以上或 $C$ 点以下都是 $Q_1 > Q_2$。在 $C$ 点左边，有 $Q_1 > Q_2$，得热大于失热，温度升高，很快到达 $C$ 点。在 $C$ 点处，只需热量稍微增加一点，就会到达 $C$ 点的右边，于是 $Q_1 > Q_2$，得热大于失热，炸药温度将不断升高，最后导致爆炸。所以 $C$ 点叫不稳定平衡点。

只有当单位时间内炸药反应放出的热量 $Q_1$ 大于散失给环境的热量 $Q_2$ 时，炸药中才有可能产生热积累。而只有炸药中产生了热积累，才可能使炸药温度 $T$ 不断升高，引起炸药反应速度加快，最后导致炸药爆炸。故炸药爆炸的临界条件之一必须满足

$$Q_1 = Q_2 \qquad\qquad (5-2-5)$$

即

$$\omega e^{-E/RT} mq = \eta(T - T_0) \qquad\qquad (5-2-6)$$

达到热平衡只是爆炸的一个条件，要达到爆炸尚需满足另一个条件，即反应放出的热量随温度的变化率超过散热量随温度的变化率，只有这样才能引起炸药的自动加速反应。所以，爆炸的第二个条件为

$$\frac{dQ_1}{dT} = \frac{dQ_2}{dT} \qquad\qquad (5-2-7)$$

即

$$\frac{\omega mqE}{RT^2} e^{-E/RT} = \eta \qquad\qquad (5-2-8)$$

联立解式（5-2-6）与式（5-2-8），可得到热爆炸的临界条件为

$$T - T_0 = \frac{RT^2}{E} \approx \frac{RT_0^2}{E} \qquad\qquad (5-2-9)$$

或

$$(T - T_0)\left(\frac{E}{RT_0^2}\right) \approx 1 \qquad\qquad (5-2-10a)$$

令

$$\theta = (T - T_0)\left(\frac{E}{RT_0^2}\right) \qquad\qquad (5-2-10b)$$

这里称 $\theta$ 为无量纲温度。炸药在热爆炸临界条件下，无量纲温度 $\theta = 1$。式（5-2-10）还可用来估计在环境温度 $T_0$、炸药达到爆炸时必须具备的温度 $T$。$\theta = 1$ 为热爆炸临界条件，$\theta > 1$ 时，热爆炸将不可避免。这就是均温系统热爆炸的基本判据。

均温系统处理起来比较简单。实际上只有充分搅拌的液态反应物，或被气体环境所包围的固体炸药的小颗粒才接近均温情况。但实践证明，不少实际系统可以近似处理为均温系统。

### 5.2.2　非均温分布定常热爆炸理论

假若容器中炸药各处温度不均匀时，热平衡方程可写成

$$-\lambda\,\nabla^2 T = q\omega \mathrm{e}^{-E/RT} \qquad\qquad (5-2-11)$$

式中：$\nabla^2 T = \dfrac{\partial^2 T}{\partial x^2} + \dfrac{\partial^2 T}{\partial y^2} + \dfrac{\partial^2 T}{\partial z^2}$ 为拉普拉斯算子；$-\lambda\,\nabla^2 T$ 为散失给环境的热（$\lambda$ 为导热系数）；$q\omega \mathrm{e}^{-E/RT}$ 为炸药因化学反应所放出的热。

式（5-2-11）用无量纲温度 $\theta$ 变换可得

$$\nabla^2 \theta = -\frac{q}{\lambda}\frac{E}{RT_0^2} \cdot \omega \mathrm{e}^{-E/RT_0} \mathrm{e}^{\theta} \qquad\qquad (5-2-12)$$

如果导热过程只和一维空间有关，并把 $x$ 转换为一无因次量 $\xi = \dfrac{x}{r}$（这里 $r$ 是容器的半径），则

$$\frac{\mathrm{d}^2\theta}{\mathrm{d}\xi^2} + \frac{l}{\xi} \cdot \frac{\mathrm{d}\theta}{\mathrm{d}\xi} = -\delta \mathrm{e}^{\theta} \qquad\qquad (5-2-13)$$

式中：$l$ 为常数，对于无限大平板状容器 $l = 0$；对圆柱形容器，$l = 1$；而对于球形容器，$l = 2$。

$$\delta = -\frac{q}{\lambda}\frac{E}{RT_0^2} r^2 \omega \mathrm{e}^{-E/RT_0} \qquad\qquad (5-2-14)$$

在两面均匀加热时，式（5-2-13）的边界条件为：

在容器中心处 $\xi = 0$，$\dfrac{\mathrm{d}\theta}{\mathrm{d}\xi} = 0$；

在壁面处，$\xi = 1$，$\theta = 0$。

卡曼涅斯基将在 $l = 0$、$1$、$2$ 三种情况下所得的热爆炸临界条件列于表 5.2.1。表中的 $\delta_k$、$\theta_k$ 为 $\delta$ 和 $\theta$ 的临界值。如果系统的 $\delta > \delta_k$，$\theta = \theta_k$，则炸药就会发生热爆炸。

**表 5.2.1　热爆炸临界条件**

| 容器形状 | $\delta_k$ | $\theta_k$ |
|---|---|---|
| 无限大平板容器 | 0.88 | 1.19 |
| 圆柱形容器 | 2.0 | 1.39 |
| 球形容器 | 3.32 | 1.61 |

### 5.2.3　爆发点和爆发延滞期

图 5.2.2 中环境温度 $T_{02}$ 是量变到质变的数量界限，环境温度低于 $T_{02}$ 时，得热线与失热线相交，炸药将处于交点温度，进行稳定的、缓慢的反应，不会导致爆炸。而当环境温度大于 $T_{02}$ 时，曲线将在直线之上，得热大于失热，反应将自行加快，最后导致爆炸。$T_{02}$ 是炸药能够导致爆炸的最低的环境温度，因此称 $T_{02}$ 为炸药的爆发点。

应当指出，炸药爆发点并不是爆发瞬间炸药的温度。爆发点是炸药分解自行加速开始时环境的温度。从开始自行加速到爆炸有一定的时间，称为爆发延滞期。在实验测定时，延滞期取 5 min 或 5 s 为标准，以便比较。

爆发点不是炸药的物理常数，不仅与炸药性质有关，而且与介质的导热条件有关。如将测爆发点的管壳材料由铜壳改成铁壳或玻璃壳，炸药的爆发点就会发生明显的改变。对于同一炸药不同的介质，若介质导热系数小，则爆发点低；若介质导热系数大，则爆发点高。因此，散热条件不同，爆发点也会变化。由此可以说明，如果存放炸药仓库的通风条件不好，炸药可能在较低的温度下爆炸。所以，炸药仓库应保持良好的通风条件。

炸药量对爆发点也有一定的影响。当药量增大时，单位时间内反应放出的热量就增加，所以药量大的曲线 1 在药量小的曲线 2 上面，如图 5.2.3 所示。因此，药量大，爆发点就低。

由上面的讨论可知，爆发点是易受各种物理因素影响的量。为了比较不同炸药的热感度，在测定爆发点时，必须固定一个标准实验条件。例如，采用同一种仪器、同一种管壳，插到合金浴中同一深度（2.5 cm）、同一药量（0.05 g），等等。

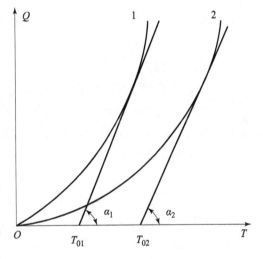

图 5.2.3　药量对爆发点的影响

### 5.2.4　热爆炸的非稳定状态理论

热爆炸的非稳定状态理论是解决出现热爆炸可能性后热爆炸延滞期的长短问题。

当体系的热平衡达到热爆炸的临界条件后，经过一段时间，炸药的温度就快速上升。由炸药受热开始到出现快速温升的时间就是炸药热爆炸的延滞期。造成炸药温升的条件是热量在炸药中的积累。为简化问题，假设这时热爆炸发展的过程是绝热的，则无量纲温度随时间的变化率可表示为

$$\frac{\mathrm{d}\theta}{\mathrm{d}t} = \frac{qE}{CRT_0^2} \mathrm{e}^{-E/RT_0} \mathrm{e}^{\theta} \tag{5-2-15}$$

式中：$C$ 为炸药热容。用分离变量法积分得

$$\int_0^{t_e} \mathrm{d}t = \frac{CRT_0^2}{qE} \mathrm{e}^{E/RT_0} \int_{\theta_0}^{\theta_e} \mathrm{e}^{-\theta} \mathrm{d}\theta \tag{5-2-16}$$

整理得

$$t_e = \frac{CRT_0^2}{qE} e^{E/RT_0} e^{-\theta} \Big|_{\theta_e}^{\theta_0} \qquad (5-2-17)$$

当 $t=0$ 时，$\theta_0 = 0$，有

$$t = t_e, \theta_e = \frac{E}{RT_0^2}(T_e - T_0) \qquad (5-2-18)$$

式（5-2-16）~式（5-2-18）中：$t_e$ 为热爆炸延滞期；$\theta_e$ 为热爆炸延滞期结束时的无量纲温度。

可以证明，这里 $\theta_e \approx 1$，因此式（5-2-17）可写为

$$t_e \approx \frac{CRT_0^2}{qE} e^{E/RT_0} \qquad (5-2-19)$$

实验也证明，热爆炸延滞期与加热的温度有如下关系：

$$\ln t_e = \ln A + \frac{E}{RT} \qquad (5-2-20)$$

式中：$A$ 为与炸药性质有关的常数。

式（5-2-20）与式（5-2-19）很相似。根据式（5-2-19）可以计算出炸药不同温度下的爆炸延滞期。

### 5.2.5　炸药的热感度及表征方法

炸药热感度主要包括炸药加热感度和炸药火焰感度，前者用爆发点和爆发延滞期表示，后者用发火上下限法表示。

#### 1. 炸药加热感度

通常用爆发点和爆发延滞期来表示炸药的加热感度。

爆发点实验测定装置如图5.2.4所示，它是一个伍德合金浴，成分为铋50%、铅25%、锡13%、镉12%，夹层中有电阻丝加热，炸药试样放在一个8号雷管壳中，雷管壳用软木塞塞住，套上定位用的螺套，使管壳投入后浸入合金浴的深度在25 mm以上。合金浴的温度由温度计指示。

测定时，首先进行预备实验：将合金浴加热到 $100 \sim 150$ ℃，放入一支盛有炸药试样的雷管壳，并继续升高温度直至爆炸，记录爆炸时的温度，以定出正式实验时的温度范围。然后正式开始实验：将合金浴加热到比预备实验所得温度高 $45 \sim 50$ ℃时停止加热。温度开始下降，看准当时的温度，迅速放入一准备好的试样，同时打开秒表记录到爆炸所经历的时间，此时间即为爆发延滞期，投入试样时合金浴的温度即为此延滞期的爆发点。

为了比较各种炸药热感度的大小，必须固定一个延滞期，一般都采用5 min延滞期或5 s延滞期爆发点。

现以5 s延滞期的爆发点实验为例加以说明。

实验时将合金浴加热并恒定于预定温度 $T$，再把装有一定量（一般 $20 \sim 50$ mg）炸药的雷管壳迅速投入合金浴，同时打开秒表，记录发火延滞时间 $t$。连续做不同的恒定温度 $T_1$，$T_2$，$\cdots$，$T_n$ 所对应的延滞期 $t_1$，$t_2$，$\cdots$，$t_n$ 的实验，根据实验数据作 $T$ 与 $t$、$\ln t$ 与 $\frac{1}{T}$ 的关系

图。从 $T-t$ 图上求得 5 s 延滞期的爆发点，由 $\ln t$ 与 $\dfrac{1}{T}$ 直线的斜率算出炸药的活化能 $E$ 值。

$T$ 与 $t$ 和 $\ln t$ 与 $\dfrac{1}{T}$ 的关系如图 5.2.5 所示。

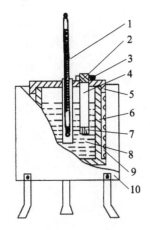

**图 5.2.4　爆发点实验测定装置**

1—温度传感器；2—塞子；3—螺套；4—管壳；

5—盖；6—圆桶；7—炸药试样；

8—合金浴；9—电阻丝；10—外壳

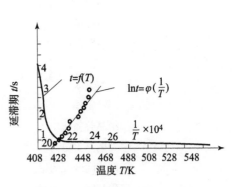

**图 5.2.5　延滞期与温度的关系**

　　实验得到的凝聚炸药爆发点与延滞期关系即为式（5-2-20）。测得的爆发点低，说明炸药的感度大，反之则感度小。

　　由实验测定的几种常用炸药 5 s 延滞期和 5 min 延滞期的爆发点见表 5.2.2（a）和表 5.2.2（b）。必须再次指出，炸药的爆发点不是一个严格的物理化学常数，它与实验条件有密切的关系，如与炸药药量、粒度、装药尺寸、实验程序、加热方式以及导热条件等有关。为了便于比较实验结果，必须确定严格的标准实验条件。

**表 5.2.2（a）　常用炸药 5 s 延滞期的爆发点**

| 炸药名称 | 爆发点/℃ |
| --- | --- |
| 乙二醇二硝酸酯 | 257 |
| 二乙二醇二硝酸酯 | 237 |
| 硝化甘油 | 222 |
| 丁四醇四硝酸酯 | 225 |
| 太恩 | 225 |
| 一缩二季戊四醇六硝酸酯 | 255 |
| 甘露醇六硝酸酯 | 205 |
| 硝化棉（13.3% N） | 230 |
| 硝基胍 | 275 |
| 黑索今 | 260 |

| 炸药名称 | 爆发点/℃ |
|---|---|
| 奥克托今 | 335 |
| 三硝基苯 | 550 |
| 二硝基甲苯 | 475 |
| 苦味酸 | 322 |
| 苦味酸铵 | 318 |
| 特屈儿 | 257 |
| 黑喜儿 | 325 |
| 雷汞 | 210 |
| 雷银 | 170 |
| 结晶叠氮化铅 | 315 |
| 二硝基重氮酚 | 180 |
| 三硝基间苯二酚铅 | 265 |
| 二硝基间苯二酚铅 | 265 |
| 特屈拉辛 | 154 |
| 六亚甲基三过氧二胺 | <149 |

**表 5.2.2（b）　常用炸药 5 min 延滞期的爆发点**

| 炸药名称 | 爆发点/℃ |
|---|---|
| 黑火药 | 310~315 |
| 低氮硝化纤维素 | 195~200 |
| 胶棉 | 204~205 |
| 无烟药 | 180~200 |
| 硝化甘油 | 200~205 |
| 太恩 | 205~215 |
| 硅藻土代那买特 | 195~200 |
| 爆胶 | 202~208 |
| 胶状代拿买特 | 300~310 |
| 黑索今 | 215~230 |
| 苦味酸 | 300~310 |
| 三硝基甲酚 | 270~276 |
| 二硝基苯 | 没发火 |
| 三硝基氯苯 | 395~397 |
| 三硝基苯甲醚 | 290~296 |
| 三硝基甲苯 | 295~300 |
| 六硝基二苯胺 | 248~252 |
| 特屈儿 | 190~194 |

续表

| 炸药名称 | 爆发点/℃ |
|---|---|
| 氯酸盐炸药 | 258～265 |
| 阿马托 80/20 | 300 |
| 叠氮化铅 | 325～340 |
| 雷汞 | 170～180 |
| 三硝基间苯二酚铅 | 270～280 |

**2. 炸药火焰感度**

在实际使用和处理炸药的过程中，炸药受热作用的形式是多样的，如缓慢加热、迅速加热或者火焰火花的直接作用。例如火工品中，引火药引起雷管内的起爆药爆炸，就是火焰直接作用于炸药的结果。实践表明，炸药的加热感度与火焰感度之间也没有严格当量关系。如黑火药与无烟药比较，黑火药的 5 s延滞期的爆发点是 300 ℃，无烟药是 200 ℃，而实际上黑火药比无烟药更易引燃。

火焰感度的表示方法和实验方法一般采用图 5.2.6 所示的密闭火焰感度仪进行测定。在一定条件下，黑火药燃烧时喷出的火焰或火星作用在炸药的表面上，观察是否发火，以发火的上、下限来表示火焰感度。上限是指炸药 100% 发火的最大距离，下限是指 100% 不发火的最小距离。上限大，则炸药的火焰感度大；下限大，则炸药的火焰感度小。

对于起爆药，若比较其准确发火难易程度，则应比较上限。几种起爆药的火焰感度列于表 5.2.3 中。

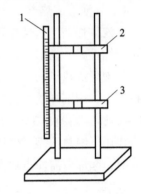

**图 5.2.6　密闭火焰感度仪**

1—刻度尺；2—固定黑火药柱；
3—火帽台

表 5 – 2 – 3　几种起爆药的火焰感度

| 炸药名称 | 100% 发火的最大距离/cm |
|---|---|
| 雷汞 | 20 |
| 叠氮化铅 | — |
| 斯蒂夫酸铅 | 54 |
| 特屈拉辛 | 15 |
| 二硝基重氮酚 | 17 |

## 5.3　机械作用下的点火与起爆

### 5.3.1　炸药在机械作用下的起爆机理

长期以来人们对炸药的机械起爆及其机理进行了大量的实验和理论研究。最早提出的机械起爆机理是，机械能转变为热能，使整个受实验的炸药温度升高至爆发点而发生爆炸。但是计算表明，即使全部机械起爆冲能变成热能，也很难导致炸药温度升高，根本不可能使炸药发生爆炸。

热点学说认为，在机械作用下，产生的热来不及均匀地分布到全部试样上，而是集中在试样个别的小点上，如集中在个别结晶的两面角上，特别是多面棱角或小气泡处。在这些小点上温度高于爆发点的值时，就会在这些小点处开始爆炸。这种温度很高的局部小点称为热点（或反应中心）。在机械作用下，爆炸首先从这些热点处开始，然后扩展为整个炸药的爆炸。热点的形成和发展过程可分成以下四个阶段：热点形成阶段；以热点为中心向周围扩展成长阶段，该阶段主要以速燃的形式进行；低速爆轰阶段，即由燃烧转为低速爆轰的过渡阶段；稳态爆轰阶段。热点学说已被实验证实并被广泛接受。

**1. 热点形成的原因**

1）气泡形成热点

在液体炸药、塑性炸药或粉状炸药中，受到机械撞击时，气泡受到绝热压缩，由于气体的可压缩性大，易形成热点，此热点使气泡壁面处的炸药点燃、发火、爆炸。

气泡形成热点的实验如图 5.3.1 所示。将同样药量的 $\alpha - HMX$ 以不同方式均匀撒布在击柱面上，用同样的冲击功（2.8J）起爆，其结果为：图 5.3.1（a）所示的爆炸百分数为 5% ~ 47%，而图 5.3.1（b）所示的爆炸百分数为 100%。这是环状分布时引入了气泡，在撞击作用下绝热压缩产生热点的结果。用图 5.3.2 所示的带小孔穴的冲击装置撞击硝化甘油液滴时，起爆所需冲击功为 $1.96 \times 10^{-3}$ J，而用无孔穴冲击装置时，则需 10 ~ 100 J。

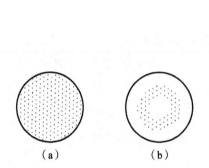

图 5.3.1　气泡形成热点的实验

（a）均匀撒布；（b）环状撒布

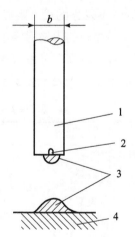

图 5.3.2　带小孔穴的冲击装置

1—冲头；2—孔穴；3—硝化甘油；4—底座

实验结果还表明，气体的种类对其结果有影响，还与气体的导热系数以及一系列力学性质有关。在各种气体中，氧气能增加感度，而惰性气体则不能。气体的导热系数愈高，在压缩时产生的热愈容易传给周围炸药，因此愈容易增加感度。

2）摩擦形成热点

两个物体彼此间发生滑动，产生摩擦。摩擦引起的局部温升可用下式计算

$$T - T_0 = \frac{fWv}{4aJ}\frac{1}{\eta_1 + \eta_2} \qquad (5-3-1)$$

式中：$f$ 为摩擦系数；$W$ 为作用于摩擦表面的荷重；$v$ 为滑动速度；$a$ 为接触面半径；$J$ 为热功当量；$\eta_1$ 和 $\eta_2$ 为摩擦物体的导热系数。

若有一个转动的玻璃盘，盘上用一根半径为 $a$ 的金属棒在一定的力作用下摩擦，则摩擦盘上炸药的起爆与摩擦力、导热系数、转速有关。金属棒的导热性愈大，愈不容易产生热点，愈不容易起爆。例如，导热性好的金属钨在滑动速度为 110 cm/s 时，需要 39.2 N 的摩擦力才能使硝化甘油起爆，而导热性差的铁铜合金只需要 7.84 N 左右的摩擦力就可以使硝化甘油起爆。

对起爆药来说，摩擦生成热点而起爆是很明显的。这是因为起爆药一般熔点较高，热点爆炸在熔点以下就发生了，因而在没有熔化的固体粒子棱角处容易形成热点。而对大多数猛炸药来说，熔点较低，在摩擦作用下先熔化，相对来说不易形成热点，因而不易爆炸。

炸药中加入高熔点的杂质时，在杂质棱角处容易形成热点，也就是容易受机械作用而爆炸。从表 5.3.1 中可以明显看出杂质熔点的影响，说明熔点对形成热点起重要作用。感度在掺入物熔点高于 500 ℃ 时就明显增加。

表 5.3.1　含有掺和物的叠氮化铅和斯蒂夫酸铅的摩擦起爆（荷重 627.2 N）

| 掺和物 | 莫氏硬度 | 熔点/℃ | 爆炸百分数/% | |
|---|---|---|---|---|
| | | | 叠氮化铅<br>（落高 60 cm） | 斯蒂夫酸铅<br>（落高 40 cm） |
| 无 | | | 0 | 0 |
| 硝酸银 | 2~3 | 212 | 0 | 0 |
| 溴化银 | 2~3 | 434 | 0 | 0 |
| 氯化银 | 2~3 | 501 | 30 | 21 |
| 碘化银 | 2~3 | 550 | 100 | 83 |
| 硼砂 | 3~4 | 560 | 100 | 72 |
| 碳酸铋 | 2~2.5 | 685 | 100 | 100 |
| 辉铜矿 | 3~3.5 | 1 100 | 100 | 100 |
| 辉铅矿 | 2.5~2.7 | 1 114 | 100 | 100 |
| 方解石 | 3 | 1 339 | 100 | 93 |

摩擦生成热点的另一个可能性是炸药的塑性变形。由于塑性变形过程中炸药之间、炸药与介质之间、炸药与容器壁之间发生摩擦而形成热点。

但当炸药中加入熔点低、可塑性大的杂质时，则不利于热点的形成，从而降低炸药的摩擦感度。

3）炸药的黏滞流动产生热点

没有气泡存在的液体炸药或塑性炸药在受到机械作用时爆炸的原因之一是炸药黏滞流动。这种流动与毛细管中的流动相似。毛细管中液体黏性流动产生的温度升高量可由下式

计算

$$\theta = \frac{8l\zeta v}{Ja^2\rho c} \tag{5-3-2}$$

式中：$l$ 为毛细管长度；$\zeta$ 为黏滞系数；$v$ 为流速；$J$ 为热功当量；$a$ 为毛细管半径；$\rho$ 为流体密度；$c$ 为流体比热容。

由式（5-3-2）可以看出，流动速度愈大，黏滞系数愈大，黏性发热愈大，也就愈容易爆炸。

**2. 热点起爆条件**

如果热点的温度足够高、尺寸足够大、放出的热量足够多，热点就会逐渐扩展，进而引起爆炸。

可以用热爆炸理论计算热点的临界温度、临界尺寸和分解时间。

做如下假设。

（1）热点为由液体炸药组成的小球。

（2）热点内的反应速度服从阿伦尼乌斯（Arrhenius）方程。

（3）液体炸药具有与固体炸药相同的导热性和扩散系数。

对球形热点，设形成热点的瞬间为开始时间，在时间 $t$ 内距热点中心 $r$ 处的温度比周围介质高 $\theta$，则在球面极坐标里，傅里叶热传导方程可用下式表示

$$\frac{\partial \theta}{\partial t} = \frac{\eta}{\rho c}\left(\frac{\partial^2 \theta}{\partial r^2} + \frac{2}{r}\frac{\partial \theta}{\partial r}\right) \tag{5-3-3}$$

式中：$\eta$、$\rho$、$c$ 分别为炸药的导热系数、密度和比热容。假设热点的半径为 $a$，在开始的瞬间，热点中所有各点的温度相同，并且比周围介质的温度高出 $\theta_0$，则上述热传导方程的初始边界条件为：

当 $t=0$，$r=a$ 时，$\theta=0$；

当 $t=0$，$0<r<a$ 时，$\theta=\theta_0$。

则方程的解为

$$\theta = \frac{\theta_0}{2r\sqrt{\pi(\eta/\rho c)}}\int_0^a r'\left\{\exp\left[-\frac{(r-r')^2}{4(\eta/\rho c)t}\right] - \exp\left[\frac{-(r-r')}{4(\eta/\rho c)}\right]\right\}\mathrm{d}r' \tag{5-3-4}$$

进行适当的代换可以得到更便于计算的形式：

$$\theta = \frac{\theta_0}{\sqrt{\pi}}\int_{r-\frac{a}{2}\sqrt{(\eta/\rho c)t}}^{r+\frac{a}{2}\sqrt{(\eta/\rho c)t}}\mathrm{e}^{-a^2}\mathrm{d}\alpha - \frac{\theta_0\sqrt{(\eta/\rho c)t}}{r\sqrt{\pi}}\left\{\exp\left[-\frac{(r-a)^2}{4(\eta/\rho c)t}\right] - \exp\left[-\frac{(r+a)^2}{4(\eta/\rho c)t}\right]\right\}$$

$$\tag{5-3-5}$$

在时间 $t$ 内由热点传给周围介质的热量

$$Q_2 = \int_a^\infty 4\pi r^2 \theta \rho c\,\mathrm{d}r \tag{5-3-6}$$

$Q_2$ 也就是 $r>a$ 时热点在 $t$ 时间内的热量损失。

热点在 $t$ 时间内反应放出的热量

$$Q_1 = \frac{4}{3}\pi a^3 \rho t q z \mathrm{e}^{-E/RT} \tag{5-3-7}$$

式中：$q$ 为单位时间的反应热。

由条件 $Q_1 = Q_2$，可得到热点成长为爆炸的临界温度（表 5 - 3 - 2）。

表 5. 3. 2　某些炸药的热点的临界温度　　　　　　　　　　K

| 炸药名称 | 热点的半径 | | | |
|---|---|---|---|---|
| | $a = 10^{-3}\,cm$ | $a = 10^{-4}\,cm$ | $a = 10^{-5}\,cm$ | $a = 10^{-6}\,cm$ |
| 太恩 | 350 | 440 | 560 | 730 |
| 黑索今 | 380 | 485 | 620 | 820 |
| 奥克托今 | 405 | 500 | 625 | 805 |
| 特屈儿 | 425 | 570 | 815 | 1 250 |
| 乙烯二硝胺 | 400 | 590 | 930 | 1 775 |
| 乙二胺二硝酸盐 | 600 | 835 | 1 225 | 2 225 |
| 硝酸铵 | 590 | 825 | 1 230 | 2 180 |

计算得到的临界温度的顺序与撞击感度的顺序是一致的。

炸药的热点半径一般为 $10^{-5} \sim 10^{-3}$ cm。如实验测定爆炸热点温度为 $430 \sim 500$ ℃，则根据表 5. 3. 2 可知太恩炸药热点半径为 $10^{-5} \sim 10^{-4}$ cm。

热点的分解时间也可求出。热点最初质量 $m = \dfrac{4}{3}\pi a^3 \rho$，设 $x$ 为经过时间 $t$ 热点内分解了的炸药量，这样就可以写出热平衡方程式

$$mc\,dT = (m - x)qze^{-E/RT}dt - K(T - T_0)\,dt \qquad (5 - 3 - 8)$$

式中：$mc\,dT$ 为热点升高 $dT$ 所需的热量；$(m - x)qze^{-E/RT}dt$ 为热点在 $dt$ 时间内放出的热量；$K(T - T_0)\,dt$ 为 $dt$ 时间内因热传导而损失的热量。

对于黑索今，假定 $a = 10^{-3}$ cm，$T = 400$ ℃，$K = 2. 59 \times 10^{-3}$ J/(m$^2$ · s · K)，$T_0 = 20$ ℃，用数值积分解此方程，得到热点反应时间为 $10^{-7} \sim 10^{-4}$ s。

热点所具有的热量一般为 $10^{-10} \sim 10^{-8}$ J，对太恩来说，设热点半径 $a = 10^{-4}$ cm，$q = 5. 86 \times 10^3$ J/g，$\rho = 1. 6$ g/cm$^3$，则热点热量

$$q_{rd} = 5. 86 \times 10^3 \times \frac{4}{3}\pi(10^{-4})^3 \times 1. 6 \approx 3. 9 \times 10^{-8}(J)$$

综上分析可知，一般炸药热点要具备以下条件才能成长为爆炸。

（1）热点温度 $300 \sim 600$ ℃。

（2）热点半径 $a = 10^{-5} \sim 10^{-3}$ cm。

（3）热点作用时间 $10^{-7}$ s 以上。

（4）热点所具有的热量 $q_{rd} = 10^{-10} \sim 10^{-8}$ J。当然，这只是给出了数量级的大致范围，精确的计算是非常困难的。

**3. 热点成长过程**

热点成长过程可用实验进行观察。实验时，将炸药置于冲头与透明的有机玻璃击砧之间，受摩擦而产生热点。当热点爆炸发光时，可用高速摄像机记录其成长过程。观察得到的

热点成长过程可分为以下几个阶段。

(1) 形成热点并向周围着火燃烧阶段。在这一阶段测得的速度是亚声速的。例如太恩、黑索今、太恩与梯恩梯混合物的初始阶段燃速分别为：

太恩为 400 m/s；

黑索今为 300 m/s；

太恩中加入 10%~20% 梯恩梯为 220 m/s。

(2) 由快速燃烧转变为低速爆轰。当燃烧产物的压力增加到某一极限时，就可转变为低速爆轰。对于太恩，此时的爆速为 1 300 m/s。对于一般猛炸药为 1 000~2 000 m/s。

(3) 由低速爆轰转变为高速爆轰。对于猛炸药，只有当药量足够大时才有实现的可能。

必须指出，热点扩展不一定经历上述几个阶段。对于像叠氮化铅这样的起爆药就看不到燃烧阶段，几乎一开始就以爆轰的形式出现，因此，叠氮化铅的成长期特别短。

### 5.3.2 炸药的机械感度

炸药的机械感度是指炸药在机械作用下发生爆炸的难易程度。

炸药在生产、运输、使用时，不可避免地要发生一些机械撞击、摩擦、挤压等作用。在这些作用下，炸药是否会发生爆炸，怎样才能保证炸药生产、运输和使用等过程中的安全，是研究机械感度的目的。

按照机械作用形式的不同，炸药的机械感度通常包括：①炸药的撞击感度；②炸药的摩擦感度；③炸药对枪击的感度。

**1. 炸药的撞击感度**

炸药的撞击感度是指炸药在机械撞击作用下发生爆炸的难易程度。

常见测定炸药撞击感度的仪器是立式落锤仪，其结构如图 5.3.3 所示。它有两个固定的互相平行的立式导轨，重锤在导轨之间可以自由上下滑动，重锤由钢爪钩住，可以使重锤固定在不同高度。只要轻轻拉动钢爪上面的绳子，重锤即可立即沿导轨自由落下。仪器的另一重要部分是撞击装置，如图 5.3.4 所示。撞击装置由导向套、击柱和底座组成。炸药放在两个击柱的中间。实验时拉动钢绳使钢爪松开，重锤就自由下落，撞击在击柱上，由火花、烟雾或声响判断炸药是否发生爆炸。

用立式落锤仪测定炸药的撞击感度，主要有以下几种表示方法。

1) 爆炸百分数法

目前国内广泛使用这种方法测定猛炸药的撞击感度。它是在一定的落锤质量和一定落高

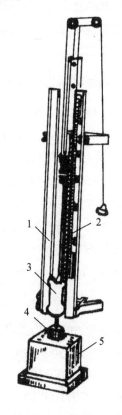

**图 5.3.3　立式落锤仪的结构**

1—导轨；2—刻度尺；3—落锤；
4—撞击装置；5—钢底座

下撞击炸药，以发生爆炸的百分数表示。最常用的实验条件为落锤质量为 10 kg，落高为 25 cm，药量为 $(0.05 \pm 0.001)$ g，一组实验 25 次，计算其爆炸百分数。若炸药在上述条件下爆炸百分数为 100%，则不易比较，可选择质量较轻的落锤，如 5 kg、2 kg，再进行实验，落高可相应地增加至 50cm。

现将几种常用炸药在落锤质量为 10 kg、落高为 25 cm 标准撞击装置内进行实验得到的结果列于表 5.3.3。

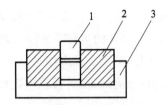

**图 5.3.4　撞击装置**

1—击柱；2—导向套；3—底座

**表 5.3.3　几种常用炸药的撞击感度**（落锤质量为 10 kg，落高为 25 cm，试样为 0.05 g）

| 炸药 | 爆炸百分数/% | 炸药 | 爆炸百分数/% |
|---|---|---|---|
| 梯恩梯 | 4 ~ 8 | 黑索今 | 70 ~ 80 |
| 阿马托 | 20 ~ 30 | 太恩 | 100 |
| 苦味酸 | 24 ~ 32 | 无烟药 | 70 ~ 80 |
| 特屈儿 | 50 ~ 60 | | |

进行实验时，首先用标准试样对仪器进行标定。若落锤质量为 10 kg、落高为 25 cm，则用标准特屈儿标定，其爆炸百分数为 $(48 \pm 8)$%。若锤的质量为 5 kg、落高为 25 cm，则应该用标准黑索今标定仪器，其爆炸百分数为 $(48 \pm 8)$%。

对工业炸药的撞击感度，当采用质量为 2 kg 的落锤，以发生爆炸时的最小落高表示感度时，要用梯恩梯标定仪器，此时发生爆炸的最小落高为 100 cm。

2）上下限法

撞击感度的上限是指 100% 爆炸的最小落高 $H_{100}$，下限是指 100% 不爆炸的最大落高 $H_0$。实验测定撞击感度的上、下限时，采用质量一定的落锤，改变落高，平行实验一般为 10 次。从安全角度出发，一般参考下限。国内对起爆药广泛使用的是下限法。几种常用起爆药的机械撞击感度列于表 5.3.4。

**表 5.3.4　几种常见起爆药的机械撞击感度**

| 炸药名称 | 雷汞 | 特屈拉辛 | 叠氮化铅 | 斯蒂夫酸铅 | 二硝基重氮酚 |
|---|---|---|---|---|---|
| 落锤质量/kg | 0.4 | 0.4 | 0.4 | 0.4 | 0.4 |
| $H_{100}$/cm | 9.5 | 6.0 | 33 | 36 | — |
| $H_0$/cm | 3.5 | 3.0 | 10 | 11.5 | 17.5 |

3）特性落高法

50% 爆炸的落高称为特性落高 $H_{50}$。在有些情况下，可采用 $H_{50}$ 表示炸药的撞击感度。

这种特性落高可采用数理统计中的"上下法"（Burceton 法）实验来确定。这种实验方法所需的实验次数为 20 ~ 50 次。

实验程序为先确定开始实验的落高（厘米）$h$ 和实验间距 $d$。随后的实验落高则为 $h \pm d$，

$h \pm 2d$，$h \pm 3d$，…。第一发实验的落高为 $h_1$，若不爆炸，则用符号"×"记载，并且下次实验在 $h = h_1 + d$ 的落高下进行；若爆炸，则在表中记为"0"，下次实验在 $h = h_1 - d$ 的落高下进行。以此类推，凡爆炸时，下次实验降低落高 $d$；凡不爆炸时，下次实验则应增加落高 $d$。

对特性落高 $H_{50}$，可根据数理统计中的"阶梯法"，做 20 次实验，用下式计算求得

$$H_{50} = \left[ A + d \left( \frac{\sum i C_i}{D} - \frac{1}{2} \right) \right] \qquad (5-3-9\text{a})$$

或

$$H_{50} = \left[ A + d \left( \frac{\sum i C_i'}{D'} + \frac{1}{2} \right) \right] \qquad (5-3-9\text{b})$$

式中：$A$ 为 20 次实验中最低落高，cm；$d$ 为实验间距，cm；$D$ 为 20 次实验中发生爆炸的次数；$D'$ 为 20 次实验中不发生爆炸的次数；$i$ 为落高水平序数，从 0，1，…，$i$；$C_i$ 为在某一落高中发生爆炸的次数；$C_i'$ 为在某一落高中不发生爆炸的次数。

**【例 5.3.1】** 下面是某实验落高阶梯表（表 5.3.5）。该表按落高大小排列阶梯式次序。由前一次实验结果来确定后一次实验所需的落高大小。如果前一次实验不爆炸，则后一次实验落高提高一级；如果前一次实验爆炸，则后一次实验落高降低一级。此实验就按这种方式连续进行到一预定次数为止。

**表 5.3.5 落高阶梯表**

| 落高/cm | 实验序数 | | | | | | | | | | | | | | | | | | | | 爆炸 | 不爆炸 |
|---|---|---|---|---|---|---|---|---|---|---|---|---|---|---|---|---|---|---|---|---|---|---|
| | 1 | 2 | 3 | 4 | 5 | 6 | 7 | 8 | 9 | 10 | 11 | 12 | 13 | 14 | 15 | 16 | 17 | 18 | 19 | 20 | | |
| 30 | | | | | | × | | | | | | | | × | | | | | | | 0 | 2 |
| 35 | × | | × | | 0 | | × | | | | | 0 | | × | | × | | × | | | 2 | 6 |
| 40 | | 0 | | 0 | | | | × | | × | | 0 | | | 0 | | 0 | | 0 | 6 | 2 |
| 45 | | | | | | | | | 0 | | 0 | | | | | | | | | 2 | 0 |

对上述实验结果进行处理得到表 5.3.6。

**表 5.3.6 实验结果处理情况**

| 落高/cm | 序数 | $C$ | $C'$ | $iC_i$ | $iC_i'$ |
|---|---|---|---|---|---|
| 30 | 0 | 0 | 2 | 0 | 0 |
| 35 | 1 | 2 | 6 | 2 | 6 |
| 40 | 2 | 6 | 2 | 12 | 4 |
| 45 | 3 | 2 | 0 | 6 | 0 |

还可得到：$A = 30$ cm，$d = 5$ cm，$D = 10$，$D' = 10$

$$\sum i C_i = 20, \ \sum i C_i' = 10$$

$$H_{50} = \left[30 + 5 \times \left(\frac{20}{10} - 0.5\right)\right] = 37.5(\,\text{cm})$$

或

$$H_{50} = \left[30 + 5 \times \left(\frac{10}{10} + 0.5\right)\right] = 37.5(\,\text{cm})$$

**2. 炸药的摩擦感度**

炸药的摩擦感度指炸药在摩擦作用下发生爆炸的难易程度。

一定量的炸药试样受到一短暂而强烈的恒定机械摩擦功的作用，观察是否发生爆炸（含燃烧、分解），以爆炸百分率表示摩擦感度值。

实验在摆式摩擦仪上进行。将一定质量的试样均匀分布在击套中的两个击柱之间，并在摩擦摆爆炸室内加压至一定压力后，立即使摆锤从预定高度落下打在击杆上，使上滑柱相对于下滑柱移动一定距离，如图 5.3.5 所示。若试样变色、有味、有气体产物、冒烟、有声响或滑柱上有烧蚀痕迹，则判为爆炸。

实验条件为：摆锤质量为 (1 500 ± 1.5) g，摆角为 90°；表压为 4 MPa；滑柱移动距离为 1.5 ~ 2 mm，单质炸药试样质量为 20 mg，混合炸药试样质量为 30 mg。实验前用精制特屈儿对仪器进行标定，标定的爆炸百分数为 (12 ± 8)%。

用爆炸百分数表示实验结果，通常进行两组平行

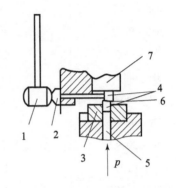

**图 5.3.5　测定装置示意**

1—摆锤；2—击杆；3—导向套；4—击柱；
5—活塞；6—炸药试样；7—顶板

实验，两组实验结果的平均值作为该炸药的摩擦感度值。表 5.3.7 和表 5.3.8 分别列出了一些单质炸药和混合炸药的摩擦感度值。

**表 5.3.7　单质炸药的摩擦感度值**

| 炸药 | 摩擦感度/% | 炸药 | 摩擦感度/% |
|---|---|---|---|
| DATB | 0 ~ 4 | TATB | 0 ~ 4 |
| DINGU | 47 | | |
| HMX | 92 ~ 100 | 2# | 100 |
| HNS – Ⅱ | 96 | 4# | 43 |
| NQ | 0 | 6# | — |
| PETN | 92 ~ 100 | 7507 | 100 |
| RDX | 76 ± 8 | | |

**3. 炸药对枪击的感度**

当炸药在运输或使用过程中受到意外枪击时，其安全性能可用枪击感度来评价，枪击感度用来表示炸药装药对子弹或破片撞击的敏感性。

用于枪击实验的样品如图 5.3.6 (a) 所示。将一个 φ50 mm × 76 mm 的药柱装在内径为 50 mm、厚为 2.5 mm 的无缝钢管内，两端为 3 mm 厚的端盖，在端盖与炸药柱端面之间衬一

厚为 1 mm 的马粪纸板，然后旋紧端盖。

**表 5.3.8　混合炸药摩擦感度值**

| 炸药 | 摩擦感度/% | 炸药 | 摩擦感度/% |
|---|---|---|---|
| RHT – 901 | 6 | JO – 9110 | 0 ~ 12 |
| RHT – 902 | — | JO – 9144 | 12 |
| RHT – 903 | — | JO – 9159 | 15 |
| JEO – 9001 | 14 | JO – 9185 | 16 |
| JOB – 9002 | 6 | JO – 9153 | 16 |
| JOB – 9003 | 5 | JE – 9177 | — |
| JOB – 9004 | ≤9 | JE – 9204 | — |
| JH – 9005 | ≤12 | JE – 9310 | 100 |
| JH – 9006 | — | JE – 9619 | 100 |
| JG – 9007 | 8 ~ 12 | GI – 920 | 60 |
| JW – 9008 | ≥40 | GE – 921 | 100 |
| JQ – 9009 | 20（表压 2 MPa） | DI – 950 | 24 |
| JH – 9105 | 11 | GH – 923 | ≤5 |
| JH – 9106 | 14 | | |

实验场地平面布置如图 5.3.6（b）所示，将装配好的试样置于高 1.35 m 的实验架上。在距样品 27 m 处，沿样品轴线方向，用 56 式 7.62 mm 半自动步枪或 12.7 mm 机枪对样品进行射击。在离样品 3 m 远、与样品轴线对称、方位角为 20°处分别布置一个压力传感器，测定样品在子弹撞击、摩擦作用下可能形成的爆炸冲击波超压。

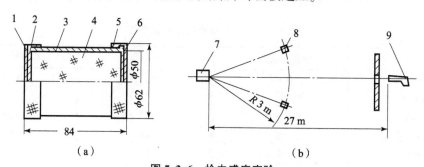

**图 5.3.6　枪击感度实验**

1, 5—端盖；2, 6—纸垫；3—外壳；4—炸药柱；7—样品；8—压力传感器；9—枪

（a）枪击实验的样品；（b）实验场地平面布置

每一组实验为 6 ~ 10 发，并对测试结果进行统计分析，求其平均值及标准偏差。

因样品尺寸一定，对于不同炸药，装药质量、自身能量均不同，所以爆炸时形成的空气冲击波超压也不相同。因此，在处理枪击实验数据时引入了梯恩梯当量概念，即模拟枪击实验的环境条件，用不同质量梯恩梯药柱装于样品套内。当其完全爆炸时，在同样距离、同样方位角测量其超压，并用超压与梯恩梯药量作曲线，此曲线即为枪击实验梯恩梯的标定曲线。

　　根据枪击实验实测结果及标定曲线，即可查得对应的梯恩梯当量。根据当量大小、实验现象以及回收的样品破片，即可对炸药枪击感度进行综合分析评定（表5-3-9）。

表5.3.9　几种炸药枪击实验结果

| 炸药名称 | 装药量 /g | 实测超压 /kPa | 梯恩梯当量 /g | 实验现象 |
|---|---|---|---|---|
| RHT-901 | 257 | 3 | 10 | 声响小，火光小，烟雾大，壳体基本完整，有多半药柱残存 |
| JOB-9003 | 275 | 5 | 17 | 声响较大，火光小，烟雾小，收集到大块钢壳破片，有少量残存药块 |
| JO-9159 | 280 | 8 | 25 | 声响大，火光强，收集到少量碎钢片，无残存药 |
| JH-9105 | 275 | 11 | 37 | 声响大，火光强，收集到少量碎钢片，无残存药 |

注：表列数据为56式7.62 mm半自动步枪射击结果，实测超压为10发实验的平均值

**4. 苏珊试验**

　　苏珊试验是一种弹丸撞击感度试验，主要模拟固体炸药在高速碰撞时的安全性能。试验时，将炸药柱装入苏珊试验弹中。

　　苏珊试验弹如图5.3.7所示，弹质量5.44 kg，口径φ82 mm，装药质量320~400 g（视装药品种及装药密度而异）。用炮将弹丸发射出炮口，并在弹丸飞行的正前方3.7 m处垂直竖立一块装甲靶板。在弹丸撞靶后，顶端铝帽发生破裂，弹内装药就受到冲击、挤压及摩擦等因素的作用，可能引起点火，甚至成长为爆轰。通过光电系统可以测量弹丸的飞行速度；通过高速摄像可详细记录弹丸的着靶姿态以及撞靶后挤压变形直至点火爆炸的过程；通过数据采集系统可

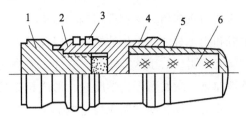

图5.3.7　苏珊试验弹
1—堵头；2—本体；3—"O"形密封圈；4—紧定螺钉；5—铝帽；6—φ50 mm×100 mm炸药柱

以测量炸药爆炸后形成的空气冲击波超压。根据这些测试结果，即可对炸药的射弹撞击感度进行综合分析评价。

　　对于一种炸药配方，标准试验以每组5~10发为宜。因为苏珊试验弹药柱尺寸一定，对于不同炸药，其装药密度、质量、自身质量均不相同，所以一旦爆炸，形成的空气冲击波超压就不同。因此在数据处理时引入了梯恩梯当量的概念，即预先模拟苏珊试验的环境条件，将不同质量的梯恩梯药柱置于靶心位置，在相同距离、相同方位角测量梯恩梯药柱完全爆炸时空气冲击波超压的大小，拟合出全爆药量对应超压的关系曲线，该曲线即称为梯恩梯标定曲线。根据它及苏珊试验结果，即可查得相应的梯恩梯爆炸药量（g），这个药量称为梯恩梯当量，把弹丸撞靶速度与其超压对应的梯恩梯当量之间的关系曲线称为苏珊感度曲线。

几种炸药的苏珊感度曲线如图 5.3.8 所示。

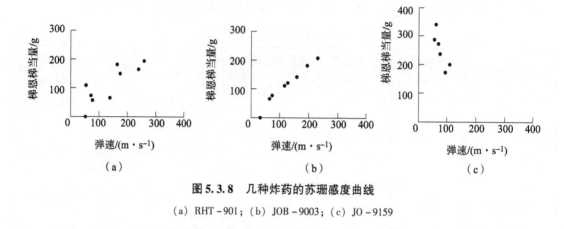

图 5.3.8　几种炸药的苏珊感度曲线

(a) RHT - 901；(b) JOB - 9003；(c) JO - 9159

# 5.4　冲击波作用下的点火与起爆

凝聚炸药的冲击起爆实际上可归结为炸药在冲击波作用下的起爆。大量实验研究表明，物理结构均匀的均质炸药装药和非均质炸药装药在冲击作用下的起爆现象与起爆机理是有很大不同的，下面分别加以介绍。

## 5.4.1　均质炸药的冲击起爆

所谓均质炸药是指物理结构非常均匀，具有均一的物理与力学性质的炸药，如液态的硝基甲烷和硝化甘油，熔化的梯恩梯以及黑索今和太恩炸药的单晶等。

研究表明，对于这类炸药，在冲击波进入炸药后，在波阵面后首先受到冲击的一层炸药整体被加热，激发爆轰化学反应，形成超速爆轰波，该超速爆轰波赶上初始的入射冲击波后在未受冲击的炸药中发展成稳定的爆轰。这种冲击起爆模型最早是由 Campbell 等学者在实验观察基础上提出来的。他们采用的实验装置如图 5.4.1 所示，平面爆轰波发生器在 B 炸药主装药柱中形成平面爆轰波，它通过有机玻璃隔板及空气隙向均质液态硝基甲烷中输入一定幅度的冲击波。

图 5.4.2 所示为硝基甲烷引爆发光扫描照片。从照片中可以看到，自冲击波开始进入硝基甲烷时刻（图中 F）起到出现爆轰发光，有一段延滞时间。其中，在初始阶段为受冲击波压缩的液体炸药中的弱辉光（图中 A），而后在某个时刻突然转变为强的爆轰发光（图中 B）。由于已知硝基甲烷的密度为 $1.14$ g/cm$^3$、爆速为 6 300 m/s，因此，它在高速摄像底片上发出的强爆轰发光是预先可以知道的。

为了确切确定出现辉光的位置，在实验中还采用了离子探针测试技术，因为辉光出现时具有导电性。离子探针检测结果确定出最早出现的辉光对应着隔板 – 硝基甲烷分界面的位置，并可以检测记录到，该导电区以高速度紧跟在冲击波阵面之后进行传播，进而最后赶上冲击波阵面。

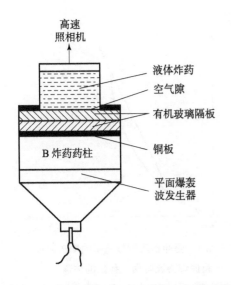

**图 5.4.1　冲击起爆液体均质炸药的实验装置**

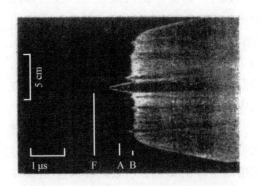

**图 5.4.2　硝基甲烷引爆发光扫描照片**

F—冲击波通过空气隙开始发光，冲击波进入液体炸药瞬间；

A—在液体硝基甲烷 – PMMA 界面处爆轰发光

B—爆轰波阵面

　　观察到的与弱辉光相伴随的超高速扰动是与冲击波预先压缩加热过的硝基甲烷所发生的爆轰相对应的。它是从分界面处的受冲击压缩和加热的炸药经过一定的感应期之后出现的。因为受冲击波预先压缩过的炸药具有较高的密度，因而具有比正常密度炸药更高的爆轰波传播速度。

　　根据已知的初始冲击波参数及扫描的照片上的数据，对爆轰波传播的时间 – 空间迹线进行了计算分析，所得行波示意于图 5.4.3。其中直线 1 是主装药柱爆炸后通过有机玻璃隔板传入液态硝基甲烷中的初始冲击波行进的轨迹，其速度为 $D_1$；直线 2 为隔板表面运动的轨迹，也就是冲击波阵面过后硝基甲烷炸药质点的运动轨迹，其速度为 $u_p$；直线 3 为由隔板 – 硝基甲烷分界处经过一定感应时间之后出现的超速爆轰波传播的轨迹，其速度为 $D_3$；直线 4 为硝基甲烷中正常爆轰波传播的轨迹，其速度为 $D_4$；$t_1$ 对应于分界面处炸药发生冲击热爆炸的延迟时间；$t_2 - t_1$ 对应于超速爆轰波后的弱发光时间。

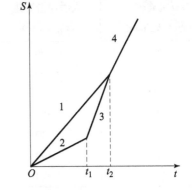

**图 5.4.3　均质炸药冲击起爆过程的行波**

　　由于超速爆轰波对应于受到冲击压缩之后的硝基甲烷的爆轰，故可根据测定的该爆轰波传播速度计算冲击波阵面上的其他参数。图 5.4.4 给出的是计算结果的示意图。在初始冲击波传过后，波后硝基甲烷炸药的状态处于一次冲击绝热线 1 上，冲击压力约为 $8 \times 10^9$ Pa。在该波过后，由于冲击加热，在经过一段延迟时间后从隔板分界面处产生的超速爆轰波阵面的状态必定位于炸药的二次冲击绝热线 2 上的某一点。按实测的最低波速并应用 ZND 模型估算出的压力约达 $10^{11}$ Pa，即约 100 GPa。在此种情况下，波阵面上的密度突跃要比正常爆轰时高两倍多。

Campbell 等人在研究中还发现，起爆的延迟时间、起爆发生的位置受到初始冲击波强度、硝基甲烷的温度、隔板的厚度及隔板表面粗糙度的影响。如冲击压力由 8.6 GPa 增加到 8.9 GPa 时，起爆延迟时间由 2.26 μs 缩短到 1.74 μs；硝基甲烷的初始温度由 1.6 ℃ 增加到 26.8 ℃ 时，延迟时间由 5.0 μs 缩短到 1.8 μs。

表 5 - 4 - 1 给出了 Campbell 实验得到的隔板厚度 $\delta_g$（或入射冲击波的压力）对起爆深度 $l_d$ 的影响，所谓起爆深度是指炸药中出现爆轰点的位置距隔板 - 炸药分界面之间的距离。表中数据是利用 $\phi75$ mm × 140 mm 注装药柱做主发药柱及装在

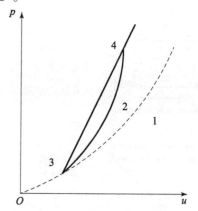

**图 5.4.4　受冲击压缩炸药中的冲击波和超速爆轰波阵面上参数的估算**

1—硝基甲烷的一次冲击绝热线；2—硝基甲烷的二次冲击绝热线；3—由隔板转入的初始冲击波阵面上的状态；4—超速爆轰波阵面上的状态

$\phi53$ mm 有机玻璃管中的硝基甲烷做被发药柱进行实验得到的。从表中可以看到，当输入的冲击波压力低于 10GPa 时，起爆将不能再在隔板 - 炸药分界面处发生，而逐渐移向被发炸药内部，并且当入射压力低于某一临界值时，被发炸药将不再能被起爆。此冲击压力，称为炸药的临界起爆压力，以 $p_c$ 表示。表 5 - 4 - 2 列出了苏联学者 B. C. Илюхин 实验测得的部分炸药的临界起爆压力 $p_c$ 值。

**表 5.4.1　隔板厚度 $\delta_g$ 与硝基甲烷炸药起爆深度 $l_d$ 的关系**

| 有机玻璃厚度 $\delta_g$/mm | 入射冲击波速 /(m·s⁻¹) | 入射冲击压力估算值/GPa | | 起爆深度 $l_d$/mm |
|---|---|---|---|---|
| | | 有机玻璃管中 | 炸药当中 | |
| 5 | 6 000 | 15.6 | 14.0 | 0 |
| 12 | 5 750 | 13.8 | 12.3 | 0 |
| 17 | 5 550 | 12.4 | 11.0 | 0 |
| 25 | 5 280 | 10.7 | 9.5 | 7 |
| 29 | 5 130 | 9.8 | 8.8 | 10 |
| 30 | 5 100 | 9.6 | 8.4 | 19 |
| 35 | 4 900 | 8.4 | 7.4 | 未爆 |

**表 5.4.2　一些均质炸药的临界起爆压力 $p_c$ 值**

| 被发炸药 | 状态 | 初始温度/℃ | $p_c$/GPa | 超速爆轰速度/(m·s⁻¹) |
|---|---|---|---|---|
| 硝基甲烷（NM） | 液态 | 25 | 8.1 | 10 000 |
| 梯恩梯（TNT） | 液态 | 85 | 12.5 | 11 000 |
| 太恩 | 单晶 | 25 | 11.2 | 10 900 |
| 63 硝酸/24 硝基苯/13 水 | 液态 | 25 | 8.5 | 12 200 |

超速爆轰波速可以从实验得到的高速摄影扫描照片进行测量，它的发光亮度与正常爆轰波相比要弱得多。这主要是因为超速爆轰波中所释放出来的化学能已大部分转化为爆轰产物的弹性能（冷能），从而使所形成的热内能有所减少。

### 5.4.2　非均质炸药的冲击起爆

所谓非均质炸药是指炸药在浇铸、结晶过程或是压装过程中所引起的炸药物理结构的不均匀性，如气泡、缩孔、裂纹、粗结晶、密度不均匀，以及由于种种原因，在炸药中混入杂质等。大量的实验观察表明，正是这种物理结构的不均匀性，使得非均质炸药的冲击起爆现象和机理与均质炸药相比有很大的不同。下面分别对该类炸药冲击起爆特点、起爆机理及起爆判据方面的研究结果作一简要介绍。

#### 1. 非均质炸药冲击起爆的现象

实验研究表明，非均质炸药冲击起爆现象的第一个特点就是起爆从受冲击炸药中的某些局部高温区——所谓"热点"处开始。颗粒散装炸药、压装药柱，甚至除单晶结构之外的浇铸炸药当中，晶粒周围总是有空隙、缩孔等存在。孔隙所占装药总体积的比例称为孔隙度。一般压装药柱的孔隙度多在 1% 以上，熔铸药柱的孔隙度为 2% ~ 4%，而散装炸药的孔隙度则往往达到 50% 左右。当它们受到强烈的冲击作用时，由于药柱本身物理结构的不均匀性而发生的动力学响应在各部位不相同。如在有气泡或缩孔的部位，由于冲击绝热压缩作用而形成很高的温度——热点；在强冲击下炸药晶粒之间，炸药晶粒与硬质杂质颗粒之间会发生剧烈的摩擦，从而形成热点；缩孔或较大空穴处在冲击作用下发生的高速塌陷，或由于高速黏塑性形变而引起的黏性流动、局部绝热剪切和断裂破坏，以及冲击加载时发生的相变等，都是可能造成起爆的原因。

美国学者 Campbell 等在硝基甲烷液体中充以不同尺寸的氩气泡，并用平面冲击波进行冲击起爆。图 5.4.5 提供的照片很能说明问题；其中有两个较大的气泡处发出强烈的光，而且它比均质硝基甲烷起爆发光早约 2 μs。此外，照片显示该两处所发出的强光的尺寸是随着时间而扩展的，表明在气泡处激起的爆

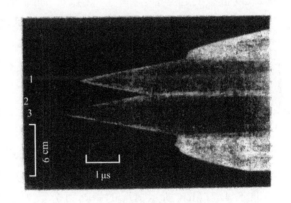

**图 5.4.5　含氩气泡硝基甲烷冲击起爆的照片**
1—氩气泡直径 0.75 mm；2—氩气泡直径 0.5 mm；
3—氩气泡直径为 1.0 mm

轰也是随着时间而展开的。照片还显示，在较小尺寸的气泡处没有发生起爆（如照片中的气泡 2）。

Campbell 还用钨或塑料的小圆柱体代替气泡做冲击起爆实验，发现它们也能成为起爆中心。虽然它们在冲击波作用下所引起的温升相对较低，但起爆延迟时间也与气泡相近。图 5.4.6 展示的是实验所拍到的照片。

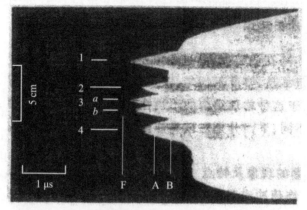

**图 5.4.6　硝基甲烷中不同冲击热点处激起的起爆**

1—隔板上的空气泡 $\phi1.0$ mm，深 0.5 mm，并盖有 $1.27 \times 10^{-3}$ cm 厚的 Mylar 膜；

2—钨圆柱体 $\phi1.0$ mm $\times 2.5$ mm，深入硝基甲烷内 1.75 mm；3a—空气泡；3b—氩气泡，$\phi0.8$ mm；

4—塑料圆柱体 $\phi1.0$ mm；A—硝基甲烷与隔板界面处发生的起爆；B—爆轰波赶上冲击波

### 2. 非均质炸药冲击起爆的机理——"热点"理论

人们在研究炸药冲击起爆时很早就发现均质炸药要比非均质炸药难以起爆，后者起爆时冲击波的压强幅度一般仅需要 1 个到数个吉帕，而前者一般需要十个乃至十数个吉帕，两者相差近 10 个吉帕。普遍认为，其主要原因归结为非均质炸药装药具有不均匀的物理 – 力学结构，因而在冲击波作用下能瞬间形成很多尺寸为 $10^{-5} \sim 10^{-3}$ cm、温度高达数百摄氏度乃至千摄氏度量级的起爆中心——"热点"。而非均质炸药的冲击起爆正是始自这些热点，然后发展成爆轰的。这正是"热点"理论的基本思想。

炸药晶粒在冲击作用下受热并发生热分解是由于炸药颗粒之间存在着某种热物质，在冲击下绝热压缩形成热点，或是炸药颗粒之间以及炸药颗粒与夹杂之间发生剧烈摩擦而形成热点。总之，这一学派认为介质的热学作用是导致炸药晶粒发生分解的主要原因。Campbell 等人做的硝基甲烷液体中充入气泡的冲击起爆实验，以及图 5.4.7 所示的实验结果为上述假设提供了有力的实验支持。在图 5.4.7 中将同样药量的 $\alpha$ – HMX 炸药以不同的方式撒在冲击柱面上，并用同样大的冲击功对其实施冲击加载，结果为：图 5.4.7（a）所示情况的爆炸百分数为 5% ～ 47%，图 5.4.7（b）所示情况的爆炸百分数为 100%。这显然是由环状药中间所形成的气泡在冲击压缩时产生热点所致。

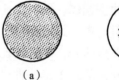

（a）　　　（b）

**图 5.4.7　气泡形成热点的实验验证**

（a）炸药均匀分布；（b）炸药环形分布

非均质炸药的冲击起爆的另一个重要机制是力学的和物理化学的作用。从能量传输速度、角度考察非均质炸药冲击起爆过程，认为入射冲击波与非均质炸药中的各种密度间断发生相互作用，形成喷流、空穴崩解、冲击波的碰撞，以及正规的和非正规的反射等，从而传送能量并使其转化成热能，在炸药中造成许多热点。在这些热点附近的炸药晶粒发生快速化学反应，随后以热点为中心以热爆炸或高速爆燃的形式向外扩展，它们所释放的能量进一步加强入射冲击波，从而在冲击下一层密度间断时形成更多的热点，使炸药由点燃到不稳定爆轰，最后发展成稳定爆轰。

### 3. 非均质炸药的起爆判据

早在 20 世纪五六十年代，炸药应用科学工作者普遍地把起爆冲击波的压力幅度 $p$ 看成冲击起爆炸药装药的最重要的控制参数。不少人测试了多种炸药装药冲击起爆的阈值压力 $p_c$，认为只要冲击波压力超过这个临界压力 $p_c$，炸药装药就会立即被引爆。但是自 20 世纪 60 年代末以来，人们开始认识到，非均质炸药装药的冲击起爆阈值，既与冲击波压力 $p$ 有关，又与冲击波脉冲的持续时间 $\tau$ 有关。压力幅度 $p$ 高但脉冲持续时间 $\tau$ 太短的冲击波不一定能激发炸药爆轰，而压力幅值 $p$ 不是很高，但脉冲持续时间 $\tau$ 长的冲击波却往往能使炸药起爆。于是人们在研究中提出了非均质炸药冲击波起爆的 $p^2\tau$ 判据，即

$$p^2\tau = \mathrm{const} \tag{5-4-1}$$

这是 1969 年由 F. E. Walker，R. I. Walsley 首先提出的。他们在研究 PBX-9404 等炸药的冲击起爆时用实验证明，只要乘积 $p^2\tau$ 超过某一临界阈值，就会激发爆轰。

对于 $p^2\tau$ 的物理含义，他们解释如下：将 $p^2\tau$ 用冲击波阻抗 $\rho_0 D_S$ 去除，可以得出

$$E_c = \frac{p^2\tau}{\rho_0 D_S} = \frac{\rho_0 D_S up\tau}{\rho_0 D_S} = pu\tau \tag{5-4-2}$$

式中：$D_S$ 为冲击波速；$u$ 为波阵面上的质点速度，则 $pu$ 实际上是冲击波传入炸药的功率，因此 $pu\tau$ 代表冲击波传输的功（能）。如果令 $\rho_0 D_S = \mathrm{const}$，则 $p^2\tau$ 实质上代表当炸药的冲击阻抗为常数时它是一个与 $pu\tau$ 成正比的量。这样，又可选取

$$E_c = pu\tau = \mathrm{const} \tag{5-4-3}$$

作为一种临界能量流，使其作为一种比式（5-4-1）适用范围更广泛的冲击起爆判据，并称其为临界能量流判据。而式（5-4-1）则是式（5-4-3）在冲击阻抗 $\rho_0 D_S$ 为常数时的一种特殊性起爆判据。上述两种起爆判据之间唯一的差别是，$p^2\tau$ 判据为能流分母中的冲击阻抗取为常数，而临界能量流判据则是取 $\rho_0 D_S$ 不为常数。但是在有反应的冲击波中 $D_S$ 变化较为缓慢，故冲击阻抗 $\rho_0 D_S$ 的变化也很慢，所以两者的差别似乎又不会太大。

图 5.4.8 是实验测得的 B-3 炸药冲击波起爆与不爆的 $p$-$\tau$ 曲线，通过对实验数据的分析，该炸药存在一个冲击起爆的临界能量流值 140 J/cm$^2$。图中虚线是按临界能量流值为 140 J/cm$^2$ 计算的阈值曲线。在这条曲线以上的各点皆为发生爆轰的点，该线之下的各点皆为不起爆点。但是对于非常均匀的液体炸药（如硝基甲烷）及铸装梯恩梯炸药，其临界能量流值都明显地表现出与冲击压力幅值的相关性，TATB/Kel-F 混合炸药及多孔黑索今炸药的起爆临界能量流值也显示出对冲击幅值的强烈相关性。

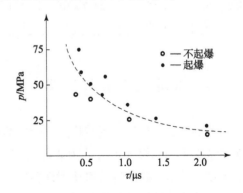

图 5.4.8　B-3 炸药冲击起爆压力 $p$
与持续时间 $\tau$ 之间的关系

由此可见，对于某些不均质的高猛炸药，选用起爆临界能量流（或 $p^2\tau$）判据具有实用

价值。但是,在通常情况下,炸药冲击起爆的临界能量流值并不总是为一常数,有一些因素(如冲击压力值、冲击体的直径等)会对它产生影响。此外,对于均质炸药的冲击起爆情况,冲击压力幅度大小则可能是一个权重很大的起爆参数。为此,在表5.4.3中列出了一些非均质炸药冲击起爆的临界阈值,作为参考和比较;表中还列出了临界起爆压力 $p_c$ 这一判据的实验值。

表5.4.3　非均质炸药冲击起爆的临界阈值

| 炸药 | $\rho_0/$ $(\mathrm{g \cdot cm^{-3}})$ | $p_c/\mathrm{Pa}$ | $p^2\tau/$ $(\mathrm{Pa^2 \cdot s})$ | $pu\tau/(\mathrm{J \cdot m^{-2}})$ | 备注 |
|---|---|---|---|---|---|
| PETN | 1.60 | $9.1 \times 10^8$ | $125 \times 10^{10}$ | $16.8 \times 10^4$ | 太恩炸药 |
| PETN | 1.40 | $\sim 2.4 \sim 10^8$ | $41 \times 10^{10}$ | — | 太恩炸药 |
| PETN | 1.00 | | $5 \times 10^{10}$ | $8.4 \times 10^4$ | 太恩炸药 |
| PBX – 9404 | 1.84 | $64.5 \times 10^8$ | $470 \times 10^{10}$ | $58.8 \times 10^4$ | 由 HMX94%,NC3%, 三氯代乙基膦酸混合的 塑料黏结炸药 |
| LX – 04 | 1.86 | — | $925 \times 10^{10}$ | $109 \times 10^4$ | |
| TNT | 1.65 | $104 \times 10^8$ | $1\,000 \times 10^{10}$ | $142 \times 10^4$ | |
| RDX | 1.45 | $8.2 \times 10^8$ | $100 \times 10^{10}$ | $80 \times 10^4$ | 黑索今炸药 |
| B 炸药 | 1.715 | — | — | $122 \times 10^4$ | 黑索今与梯恩梯混合 |
| B – 3 炸药 | 1.73 | $56.3 \times 10^8$ | — | $122 \times 10^4$ | TNT/RDX/WAX = 36/64 |
| 特屈儿 | 1.655 | $18.5 \times 10^8$ | — | $46.2 \times 10^4$ | 三硝基苯甲硝胺 |
| TATB | 1.93 | — | | $(302 \sim 370) \times 10^4$ | 三氨基二硝基苯 |
| DATB | 1.676 | — | | $55 \times 10^4$ | 二氨基二硝基苯 |
| HNS – I | 1.60 | $2.5 \times 10^8$ | $220 \times 10^{10}$ | $155 \times 10^4$ | 六硝基芪 |
| HNS – II | 1.60 | $23.2 \times 10^8$ | $260 \times 10^{10}$ | $176 \times 10^4$ | 六硝基芪 |
| HNS – SF | 1.30 | $\sim 9 \times 10^8$ | $130 \times 10^{10}$ | $118 \times 10^4$ | MDF 中的 HNS |

## 5.5　非冲击点火与起爆

机械刺激通过耗散机制转化为炸药中的热能,在某种程度上类似于将炸药直接加热。机械刺激从宏观加载模式上可分为非冲击和冲击两类,其中非冲击作用包括摩擦、剪切、撞击、振动、冲剪、跌落等。追朔到许多事故的起因,都是与非冲击点火与起爆相关,随着高速相机和快速示波器等先进诊断技术的发展,人们得以了解非冲击点火的若干复杂机理,并建立了非冲击点火的典型力学模型。

### 5.5.1　非冲击点火机理

绝大部分炸药发生剧烈反应,炸药内部某一位置必定会发生点火。点火部位可能是晶粒内一个缺陷，或者是两相界面或其他各种尺寸的不均匀结构。热点即点火发生并将反应波向整体材料传播的局部区域，从而化学反应就会向材料内部发展延续，释放化学能的固体材料向高温、高压气体产物转化，反应速率由动力学过程决定，但是整个过程由质量、动量和能量运动控制。

关于非冲击热点形成的机理有许多，Filed 曾将点火机理归结为近 10 种机理，主要有以下几种。

**1. 炸药中含有微气泡的绝热压缩形成热点**

一般地，试样中气泡或者空腔都可以提高活性材料的感度。在撞击过程中，只有当试样中的气体体积足够大时，试样经历熔化过程并将气体密封，在一定的撞击力下（如气泡直径为 50 μm，最低冲击力约 0.1 GPa 时，才能使气泡周围形成热点点火），密封气体的压缩使气体周边试样升温形成热点点火历程。

卡文迪许实验室的 Bowden 等于 1947—1949 年对添加熔点已知的细微杂质粒子的固体炸药的点火起爆机理进行了研究，认为气体的绝热压缩导致的局部升温可使热点点火发生，特别是使炸药形成环状层结构。由气泡绝热压缩导致的炸药起爆所需的最低温度即为炸药试样中物质的熔点温度，此熔点温度导致的流动可以封闭气泡。

**2. 杂质颗粒与炸药、炸药晶粒间、撞击面与炸药或内部的自由面的摩擦热点**

当两固体物质摩擦或者撞击时，接触面的热点的温度取决于具有低熔点的固体物质，固体物质的熔化将终止热点的温度升高。材料的导热性或者硬度等特性也很重要，但都是影响热点生成的次要因素。Bowden 等通过选择不同熔点的试样颗粒来测量试样的撞击感度，得到一系列炸药的热点点火温度。炸药针刺起爆实质也是摩擦引起的，即针刺入炸药后，炸药层附着在针上并随着针运动，导致附着在针上的炸药同其他炸药发生摩擦而点火起爆。

**3. 局部绝热剪切形成热点**

材料受撞击后，当在快速剪切应力作用下材料软化超过材料加工硬化效应时，就会形成剪切带，尺寸不小于 1 mm 的剪切带处的塑性形变，是导致绝热剪切带热点形成的直接因素。

**4. 受强约束复合炸药内的裂纹尖端热点**

在撞击实验中，金属和聚合物的裂纹尖端是应力的高密度区域，该区域可以引起试样的塑性变形和生产温度较高与尺寸较大的热点。但该历程对于炸药单晶的点火并不是切实可行的，因为裂纹尖端获得的能量并不能够使热点得到足够的温度和尺寸。即对于单晶炸药，裂纹尖端热点不是有效的点火机制，但对于添加了颗粒的炸药或者混合的高刚度的炸药，这是一个重要的点火机制。

**5. 其他可能导致点火发生的机理**

其他可能导致点火发生的机理还有摩擦发光、位错塞积导致的发热、火花放电、金属细丝的电阻加热伴随的分解。

能够导致点火的热点也可以是由几个不同的热点机理的叠加完成的，如块状试样的黏性发热和气体压缩的叠加等。其他研究者曾经提出摩擦化学或分子破裂历程，但并没有非常可信的实验证据支持该观点。有部分历程对于热点点火机理具有贡献作用，但很难单独引起炸药试样点火。

点火的发生总是与热过程相联系，材料中常常有多种热点机制并存，但哪种热点机制对点火或起爆起决定性作用，取决于材料的物理化学性能、材料微观结构（如是否有孔隙、孔隙的尺寸大小等），以及热学过程等。Bowden 和 Yoffe 在 1952 年、1958 年为此提供了有说服力的实验证据，当热点的尺寸在 $0.1 \sim 10\ \mu m$、持续时间为 $10^{-5} \sim 10^{-3}\ s$、热点温度大于 700 K 时能够发生热点点火，即某个历程产生的热点尺寸小于 $0.1\ \mu m$ 时，此热点可能导致部分试样分解，但是热点将很快消失而不能导致点火。

### 5.5.2 非冲击点火统计微裂纹模型

统计微裂纹力学模型（statistical crack mechanics，SCRAM）通过概率统计形式将材料的细观微裂纹演化与宏观力学响应联系起来，是研究含能材料损伤的代表性宏细观损伤本构模型。模型由 Dienes 于 1978 年首先提出并应用于模拟脆性材料（岩石、陶瓷、混凝土）的动态力学变形、损伤与破碎行为。由于在压制过程中典型的压装炸药（如 PBX9501、EDC37）内部会形成大量初始微裂纹，且主要呈现为脆性或准脆性行为，所以在之后的发展中 Dienes 将 SCRAM 模型扩展应用于描述压装复合炸药的损伤行为。

SCRAM 模型假设材料内部随机分布有大量不同初始尺寸、不同法向的微裂纹，且微裂纹的数量密度是微裂纹尺寸与法向的函数。该模型描述了微裂纹的张开、剪切、扩展及聚合行为，并将这些微裂纹演化行为引起的非弹性应变引入总体应变张量，从而获得微裂纹细观损伤体元的有效弹性模量，考虑微裂纹行为对材料弹性模量的弱化作用，通过追踪有限方位角上微裂纹的平均尺寸演化情况，SCRAM 模型可以描述材料的各向异性损伤行为。该模型已被成功应用于描述油页岩的椭球形空腔形成以及弹体撞击下陶瓷装甲的损伤失效行为等问题。

Visco – SCRAM 模型将细观微裂纹损伤与黏弹性效应相耦合，适用于低速碰撞、高速冲击等动态加载下 PBX 炸药内部的损伤演化以及点火响应预测等问题的研究。

一般来说，材料体元的总应变率可以表示为

$$\dot{\varepsilon}_{ij} = \dot{\varepsilon}'_{ij} + \dot{\varepsilon}_m \delta_{ij}, \quad \dot{\varepsilon}_m = \frac{1}{3} \dot{\varepsilon}_{kk} \tag{5-5-1}$$

式中：$\dot{\varepsilon}_m$ 为体应变率；$\dot{\varepsilon}'_{ij}$ 为偏应变率；$\delta_{ij}$ 为 Kronecker 符号。

在黏弹性统计裂纹本构模型中，广义黏弹性体与微裂纹体为串联关系，各部分偏应力相等，均为 $S_{ij}$；根据应变率叠加原理可知材料体元的偏应变率由黏弹性偏应变率和微裂纹引起的附加偏应变率组成，即

$$\dot{\varepsilon}'_{ij} = \dot{\varepsilon}'^{ve}_{ij} + \dot{\varepsilon}'^{c}_{ij} \tag{5-5-2}$$

式中：$\dot{\varepsilon}'_{ij}$，$\dot{\varepsilon}'^{ve}_{ij}$，$\dot{\varepsilon}'^{c}_{ij}$ 分别为材料体元的偏应变率、广义黏弹性体元的偏应变率和由微裂纹相对运动引起的附加偏应变率。

根据广义黏弹性体元由 $n$ 个 Maxwell 黏弹性单元并联而成，可以推出其偏应力率为

$$\dot{S}_{ij} = \sum_{n=1}^{N} \dot{S}_{ij}^{(n)} = \sum_{n=1}^{N} \left( 2G^{(n)} \dot{\varepsilon}'^{ve}_{ij} - \frac{S_{ij}^{(n)}}{\tau^{(n)}} \right) \tag{5-5-3}$$

式中：$\dot{S}_{ij}$，$\dot{\varepsilon}_{ij}^{\prime ve}$ 分别为广义黏弹性体元的偏应力率和偏应变率；$S_{ij}^{(n)}$，$\tau_{(n)}$，$G^{(n)}$ 分别为广义黏弹性体元中第 $n$ 个 Maxwell 黏弹性单元中的偏应力、松弛时间以及弹性组元的剪切模量。

微裂纹体的附加偏应变率与偏应力和偏应力率的关系表示为

$$2G\dot{\varepsilon}_{ij}^{\prime c} = 3\left(\frac{\bar{c}}{a}\right)^2 \frac{\dot{\bar{c}}}{a} S_{ij} + \left(\frac{\bar{c}}{a}\right)^3 \dot{S}_{ij} \tag{5-5-4}$$

式中：$\bar{c}$ 为裂纹平均尺寸；$a$ 为与裂纹初始分布相关的参数。

由式（5-5-2）~式（5-5-4）可得偏应力率计算关系：

$$\dot{S}_{ij} = \frac{2G\dot{\varepsilon}_{ij}^{\prime} - \sum\limits_{n=1}^{N} \dfrac{S_{ij}^{(n)}}{\tau_{(n)}} - 3\left(\dfrac{\bar{c}}{a}\right)^2 \dfrac{\dot{\bar{c}}}{a} S_{ij}}{1 + \left(\dfrac{\bar{c}}{a}\right)^3} \tag{5-5-5}$$

微裂纹扩展速率演化方程可表示为

$$\dot{\bar{c}} = \begin{cases} v_{\max}\left(\dfrac{\psi}{\psi_1}\right)^{\delta}, & \psi < \psi' \\[2mm] v_{\max}\left[1 - \left(\dfrac{\psi}{\psi_1}\right)^2\right], & \psi \geqslant \psi' \end{cases} \tag{5-5-6}$$

$$\psi' = \psi_0 \sqrt{1 + \frac{2}{\delta}} \tag{5-5-7}$$

$$\psi_1 = \psi_0 \sqrt{1 + \frac{2}{\delta}}\left(1 + \frac{\delta}{2}\right)^{\frac{1}{\delta}} \tag{5-5-8}$$

式中：$\psi$ 为等效应力强度因子；$\psi_0$ 为微裂纹体元中基体材料的断裂韧性；$v_{\max}$ 为微裂纹扩展的最大速度；$\delta$ 为微裂纹扩展的速度系数。

Visco-SCRAM 模型中将微裂纹面上的摩擦热作为炸药点火主要的热点机制，微裂纹面上的摩擦热点模型为

$$\frac{\partial}{\partial y}\left(\eta_f \frac{\partial T}{\partial y}\right) + \rho_f \Delta H Z \exp\left(-\frac{E_A}{RT}\right) + \mu_d p \frac{\partial v_x}{\partial y} = \rho_f C_f \dot{T}, \quad l_f \geqslant y \geqslant 0 \tag{5-5-9}$$

$$\frac{\partial}{\partial y}\left(\eta_f \frac{\partial T}{\partial y}\right) + \rho_s \Delta H Z \exp\left(-\frac{E_A}{RT}\right) = \rho_s C_s \dot{T}, \quad y > l_f \tag{5-5-10}$$

在式（5-5-9）和式（5-5-10）中，等号左边第一项代表热传导项；第二项代表由 Arrhenius 一级化学反应动力学表达式所描述的材料含能成分在每单位体积内的生热；第三项代表微裂纹内部的摩擦生热项。等号右边表示储存在热点影响区域中的每单位体积上的热量。式中，$T$ 为绝对温度，K；$\eta_f$ 为材料的热传导系数，$m/(kg \cdot s^{-3} \cdot K)$；$C_f$ 为材料热容，$J/(kg \cdot K)$；$\mu_d$ 为动摩擦系数；$\partial v_x/\partial y$ 为平行于裂纹面的粒子速度在垂直于裂纹面方向上的梯度，近似为宏观有限单元的最大剪应变率；$\rho_f$ 为材料的质量密度，$kg/m^3$；$\Delta H$ 为爆热，$J/kg$；$Z$ 为指前因子，$1/s$；$E_A$ 为 Arrhenius 活化能，$J/mole$；$R$ 为普适气体常数，$J/(K \cdot mol)$；$l_f$ 为微裂纹面一侧的厚度；角标 f 表示裂纹摩擦热点周围物质处于液相，角标 s 表示部分物质处于固相。

基于 SCRAM 模型而建立的系列模型从材料细观变形机制出发，能够考虑炸药的宏观力学变形、损伤、失效行为，同时能够描述炸药内部微裂纹缺陷的演化、摩擦生热、点火、燃烧等响应，兼顾了宏观和微观两个尺度，对于研究 PBX 炸药的动态复杂热力化学耦合响应问题具有重要价值。

## 5.6　燃烧转爆轰

燃烧和爆轰是两个本质不同的过程。燃烧过程的传播是以热传导、热辐射及燃烧气体扩散方式来实现的，而爆轰过程的传播则是借助于沿装药传播的爆轰波对未爆炸药的冲击压缩作用来实现的。但是，事物在一定条件下可以相互转化。炸药的燃烧在一定条件下可以在未反应炸药当中形成冲击波并进而转为爆轰。这个转化的最重要条件是燃烧的失稳和加速，并在未反应炸药中形成冲击波。据此，主要的转化条件如下。

（1）单位体积炸药中燃烧面积的迅速扩大，如炸药及推进剂在高速物质碰击或冲击波压缩作用下大规模地粉碎，或形成大量新的裂纹，从而导致燃烧比表面积骤然扩大，燃烧失稳，形成爆燃并在燃烧气体产物不能及时排除的条件下，使燃烧区压力急增，燃速进一步加快，形成恶性循环，最后转化为爆轰。

（2）炸药及推进剂在燃烧时存在包封或外壳，在此条件下燃烧产物不能扩散或不容易扩散，燃烧区压力将迅速提高以致在相邻的未反应炸药中形成冲击波，进而可以转化为爆轰。因此，包封存在是燃烧转化为爆轰的最重要条件之一。

（3）在燃烧波阵面前方炸药中存在着在冲击下容易形成热点的物理结构及容易发生爆炸分解的物质。

上述三个条件中最为重要的是前两个条件。而这两个条件的具体表现为：燃烧生成气体产物的速度与从燃烧区排出气体的速度两者之间相互比较，如果前者大于后者，燃烧反应区的压力就会逐渐增大，燃烧速度不断加快，燃烧失稳形成爆燃状态；与此同时，在燃烧波阵面前传播的压缩扰动就可汇聚形成冲击波，最后导致爆轰的发生。因此，可以把燃烧转化为爆轰的临界条件写成

$$u_{\mathrm{f}} \geqslant u_{\mathrm{e}} \qquad (5-6-1)$$

式中：$u_{\mathrm{f}}$ 为燃烧气体产物的产生速度，它实际等于燃烧反应的速度，以 g/（cm² · s）为单位；$u_{\mathrm{e}}$ 为单位时间、单位面积上排出气体的速度。显然，取等号为保持稳定燃烧的极限条件。

根据对熔铸炸药 DDT（滴滴涕）问题的实验观察，认为燃烧到爆轰的转化过程大致可分为三个阶段：①燃烧波阵面后产物压力迅速提高，进而造成压缩波向未反应炸药的传播；②火焰波阵面前方压缩波扰动追赶聚集，从而在未反应炸药内的某一距离处形成具有一定强度的冲击波；③冲击波引爆未反应炸药的阶段，即 SDT 阶段。

## 5.7　炸药的静电感度

绝大多数炸药都是绝缘物质，其比电阻在 $10^{12}$ Ω/cm 以上，所以炸药之间的摩擦很容易

产生静电，而且容易形成高电压。炸药和其他物体摩擦也同样会产生静电。这种静电电压高、能量大，在适当条件下就会放电，产生电火花。电火花能量足够大时，就可以引燃或引爆炸药。如果在电火花附近有可燃气体，那就很容易点燃，造成事故。静电是火炸药工厂及弹药装药厂，尤其是火工品厂和火药厂发生事故的重要原因之一。因此很有必要对炸药的静电感度进行研究。

炸药的静电感度包括两个方面的研究内容：一是炸药在摩擦时产生静电的难易程度；二是在静电放电火花作用下炸药发生爆炸的难易程度。

### 5.7.1 炸药的摩擦生电

炸药摩擦生电的难易程度可以通过测量炸药摩擦后所带的静电量来判断。静电量 $Q$ 的大小取决于系统的电容和电压：

$$Q = CU \qquad (5-7-1)$$

式中：$C$ 为电容；$U$ 为电压。

静电测量装置如图 5.7.1 所示。炸药从金属板 1 上滑下，进入金属容器 2，此时在静电电位计上读得静电电压。炸药和金属容器间本来就存在一个电容 $C_1$，所以系统总电容 $C = C_1 + C_2$。$C_2$ 是已知的外加电容，而 $C_1$ 是需要实验测定的。

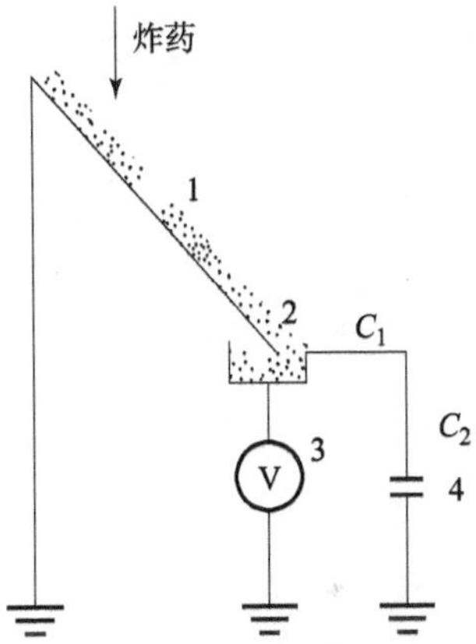

测定的方法是：先不加电容 $C_2$，测得电压 $U_1$，再加上电容 $C_2$，测得电压 $U_2$。不加 $C_2$ 时，电量 $Q_1 = C_1 U_1$；加上 $C_2$ 时，电量 $Q_2 = (C_1 + C_2) U_2$。因为电量是相同的，即 $Q_1 = Q_2$，所以

$$C_1 U_1 = (C_1 + C_2) U_2$$

即

$$C_1 = \frac{C_2 U_2}{U_1 - U_2} \qquad (5-7-2)$$

**图 5.7.1 静电测量装置**
1—金属板；2—金属容器；
3—静电电位计；4—外加电容

静电的极性可用如下方法判断：用绸子和玻璃棒摩擦，然后使玻璃棒与容器中的炸药接触。如果玻璃棒电位降低，则说明炸药带负电，因为玻璃棒带的是正电，所以和带负电的物体接触，它的电位才会降低。

### 5.7.2 炸药对电火花的感度

炸药的电火花感度用着火率表示。所谓着火率，是在某一固定外界电火花的能量作用下进行 20 次实验时发生着火的百分数。电火花感度实验是用一个电容器对炸药进行高压放电。将 $(20 \pm 2)\,mg$ 的试样放在放电回路的针与板电极间隙之间，电容器通过高压电源充电后切断电源，接通放电回路。电容放电时，在针与板电极间隙之间产生放电火花并作用于被测试样。观察试样发火与否。炸药的分解、燃烧或爆炸采用毛细管测压法测出。用上下法计算 50% 发火电压 $V_{50}$ 及 50% 发火能 $E_{50}$。

$$E_{50} = \frac{1}{2}CU_{50}^2 \qquad\qquad (5-7-3)$$

式中：$E_{50}$ 为 50% 发火能，J；$U_{50}$ 为 50% 发火电压，V；$C$ 为总电容值，F；可根据需要选择。

实验时，上下针距在 0～3 mm 内调节，对于低感度高能炸药，针距为 0.5 mm，放电电容为 30 500 pF。

炸药粒度、密度、放电极距、电容器型号规格、放电针尖端曲率和转换开关的能量损耗等因素都会直接或间接影响电火花能量的计算结果与发火率的大小。因此，为了比较各种炸药对电火花的相对感度，必须严格控制上述条件的一致性。

# 第6章

# 爆轰波参数计算

根据质量、动量、能量守恒所得的三个关系式中的五个待求波后参数 $u$, $D$, $p$, $v$, $e$, 在前面章节中讨论了 C-J 点的性质和条件, 这样, 对于 C-J 爆轰共有四个方程。如果知道介质的状态方程, 就有了封闭的方程组, 从而可以求解爆轰波阵面上的五个参数。前四个方程对任何介质都是普遍适用的, 而状态方程对不同介质是不同的, 因此求解爆轰波参数的关键在于确定介质的状态方程。

## 6.1 气相爆轰波参数的近似计算

气相爆轰波的爆轰压一般不超过几百万帕（斯卡）的量级, 因此其产物可与原始爆炸物一样被视为多方气体, 并近似地认为爆轰前后的绝热指数 $k$ 值相等。于是有

$$p = A(S)\rho^k \qquad (6-1-1)$$

$$\frac{pv}{k-1} - \frac{p_0 v_0}{k-1} = \frac{1}{2}(p+p_0)(v_0-v) + q_v \qquad (6-1-2)$$

根据质量和动量守恒关系导出的方程仍然不变, 即

$$p - p_0 = \frac{D^2}{v_0^2}(v_0 - v) \qquad (6-1-3)$$

$$u = (v_0 - v)\sqrt{\frac{p-p_0}{v_0-v}} \qquad (6-1-4)$$

将式 (6-1-2) 与式 (6-1-3) 联立消去 $v$, 得

$$\frac{v_0}{2D}\frac{k+1}{k-1}(p-p_0)^2 + \left[\frac{kp_0 v_0}{(k-1)D} - \frac{D}{k-1}\right](p-p_0) + \frac{D}{v_0}q_v = 0 \qquad (6-1-5)$$

解此 $(p-p_0)$ 的二次方程, 得

$$p - p_0 = \frac{k-1}{k+1}\frac{D}{v_0}\left\{\left(\frac{D}{k-1} - \frac{k}{k-1}\cdot\frac{p_0 v_0}{D}\right) \pm \sqrt{\left[\frac{kp_0 v_0}{(k-1)D} - \frac{D}{k-1}\right]^2 - \frac{2(k+1)}{k-1}q_v}\right\}$$

$$(6-1-6)$$

根据不同的条件可由式 (6-1-6) 得到 C-J 爆轰、强爆轰和弱爆轰的解。下面分别对此进行讨论, 并以下标 J 表示 C-J 爆轰, 下标 S 表示强爆轰, 下标 W 表示弱爆轰。

### 6.1.1 C-J 爆轰波参数关系式

当式 (6-1-6) 右端的根式为零时得唯一解, 对应于 C-J 爆轰, 并得到

$$p_J = p_0 + \frac{\rho_0 D_J^2}{k+1}\left(1 - \frac{c_0^2}{D_J^2}\right) \tag{6-1-7}$$

$$\left[\frac{kp_0 v_0}{(k-1)D_J} - \frac{D_J}{k-1}\right]^2 = \frac{2(k+1)}{k-1}q_v \tag{6-1-8}$$

式中：$c_0^2 = kp_0 v_0$，为原始炸药中的声速。

将式（6-1-7）代入式（6-1-3），得

$$v_0 - v_J = \frac{v_0}{k+1}\left(1 - \frac{c_0^2}{D_J^2}\right) \tag{6-1-9}$$

将式（6-1-7）和式（6-1-9）代入式（6-1-4），得

$$u_J = \frac{D_J}{k+1}\left(1 - \frac{c_0^2}{D_J^2}\right) \tag{6-1-10}$$

计算表明，当 $p_J > 10p_0$ 时（一般情况下都可达到这一量级）可以忽略 $p_0$，从而使计算大大简化，此时由式（6-1-7）~式（6-1-10）可以分别得到

$$p_J = \frac{\rho_0 D_J^2}{k+1} \tag{6-1-11}$$

$$D_J = \sqrt{2(k^2-1)q_v} \tag{6-1-12}$$

$$\rho_J = \frac{k+1}{k}\rho_0 \tag{6-1-13}$$

$$u_J = \frac{1}{k+1}D_J \tag{6-1-14}$$

另外，根据 C-J 条件可得

$$c_J = D_J - u_J = \frac{k}{k+1}D_J \tag{6-1-15}$$

根据状态方程

$$pv = \frac{R}{M}T$$

可得

$$T_J = \frac{M_J}{R} \cdot \frac{kD_J^2}{(k+1)^2} = \frac{2kM_J(k-1)}{R(k+1)}q_v \tag{6-1-16}$$

式中：$M_J$ 为 C-J 爆轰产物的平均分子量；$R$ 为普适气体常数；$T_J$ 为爆轰波阵面的温度。

### 6.1.2 强爆轰波参数关系式

当式（6-1-6）右端的根式前取"+"号时即得强爆轰的解。忽略 $p_0$ 时将式（6-1-12）代入式（6-1-6），整理后可得

$$p_S = \frac{\rho_0 D_S^2}{k+1}\left(1 + \sqrt{1 - \frac{D_J^2}{D_S^2}}\right) \tag{6-1-17}$$

令

$$Z = \sqrt{1 - \frac{D_J^2}{D_S^2}} \qquad (6-1-18)$$

则

$$D_S = \frac{D_J}{\sqrt{1-Z^2}} \qquad (6-1-19)$$

$$p_S = \frac{\rho_0 D_J^2}{k+1} \cdot \frac{1}{1-Z} = \frac{p_J}{1-Z} \qquad (6-1-20)$$

式中：$Z$ 表示爆轰偏离 C - J 爆轰的程度，其值为 $0 \leqslant Z \leqslant 1$。当 $Z = 0$ 时即为 C - J 爆轰，$Z = 1$ 时为瞬时爆轰。

根据动量守恒方程 $p = \rho_0 D u$，得

$$u_S = \frac{D_J}{k+1} \sqrt{\frac{1+Z}{1-Z}} = u_J \sqrt{\frac{1+Z}{1-Z}} \qquad (6-1-21)$$

由质量守恒方程 $\rho_0 D = \rho(D-u)$ 得

$$\rho_S = \rho_J \frac{1}{1 - \dfrac{Z}{k}} \qquad (6-1-22)$$

将 $p_S$、$\rho_S$ 代入 $c_S^2 = k \dfrac{p_S}{\rho_S}$ 可得

$$c_S = c_J \sqrt{\frac{1 - Z/k}{1-Z}} \qquad (6-1-23)$$

根据产物状态方程 $T = \dfrac{M}{R} pv$，得

$$T_S = \frac{M}{R} \cdot \frac{p_J}{1-Z} \cdot \frac{1-Z/k}{p_J} = \frac{2(k-Z)M_S(k-1)q_v}{\hat{R}(k+1)(1-Z)} \qquad (6-1-24)$$

式（6-1-19）~式（6-1-24）表明了强爆轰的各种参数与 C - J 爆轰参数的关系。

### 6.1.3　弱爆轰波参数关系式

当式（6-1-6）右端的根式前取 " - " 号时，即得弱爆轰的解。经过类似于 6.1.2 节中的推导，得到

$$p_W = \frac{\rho_0 D_J^2}{k+1} \cdot \frac{1}{1+Z} = \frac{p_J}{1+Z} \qquad (6-1-25)$$

$$\rho_W = \rho_J \cdot \frac{1}{1 + Z/k} \qquad (6-1-26)$$

$$u_W = u_J \sqrt{\frac{1-Z}{1+Z}} \qquad (6-1-27)$$

$$c_W = c_J \sqrt{\frac{1 + Z/k}{1+Z}} \qquad (6-1-28)$$

$$T_W = \frac{2(k+Z)M_W(k-1)q_W}{\hat{R}(1+Z)(k+1)} \qquad (6-1-29)$$

### 6.1.4 瞬时爆轰关系式

瞬时爆轰是弱爆轰在 $Z \to 1$ 时的极限情况，其爆速无限大而爆压为有限值。

根据弱爆轰波参数关系式可得瞬时爆轰的如下关系式

$$\begin{cases} \bar{p} = \frac{1}{2}p_J \\ \bar{\rho} = \rho_0 \\ \bar{u} = 0 \end{cases} \qquad (6-1-30)$$

$$\bar{c} = D_J \sqrt{\frac{k}{2(k+1)}} \qquad (6-1-31)$$

式（6-1-30）中各式的左端代表瞬时爆轰的参数。由式（6-1-30）可见瞬时爆轰时密度不变，所以又叫定容爆轰。

实际上瞬时爆轰只是工程上作近似处理时采用的一种假设情况，而强爆轰和弱爆轰都是不稳定的，通常所说的炸药爆轰波参数系指 C-J 爆轰波参数。

### 6.1.5 气相 C-J 爆轰波参数近似计算举例

设已知爆轰反应方程式为

$$C_2H_2 + 2O_2 + 8N_2 \longrightarrow H_2O + CO_2 + CO + 8N_2$$

$k_J = 1.28$，求 C-J 爆轰波参数。

**【解】**

（1）按盖斯定律计算 $q_v$

$$q_v = (242 + 393.5 + 110 + 229.7) \times 1\,000/314$$
$$\approx 3\,105.73\,(kJ/kg)$$

（2）计算 $M_J$

$$M_J = \frac{18 + 28 + 44 + 8 \times 28}{11} \approx 28.55$$

（3）计算 $T_J$

$$T_J = \frac{2 \times 1.28 \times 28.55 \times 0.28 \times 3\,105.73}{8.314 \times 2.28}$$
$$\approx 3\,353\ (K)$$

（4）计算其他参数

$$D_J = \sqrt{2 \times (1.28^2 - 1) \times 3\,105\,730}$$
$$\approx 1\,991\,(m/s)$$

$$\rho_0 = 314/(11 \times 22\,400) \approx 1.274 \times 10^{-3}\,(g/cm^3)$$

$$\rho_J = \frac{2.28}{1.28} \times 1.275 \times 10^{-3}$$

$$\approx 2.271 \times 10^{-3} \ (g/cm^3)$$

$$p_J = 22.17 \times 10^5 (Pa)$$

$$u_J = \frac{1\ 991}{2.28} \approx 873 (m/s)$$

$$c_J = 1\ 991 - 873 = 1\ 118 (m/s)$$

表 6.1.1 列出了柔格计算的某些混合气体的 C - J 爆速和其他参数的结果。

表 6.1.1　某些混合气体的爆轰参数

| 气体混合物 | $T_J/K$ | $\rho_J/\rho_0$ | $p_J/p_0$ | 爆速 $D/(m \cdot s^{-1})$ | |
|---|---|---|---|---|---|
| | | | | 计算值 | 实测值 |
| $2H_2 + O_2$ | 3 960 | 1.88 | 17.5 | 2 630 | 2 819 |
| $CH_4 + 2O_2$ | 4 080 | 1.90 | 27.4 | 2 220 | 2 257 |
| $2C_2H_2 + 5O_2$ | 5 570 | 1.84 | 54.5 | 3 090 | 2 961 |
| $(2H_2 + O_2) + 5O_2$ | 2 600 | 1.79 | 14.4 | 1 690 | 1 700 |

对掺入其他气体的爆鸣气体做了类似的计算,同时也考虑了爆轰产物在爆轰温度下发生分解的程度。其数据见表 6.1.2。

表 6.1.2　含有各种掺合物的爆鸣气体之爆轰参数

| 气体混合物 | $p_J/p_0$ | $\rho_0/\rho_J$ | $u_J$ $/(m \cdot s^{-1})$ | $T_J/K$ | 计算的 $D/(m \cdot s^{-1})$ | | 实测的 $D$ $/(m \cdot s^{-1})$ |
|---|---|---|---|---|---|---|---|
| | | | | | 未考虑解离 | 考虑解离 | |
| $2H_2 + O_2$ | 18.05 | 0.564 | 1 225 | 3 583 | 3 278 | 2 806 | 2 819 |
| $2H_2 + O_2 + N_2$ | 17.37 | 0.562 | 1 040 | 3 367 | 2 712 | 2 378 | 2 409 |
| $2H_2 + O_2 + 3N_2$ | 15.63 | 0.572 | 870 | 3 003 | 2 194 | 2 033 | 2 055 |
| $2H_2 + O_2 + 5N_2$ | 14.39 | 0.570 | 797 | 2 685 | 1 927 | 1 850 | 1 822 |
| $2H_2 + O_2 + O_2$ | 17.40 | 0.560 | 1 013 | 3 390 | 2 630 | 2 302 | 2 319 |
| $2H_2 + O_2 + 3O_2$ | 15.30 | 0.575 | 818 | 2 970 | 2 092 | 1 925 | 1 922 |
| $2H_2 + O_2 + 2H_2$ | 17.25 | 0.564 | 1 465 | 3 314 | 3 650 | 3 627 | 3 527 |
| $2H_2 + O_2 + 4H_2$ | 15.97 | 0.562 | 1 590 | 2 976 | 3 769 | 3 749 | 3 532 |
| $2H_2 + O_2 + 1.5Ar$ | 17.60 | 0.580 | 890 | 3 412 | 2 500 | 2 117 | 1 950 |
| $2H_2 + O_2 + 3Ar$ | 17.11 | 0.587 | 788 | 3 265 | 2 210 | 1 907 | 1 800 |

表 6.1.2 中的数据表明,所掺气体的性质对混合气体的爆速有很大影响。

## 6.2 气相C-J爆轰波参数的精确计算

### 6.2.1 C-J爆轰波参数的计算式

欲要比较精确地计算 C-J 爆轰波参数,必须考虑爆轰产物的组成对其绝热指数 $k_J$ 的影响。在这种情况下,爆轰波雨贡纽方程的形式应为

$$\frac{p_J v_J}{k_J - 1} - \frac{p_0 v_0}{k_0 - 1} = \frac{1}{2}(p_J + p_0)(v_0 - v_J) + q_v \qquad (6-2-1)$$

理想气体的等熵方程 (6-1-1) 仍然适用。

再利用 C-J 条件

$$\frac{p_J - p_0}{v_0 - v_J} = -\left(\frac{\mathrm{d}p}{\mathrm{d}v}\right)_{s,J}$$

得

$$\frac{p_J - p_0}{v_0 - v_J} = k_J \frac{p_J}{v_J} \qquad (6-2-2)$$

移项整理得到

$$\frac{v_0}{v_J} = \frac{\rho_J}{\rho_0} = \frac{k_J + 1}{k_J} - \frac{p_0}{k_J p_J} \qquad (6-2-3)$$

将理想气体状态方程式用于原始气体炸药和爆轰产物,可得

$$\frac{v_0}{v_J} = \frac{\rho_J}{\rho_0} = \frac{M_J}{M_0} \cdot \frac{T_0}{T_J} \cdot \frac{p_J}{p_0} \qquad (6-2-4)$$

将式 (6-2-4) 代入式 (6-2-3) 消去 $\rho_J/\rho_0$ 后得到

$$k_J \frac{M_J}{M_0} \cdot \frac{T_0}{T_J}\left(\frac{p_J}{p_0}\right)^2 - (k_J + 1)\left(\frac{p_J}{p_0}\right) + 1 = 0 \qquad (6-2-5)$$

解此 $(p_J/p_0)$ 的二次方程得

$$\frac{p_J}{p_0} = \frac{(k_J + 1) \pm \sqrt{(k_J + 1)^2 - 4k_J \frac{M_J}{M_0} \cdot \frac{T_0}{T_J}}}{2k_J \cdot \frac{M_J}{M_0} \cdot \frac{T_0}{T_J}} \qquad (6-2-6)$$

式中:正号对应于 C-J 爆轰波后的状态,负号对应于 C-J 燃烧波后的状态。将式 (6-2-6) 代入式 (6-2-3) 得

$$\frac{\rho_J}{\rho_0} = \frac{(k_J + 1) \pm \sqrt{(k_J + 1)^2 - 4k_J \frac{M_J}{M_0} \cdot \frac{T_0}{T_J}}}{2k_J} \qquad (6-2-7)$$

式 (6-2-1) 各项除以 $p_0 v_0$ 后再将式 (6-2-6) 与式 (6-2-7) 代入,则可得到 $T_J/T_0$ 的复杂函数表达式

$$\frac{T_J}{T_0} = f(k_J, k_0, M_0, M_J, p_0, \rho_0) \qquad (6-2-8)$$

运用式（6-2-6）~式（6-2-8）和以下两式

$$D_J = v_0 \sqrt{\frac{p_J - p_0}{v_0 - v_J}} \qquad (6-2-9)$$

$$u_J = (v_0 - v_J) \sqrt{\frac{p_J - p_0}{v_0 - v_J}} \qquad (6-2-10)$$

便可计算出爆轰波 C-J 面处的五个参数 $p_J$、$\rho_J$、$T_J$、$D_J$、$u_J$ 的值。但是从式（6-2-6）~式（6-2-8）可以看出，在计算参数 $p_J$、$\rho_J$、$T_J$ 时必须知道 $k_J$、$M_J$ 及 $q_v$ 等参数，而这些参数又决定于 C-J 面处爆轰产物的具体组成，爆轰产物的组成又与爆轰波的温度 $T_J$ 和爆轰波的压力 $p_J$ 有关。因此，爆轰波的动力学参数 $p_J$、$D_J$、$u_J$ 的计算必须与爆轰波的热力学参数 $k_J$、$M_J$、$q_v$、$T_J$ 以及爆轰产物的组成的计算交织在一起进行。

## 6.2.2 气体爆轰产物具体组成及热力学参数的计算

在进行这种计算时还需要强调以前已经提到过的有关假设条件：①在爆轰波 C-J 面处，爆轰产物间的化学反应达到平衡；②爆轰产物遵循理想气体状态方程；③爆轰过程是绝热的。这几点假设与实际情况之间不会形成明显的偏差。

**1. 爆轰产物间的二次平衡反应**

炸药爆轰瞬间，爆轰产物之间存在着可逆的二次反应，这些反应达到平衡的情况对爆轰产物的组成有着重要的影响。

考察理想气体的如下可逆化学反应

$$aA + bB \rightleftharpoons gG + hH$$

此反应的平衡常数 $K$ 可用各组分的分压 $p_i$ 表示如下：

$$K = \frac{p_G \cdot p_H}{p_A \cdot p_B} \qquad (6-2-11)$$

各类反应的 $K$ 可通过标准生成自由能进行计算，即

$$\ln K = -\frac{\Delta G^0}{RT}$$

$$= -\left\{ \left[ \sum \left( \frac{G^0}{RT} \right)_i \right]_{产物} - \left[ \sum \left( \frac{G^0}{RT} \right)_i \right]_{反应物} \right\} \qquad (6-2-12)$$

表 6.2.1 给出了某些爆轰产物的自由能函数（$G^0/RT$）。

**表 6.2.1 某些爆轰产物的自由能函数 （$G^0/RT$）**

| $T/K$ | $CO_2$ | $CO$ | $H_2O$ | $H_2$ | C（固） | $NH_3$ | $N_2$ | $CH_4$ | H | O |
|---|---|---|---|---|---|---|---|---|---|---|
| 1 000 | -75.69 | -38.88 | -53.94 | -17.49 | -1.552 | -31.70 | -24.95 | -34.17 | | |
| 1 400 | -63.66 | -36.03 | 046.77 | 018.39 | -2.064 | -31.44 | -25.97 | -33.38 | | |
| 1 500 | -61.74 | -35.61 | -45.66 | -18.59 | -2.190 | -31.49 | -26.20 | -33.38 | | |
| 1 600 | -60.09 | -35.26 | -44.70 | -18.78 | -2.312 | -31.57 | -26.43 | -33.41 | +0.435 | -2.84 |
| 1 800 | -57.42 | -34.72 | -43.17 | -19.14 | -2.454 | -31.79 | -26.84 | -33.59 | | |
| 2 000 | -55.36 | -34.34 | -42.00 | -19.47 | -2.764 | -32.06 | -27.24 | -33.85 | -3.31 | -7.06 |
| 2 500 | -51.89 | -33.79 | -40.11 | -20.20 | -3.256 | -32.83 | -28.12 | -34.70 | | |
| 3 000 | -49.83 | -33.58 | -39.07 | -20.84 | -3.686 | -33.65 | -28.89 | -35.67 | | |
| 4 000 | -47.70 | -33.58 | -38.19 | -21.90 | -4.406 | -35.24 | -30.19 | -37.61 | -11.41 | -16.1 |
| 5 000 | -46.81 | -33.81 | -37.99 | -22.77 | -4.996 | -36.67 | -31.29 | -39.41 | -13.24 | -18.1 |

**【例 6.2.1】** 求水煤气反应 $CO_2 + H_2 \rightleftharpoons CO + H_2O$ 在 1 600 K 下的平衡常数。

$$\ln K = -\left\{\left[\left(\frac{G^0}{RT}\right)_{CO} + \left(\frac{G^0}{RT}\right)_{H_2O}\right] - \left[\left(\frac{G^0}{RT}\right)_{CO_2} + \left(\frac{G^0}{RT}\right)_{H_2}\right]\right\}$$

由表 6.2.1 查得 1 600 K 时的 $(G^0/RT)$ 如下：

$$CO_2: -60.09 \qquad CO: -35.26$$
$$H_2O: -44.70 \qquad H_2: -18.78$$

$$\ln K = -\left[(-35.26 - 44.70) - (-60.09 - 18.78)\right]$$

得 $K = 2.97$。

**2. 爆轰产物组成的配比计算**

设 1 kg 气体爆炸物的元素组成为 $C_aH_bN_cO_d$，对正氧平衡的炸药，其爆轰产物的主要成分为 $H_2O$、$CO_2$、$CO$、$N_2$、$O_2$，但爆轰瞬间还存在如下重要的二次反应：

$$H_2O \rightleftharpoons H_2 + \frac{1}{2}O_2 \quad (\text{I})$$

$$H_2O \rightleftharpoons OH + \frac{1}{2}H_2 \quad (\text{II})$$

$$C_2O + H_2 \rightleftharpoons CO + H_2O \quad (\text{III})$$

$$H_2 \rightleftharpoons 2H \quad (\text{IV})$$

$$O_2 \rightleftharpoons 2O \quad (\text{V})$$

$$N_2 \rightleftharpoons 2N \quad (\text{VI})$$

$$\frac{1}{2}N_2 + \frac{1}{2}O_2 \rightleftharpoons NO \quad (\text{VII})$$

因此，爆轰反应方程式可写为

$$C_aH_bN_cO_d \longrightarrow xCO_2 + yCO + zH_2O + fH_2 + \theta O_2 + \eta N_2 + \omega OH + lH + mO + \varphi NO + vN$$

$$(6-2-13)$$

这样，按照物料平衡原理，可得到

$$x + y = a \qquad (6-2-14)$$

$$2z + 2f + \omega + l = b \qquad (6-2-15)$$

$$2x + y + z + 2\theta + \omega + m + \varphi = d \qquad (6-2-16)$$

$$2\eta + \varphi + v = c \qquad (6-2-17)$$

$$n_J = x + y + z + f + \theta + \eta + \omega + l + m + \varphi + v \qquad (6-2-18)$$

另外，根据爆轰产物之间的二次反应（包括离解反应）达到平衡这一假定可以对上述七个二次反应写出平衡常数计算式：

对 $H_2O \rightleftharpoons H_2 + \frac{1}{2}O_2$ 有

$$K_P^{H_2O} = \left(\frac{p_J}{n}\right)^{\frac{1}{2}} \cdot \frac{f \cdot \theta^{\frac{1}{2}}}{z} \qquad (6-2-19)$$

对于 $H_2O \rightleftharpoons OH + \frac{1}{2}H_2$ 有

$$K_{\mathrm{p}}^{\mathrm{H_2O}} = \left(\frac{p_{\mathrm{J}}}{n}\right)^{1/2} \cdot \frac{\omega \cdot f^{1/2}}{z} \qquad (6-2-20)$$

对 $C_2O + H_2 \Longrightarrow CO + H_2O$ 有

$$K_{\mathrm{p}}^{\omega} = \frac{y \cdot z}{x \cdot f} \qquad (6-2-21)$$

对 $H_2 \Longrightarrow 2H$ 有

$$K_{\mathrm{p}}^{\mathrm{H_2}} = \frac{p_{\mathrm{J}}}{n} \cdot \frac{l^2}{f} \qquad (6-2-22)$$

对 $O_2 \Longrightarrow 2O$ 有

$$K_{\mathrm{p}}^{\mathrm{O_2}} = \frac{p_{\mathrm{J}}}{n} \cdot \frac{m^2}{\theta} \qquad (6-2-23)$$

对 $N_2 \Longrightarrow 2N$ 有

$$K_{\mathrm{p}}^{\mathrm{N_2}} = \frac{p_{\mathrm{J}}}{n} \cdot \frac{\eta^2}{v} \qquad (6-2-24)$$

对 $\frac{1}{2}N_2 + \frac{1}{2}O_2 \Longrightarrow NO$ 有

$$K_{\mathrm{p}}^{\mathrm{NO}} = \frac{\varphi}{\eta^{1/2} \cdot \theta^{1/2}} \qquad (6-2-25)$$

以上建立了式（6-2-14）~式（6-2-25）共 12 个方程，其中所含未知量为 $x$、$y$、$z$、$f$、$\theta$、$\eta$、$\omega$、$l$、$m$、$\varphi$、$v$、$n_{\mathrm{J}}$ 及 $p_{\mathrm{J}}$ 共 13 个，且在确定各反应的平衡常数时还需知道 $T_{\mathrm{J}}$，因此待确定的未知量共有 14 个，这就需要有 2 个方程才能求解。

由于求解的是 C-J 面处的参数，可引用根据 C-J 条件得到的关系式，即

$$\frac{v_0}{v_{\mathrm{J}}} = \frac{(k_{\mathrm{J}}+1)p_{\mathrm{J}} - p_0}{k_{\mathrm{J}} p_{\mathrm{J}}} \qquad (6-2-26)$$

根据假设（B），还可利用由理想气体状态方程得到的以下公式：

$$\frac{v_0}{v_{\mathrm{J}}} = \frac{p_{\mathrm{J}}}{p_0} \cdot \frac{M_{\mathrm{J}}}{M_0} \cdot \frac{T_0}{T_{\mathrm{J}}} = \frac{p_{\mathrm{J}} \cdot n_0 \cdot T_0}{p_0 \cdot n_{\mathrm{J}} \cdot T_{\mathrm{J}}} \qquad (6-2-27)$$

式中：$n_0 = 1\,000/M_0$，$n_{\mathrm{J}} = 1\,000/M_{\mathrm{J}}$ 分别表示 1 kg 气体炸药的摩尔数及 C-J 面处爆轰产物的摩尔数。

将式（6-2-26）和式（6-2-27）联立求解，并略去根号前的负号（因为此处考虑的是爆轰，不是燃烧），得

$$\frac{p_{\mathrm{J}}}{n_{\mathrm{J}}} = \frac{p_0}{2n_0} \cdot \frac{k_{\mathrm{J}}+1}{k_{\mathrm{J}}} \cdot \frac{T_{\mathrm{J}}}{T_0} \cdot \left[1 + \sqrt{1 - \frac{4k_{\mathrm{J}}}{(k_{\mathrm{J}}+1)^2} \cdot \frac{n_0}{n_{\mathrm{J}}} \cdot \frac{T_0}{T_{\mathrm{J}}}}\right] \qquad (6-2-28)$$

有了以上的封闭方程组便可在电子计算机上进行迭代计算。

计算开始时可首先假设一个 $T_{\mathrm{J}}$ 值和一个 $p_{\mathrm{J}}$ 值，由此出发计算产物的组成 $n_i$，$n_{\mathrm{J}}$ 及 $k_{\mathrm{J}}$，$M_{\mathrm{J}}$，代入式（6-2-28），计算出的 $p_{\mathrm{J}}$ 若与假设值不符，需要重新假设。最后根据能量方程检验所设 $T_{\mathrm{J}}$ 是否正确。若正确，则假设值为所求，否则需要重复上述过程。

值得指出的是，上述计算中在考虑产物间的二次反应时，可以根据计算的精度要求和炸药的氧平衡性质来选取二次反应的个数与类型。若要求计算结果更精细一些，则对十分少量

的产物如 $CH_4$、$C_2N_2$、$HCN$ 等也可以加以考虑，且二次反应的个数也可以考虑更多。若希望计算能够简化一些，则可只考虑一些主要的爆轰产物成分及二次反应。它们的具体选择决定于炸药的氧平衡性质。例如对于正氧和零氧平衡的炸药即 $2a + \dfrac{b}{2} \leqslant d$，主要的二次反应为 $CO + H_2O \Longleftrightarrow CO_2 + H_2$。

对于负氧平衡炸药即 $2a + \dfrac{b}{2} \geqslant d$，主要的二次反应为

$$2CO \Longleftrightarrow CO_2 + C$$

$$CO + H_2 \Longleftrightarrow H_2O + C$$

爆轰参数的精确计算是相当繁杂的，且仅对理论研究具有意义。在工程应用上，通常采用近似计算。

## 6.3 凝聚炸药爆轰波参数计算

凝聚炸药是液态和固态炸药的统称。它较之气态炸药更便于储存、运输、成型、加工和使用。加之凝聚炸药的密度大、爆速高，爆轰压力大，可以获得很高的能量密度和良好的爆炸效应，因此在军事和民用上得到广泛应用。

凝聚炸药爆轰波参数的理论预告仍然基于爆轰波的流体力学理论，即爆轰波的质量、动量和能量守恒关系依然成立，爆速选择的柔格法则（C-J 条件）的适用性目前也为人们所接受。但是由于密度大（可达 2 $g/cm^3$ 以上，其量级与固体物质相当）、爆压高（可达数十个吉帕的量级），爆轰产物分子间相互作用势已十分明显，其热力学性质不再能为理想气体状态方程所描述，因而寻找合适的状态方程便成为首要的问题。

### 6.3.1 凝聚炸药爆轰产物的状态方程

由于凝聚炸药爆轰产物处于高温、高压状态，并且爆轰瞬间各产物分子间还进行着复杂的化学动力学过程，难以从理论上建立其状态方程式，因此凝聚炸药爆轰产物的状态方程通常是经验或半经验的。

实际上，人们在大量的理论探索和实验研究工作中提出过多种多样的状态方程式，并用它们对凝聚炸药的爆轰参数进行了计算，获得了与实验数据符合程度不同的结果。这里将介绍三种使用得较为广泛的状态方程式。

**1. 常 $\gamma$ 状态方程**

这是一种最简单的状态方程，其具体形式为

$$e(p, v, \lambda) = \frac{pv}{\gamma - 1} - \lambda q_v \qquad (6-3-1)$$

式中：$\gamma$ 为常数，且定义为

$$\gamma = \left( \frac{\partial \ln p}{\partial \ln \rho} \right)_s = -\frac{v}{p} \left( \frac{\partial p}{\partial v} \right)_s \qquad (6-3-2)$$

采用式（6-3-1）形式的状态方程时，其等熵方程为 $p = Av^{-\gamma}$（$\gamma$ 称为等熵指数）。对

于理想气体，等熵方程为 $p = Av^{-k}$，则

$$\left(\frac{\partial \ln p}{\partial \ln \rho}\right)_S = \gamma \tag{6-3-3}$$

式（6-3-3）为定义式（6-3-2）的一个特例。采用常 $\gamma$ 状态方程，并且忽略 $p_0$ 以后，波速方程变为

$$D_J = v_0 \sqrt{\frac{p_J}{v_0 - v_J}} \tag{6-3-4}$$

雨贡纽方程变为

$$\frac{p_J v_J}{\gamma - 1} = \frac{1}{2} p_J (v_0 - v_J) + q_v \tag{6-3-5}$$

C-J 条件式变为

$$\frac{p_J}{v_0 - v_J} = \gamma \frac{p_J}{v_J} \tag{6-3-6}$$

将式（6-3-6）稍加变化，得到

$$v_J = \frac{\gamma}{\gamma + 1} v_0 \text{ 或 } \rho_J = \frac{\gamma + 1}{\gamma} \rho_0 \tag{6-3-7}$$

将式（6-3-7）代入式（6-3-4），可得

$$p_J = \frac{\rho_0 D_J^2}{\gamma + 1} \tag{6-3-8}$$

将式（6-3-7）及式（6-3-8）代入式（6-3-5），可得

$$D_J = \sqrt{2(\gamma^2 - 1) q_v} \tag{6-3-9}$$

将式（6-3-7）及式（6-3-8）代入式（6-3-4），并忽略 $p_0$，得

$$u_J = \frac{D_J}{\gamma + 1} \tag{6-3-10}$$

根据 $u_J + C = D_J$ 得

$$C_J = \frac{\gamma}{\gamma + 1} D_J$$

对于高密度高能炸药的爆轰产物，通常可取 $\gamma = 3$，此时则有

$$\rho_J = \frac{4}{3} \rho_0, \quad p_J = \frac{\rho_0 D_J^2}{4},$$

$$D_J = 4\sqrt{q_v}, \quad u_J = \frac{D_J}{4}$$

常 $\gamma$ 状态方程是一种不完全状态方程，它未考虑分子热运动（温度）对内能和压力的贡献，方程中不含温度项，因此无法计算爆温 $T_J$。此外，式（6-3-9）未考虑密度对爆速的影响，这与实际偏离较大。

式（6-3-7）~式（6-3-10）与气体爆轰波参数的近似计算式（6-1-9）~式（6-1-12）完全类似，除式（6-3-9）外，其他式子常为凝聚炸药爆轰参数的工程计算所采用（且通常取 $\gamma = 3$）。

### 2. JWL 状态方程

JWL（Jones – Wilkins – Lee）状态方程的压力形式为

$$p = A\left(1 - \frac{\omega}{R_1 V}\right)e^{-R_1 V} + B\left(1 - \frac{\omega}{R_2 V}\right)e^{-R_2 V} + \frac{\omega E}{V} \tag{6-3-11}$$

过 C – J 点的等熵方程为

$$p_S = Ae^{-R_1 V} + Be^{-R_2 V} + CV^{-(\omega+1)} \tag{6-3-12}$$

式中：$A$，$B$ 和 $C$ 为直线系数；$R_1$，$R_2$ 和 $\omega$ 为非直线系数；$E$ 为内能；$V = V_J/V_0$（爆轰产物的体积/未爆轰炸药的体积）。

$A$、$B$、$C$、$R_1$、$R_2$、$\omega$ 均为常数，它们由圆筒试验标定得到。圆筒试验是在一个铜制圆筒内装上某种被测炸药，在炸药的一端起爆，圆筒壁在爆轰产物的压力作用下发生膨胀，膨胀过程用超高速扫描摄影机记录下来。另外，圆筒半径随时间的变化可采用二维流体力学程序进行模拟，如果方程中的系数选择适当，计算结果可与试验符合。

JWL 状态方程精确地描述了在爆炸加速金属的应用中爆轰产物的压力 – 体积 – 能量特性。此状态方程已广泛用于 $p_J$，$D_J$ 和 $E_0$ 的实际计算。常用炸药的 C – J 参数及 JWL 状态方程参数列于表 6.3.1 中。

**表 6.3.1 常用炸药的 C – J 参数及 JWL 状态方程参数**

| 炸药 | C – J 参数 | | | $A$ /(100 GPa) | $B$ /(100 GPa) | $C$ /(100 GPa) | $R_1$ | $R_2$ | $\omega$ |
| --- | --- | --- | --- | --- | --- | --- | --- | --- | --- |
| | $\rho_0$ /(g·cm$^{-3}$) | $p$ /(100 GPa) | $D$ /(cm·μs$^{-1}$) | | | | | | |
| 奥克托今（HMX） | 1.891 | 0.420* | 0.911 | 7.783 | 0.070 71 | 0.006 43 | 4.20 | 1.00 | 0.30 |
| 梯恩梯（TNT） | 1.630 | 0.210 | 0.693 | 3.738 | 0.037 47 | 0.007 34 | 4.15 | 0.90 | 0.35 |
| 太恩（PETN） | 1.770 | 0.335 | 0.830 | 6.170 | 0.169 26 | 0.006 99 | 4.40 | 1.20 | 0.25 |
| | 1.500 | 0.220 | 0.745 | 6.253 | 0.232 90 | 0.011 52 | 5.25 | 1.60 | 0.28 |
| | 1.260 | 0.140 | 0.654 | 5.371 | 0.201 60 | 0.012 67 | 6.00 | 1.80 | 0.28 |
| 黑索今/梯恩梯（RDX/TNT）64/36 | 1.717 | 0.295 | 0.798 | 5.242 | 0.076 78 | 0.010 82 | 4.20 | 1.10 | 0.34 |
| 黑索今/梯恩梯（RDX/TNT）77/23 | 1.754 | 0.320 | 0.825 | 6.034 | 0.099 24 | 0.010 75 | 4.30 | 1.10 | 0.35 |
| 奥克托今/梯恩梯（HMX/TNT）78/22 | 1.821 | 0.342 | 0.848 | 7.486 | 0.133 80 | 0.011 67 | 4.50 | 1.20 | 0.38 |
| 梯恩梯/太恩（TNT/PETN）50/50 | 1.670 | 0.250* | 0.747 | 4.911 | 0.090 61 | 0.008 76 | 4.40 | 1.10 | 0.30 |

注：表中带"*"号的数据为估算值。

### 3. BKW 状态方程

1922 年德国的 Becker 首先提出如下形式的状态方程

$$\frac{pv}{RT} = 1 + Xe^{X} \tag{6-3-13}$$

式中：$X = \dfrac{K}{v}$，$K$ 为爆轰产物分子的余容。

Becker 用上述方程计算了雷汞和硝化甘油的爆速。

1941 年美国的 G. B. Kistiakowsky 和 E. B. Wilson 将上述方程修改为

$$\frac{pv}{RT} = 1 + Xe^{\beta X} \tag{6-3-14}$$

加入 $\beta$ 的目的是扩大状态方程的适应性，并且为符合一些炸药的爆速实测数据，取 $\alpha = 0.25$，$\beta = 0.3$。

1956 年美国的 R. D. Cowan 和 W. Fideett 对方程又做了进一步的修正，在 $T$ 项上增加 $\theta$，以防止温度趋近于 0 K 时，压力趋于无限大，并使 $(\partial p/\partial T)_v$ 为正值。他们发现要符合 RDX/TNT 混合炸药的实测爆速 – 密度曲线和 C – J 压力 – 密度曲线，应当取 $\alpha = 0.5$，$\beta = 0.09$，$\theta = 400$ K，则定义 $K = k\sum x_i k_i$，$x_i = \dfrac{n_i}{\sum n_i}$，其中 $k_i$ 为第 $i$ 种气体产物的摩尔余容，$x_i$ 为第 $i$ 种产物的摩尔分数，$k$ 为常数。

几种常见产物的摩尔余容见表 6.3.2。

**表 6.3.2　几种常见产物的摩尔余容**

| 产物成分 | 摩尔余容 $k_i$ | 产物成分 | 摩尔余容 $k_i$ |
|---|---|---|---|
| $CH_4$ | 528 | Al | 350 |
| CO | 390 | AlO | 800 |
| $CO_2$ | 735 | $Al_2O$ | 1 300 |
| $H_2$ | 180 | $Al_2O_3$ | 1 350 |
| $H_2O$ | 420 | C | 180 |
| $N_2$ | 380 | $C_2$ | 750 |
| NO | 386 | $H_2S$ | 680 |
| $O_2$ | 350 | $NO_2$ | 650 |

至此，得到 BKW 状态方程的完善形式：

$$\begin{cases} \dfrac{pv_g}{RT} = 1 + Xe^{\beta X} \\[2mm] X = \dfrac{k\sum x_i k_i}{v_g (T + \theta)^{\alpha}} \end{cases} \tag{6-3-15}$$

式中：$v_g$ 为气态产物的摩尔体积，$\alpha$，$\beta$，$k$ 和 $\theta$ 是根据大量实验确定的经验常数。不同科学工作者所用的参数值见表 6.3.3。

表 6.3.3　不同科学工作者所用的参数值

| 使用者 | $\alpha$ | $\beta$ | $k$ | $\theta$ |
|---|---|---|---|---|
| K - W，Brinkley | 0.25 | 0.3 | 1.0 | — |
| Cowan 和 Fideett | 0.5 | 0.09 | 11.85 | 400 |
| Mader（RDX 参数） | 0.5 | 0.16 | 10.91 | 400 |
| Mader（TNT 参数） | 0.5 | 0.96 | 12.69 | 400 |

Mader 选择的两组参数是以使计算结果符合五个被认为是高度准确的实验数据为依据。这五个实验数据是密度为 $1.8 \, g/cm^3$ 的 RDX 的爆压，密度为 $1.0 \, g/cm^3$ 和 $1.8 \, g/cm^3$ 的 RDX 的爆速，以及密度为 $1.0 \, g/cm^3$ 和 $1.64 \, g/cm^3$ 的 TNT 的爆速。Mader 发现使用一套参数不能同时满足上述五个数据，因此他选用了两套参数：一套用于产物中不含或很少含有固体炭的 RDX 及与其相类似的炸药，称为"RDX"组；另一套用于产物中含有大量固体炭的 TNT 一类的炸药，称为"TNT"组。

Mader 还对 C、H、N、O 类型的凝聚炸药的主要爆轰产物 $H_2O$、$N_2$、$CO$、$CO_2$ 的余容因子 $k_i$ 做了精确计算，发现它们与产物的分子量 $M_i$ 成正比，见表 6.3.4。

表 6.3.4　爆轰产物的 $k_i$ 与分子量 $M_i$ 的关系

| 爆轰产物 | 余容因子 $k_i$ | $k_i/M_i$ |
|---|---|---|
| $H_2O$ | 250 | 13.89 |
| $N_2$ | 380 | 13.57 |
| $CO$ | 390 | 13.93 |
| $CO_2$ | 600 | 13.64 |

因此余容项 $\sum x_i k_i$ 可用 $HM_g$ 来代替，其中 $H$ 为常数，等于 13.76，$M_g$ 为爆轰气体产物的平均摩尔质量。由于 $M_g/v_g = \rho_g$，则式（6-3-15）变为

$$\begin{cases} p = \dfrac{RT\rho_g}{M_g}(1 + Xa^{\beta x}) \\ X = kH\rho_g /(T+\theta)^{\alpha} \end{cases} \tag{6-3-16}$$

若以 $N_g$ 表示每克炸药爆轰气体产物的摩尔数，$W$ 表示转化为气体产物的炸药的质量分数，则 $W = N_g M_g$，并令 $kH = \mu$，$\beta kH = \upsilon$，则式（6-3-15）变为

$$p = \frac{N_g RT\rho_g}{W}\left\{ 1 + \frac{\mu\rho_g}{(T+\theta)^{\alpha}}\exp\left[\frac{\upsilon\rho_g}{(T+\theta)^{\alpha}}\right] \right\} \tag{6-3-17}$$

式（6-3-17）即为 Mader 所采用的 BKW 状态方程的最终形式。

计算爆轰波参数时，对爆轰产物中的炭，柯温（Cowan）按石墨的性质处理，并提出如下状态方程：

$$p = p_1(\eta) + a(\eta)T + b(\eta)T^2 \tag{6-3-18}$$

式中：

$$\eta = \rho / \rho_0$$

$$p_1(\eta) = -2.467\ 3 - 6.769\ 2\eta - 6.955\ 5\eta^2 + 3.040\ 5\eta^3 - 0.386\ 9\eta^4$$

$$a(\eta) = -0.226\ 7 + 0.271\ 27\eta$$

$$b(\eta) = 0.083\ 16 - 0.078\ 04\eta - 3 + 0.030\ 68\eta^2$$

目前许多国家广泛采用 BKW 状态方程来计算爆轰波参数，在美国已有三种普遍采用的计算机程序，即 BKW（Mader 1967 a）、RuBy（Levine 和 Sharpies，1962）和 TIGER（Cowperth - Waite 和 Zwisler，1973）。这些程序可以用来预告温度、产物组成和内能。

## 6.3.2　凝聚炸药爆轰波参数的理论计算

凝聚炸药爆轰波参数的理论计算与气态炸药爆轰波参数的理论计算一样，是与爆轰产物组成等热化学计算交织在一起进行的。现在概略地介绍 Mader 对此所做的工作。

### 1. BKW 状态方程中参数的选择

当用 BKW 状态方程来计算某种炸药的爆轰波参数时，必须首先选定用哪一套 $\alpha$、$\beta$、$K$、$\theta$ 参数。选择的准则是若气态产物的质量分数 $W_g > 0.820$，则选用 RDX 组参数，否则采用 TNT 组参数，这是因为 RDX 的 $W_g$ 值等于 0.919，TNT 的 $W_g$ 值等于 0.722，二者的平均值为 0.820。

$W_g$ 的计算是根据最大放热原则确定的反应式进行的，即炸药中的氢原子全部氧化成水，碳原子氧化成二氧化碳，其余的则以固体炭的形式存在。

$$C_a H_b N_c O_d \longrightarrow \frac{b}{2} H_2 O + \left( \frac{d}{2} - \frac{b}{4} \right) CO_2 + \left( a + \frac{b}{4} - \frac{d}{2} \right) C + \frac{c}{2} N_2$$

1 g 炸药爆轰后形成的气态产物的摩尔数 $N_g$ 及平均摩尔质量 $M_g$ 分别为

$$N_g = \frac{b + 2c + 2d}{48a + 4b + 64d + 56c} (\text{mol/g}) \tag{6-3-19}$$

$$M_g = \frac{88d + 56c - 8b}{b + 2c + 2d} (\text{g/mol}) \tag{6-3-20}$$

因此

$$W_g = N_g M_g = \frac{22d + 14c - 2b}{12a + b + 16d + 14c} \tag{6-3-21}$$

### 2. 用最小自由能法计算爆轰产物的平衡组成

Mader 等人利用 BKW 状态方程和电子计算机技术计算凝聚炸药的爆轰波参数时采用了最小自由能法来计算爆轰产物的平衡组成，而没有采用过去的平衡常数法。这里仅概略介绍其原理。

根据热力学的知识可知，任何系统达到平衡时，系统的自由能函数均为最小，由此可利用自由能函数来确定爆轰产物的平衡组成。

1）控制方程的建立及求解过程

（1）质量守恒方程。设爆轰产物中含有 $m$ 种气相组分 $n_i^g (i=1,2,\cdots,m)$；$p$ 种凝聚相组分 $n_j^c (j=1,2,\cdots,p)$；$l$ 种元素 $N_k (k=1,2,\cdots,l)$，则质量守恒方程可写为

$$\sum_{i=1}^m a_{ik} n_i^g + \sum_{j=1}^p a_{jk} n_j^c = N_k \tag{6-3-22}$$

式中：$N_k$ 为 1 kg 质量炸药中含有第 $k$ 种元素的原子数。

（2）吉布斯（Gibbs）自由能。爆轰产物总的自由能等于产物各组分自由能之和，即

$$G = \sum_{i=1}^{m} g_i n_i^g + \sum_{j=1}^{p} g_j n_j^c \qquad (6-3-23)$$

而

$$g_i = g_i^0 + \hat{R} T \ln p_i \qquad (6-3-24)$$

式中：$g_i^0$ 为 1 物理压强下，1 mol 气体的标准自由能，它只是温度的函数；$\hat{R}$ 为通用气体常数。

因为

$$\begin{cases} p_i = p \dfrac{N_i^g}{n_g} \\[3mm] p = \sum_{i=1}^{m} p_i \\[3mm] n_g = \sum_{i=1}^{m} n_i^g \end{cases} \qquad (6-3-25)$$

则式（6-3-23）可写为

$$G = \sum_{i=1}^{m} \left( g_i^0 + \hat{R} T \ln p + \hat{R} T \ln \frac{n_i^g}{n_g} \right) n_i^g + \sum_{j=1}^{p} g_j^0 n_j^c \qquad (6-3-26)$$

式（6-3-26）两边通除以 $\hat{R} T$，得

$$\frac{G}{\hat{R} T} = \sum_{i=1}^{m} \left[ \frac{(g_i^0)^g}{\hat{R} T} + \ln p + \ln \frac{n_i^g}{n_g} \right] n_i^g + \sum_{j=1}^{p} \frac{(g_j^0)^c}{\hat{R} T} n_j^c \qquad (6-3-27)$$

令

$$G(n) = \frac{G}{\hat{R} T}, \quad C_i^g = \frac{(g_i^0)^g}{\hat{R} T} + \ln p$$

而

$$\frac{(g_i^0)^g}{\hat{R} T} = \frac{1}{R} \left( \frac{n_i^0}{T} - s_i^0 \right)$$

式（6-3-27）可变为

$$G(n) = \sum_{i=1}^{m} \left( c_i^g + \ln \frac{n_i^g}{n_g} \right) n_i^g + \sum_{j=1}^{p} \frac{(g_j^0)^c}{\hat{R} T} n_j^c \qquad (6-3-28)$$

在一定的温度和压力条件下，自由能函数 $G(n)$ 只是组分摩尔数的函数，但它包含有对数函数 $\ln n_i^g$ 和 $\ln n_g$，这样的方程难于求解，一般需进行线性化处理，可采用泰勒级数展开，用一个多项式来近似地代替式（6-3-28）。

取爆轰产物组分的初值为一组正值，即

$$Y_1^g, \; Y_2^g, \; \cdots, \; Y_n^g$$

$$Y_1^c, \; Y_2^c, \; \cdots, \; Y_p^c$$

$$Y_g = \sum_{i=1}^{m} Y_i^g \qquad (6-3-29)$$

令

$$\Delta_i^g = n_i^g - Y_i^g$$

$$\Delta_j^c = n_j^c - Y_j^c$$

$$\Delta_g = n_g - Y^c \quad \text{（仅对气相组分）}$$

将式（6-3-28）在 $n = Y$（近似组分）处用多变量泰勒级数展开，忽略二阶和二阶以上微量，用函数 $Q(n)$ 来表示 $G(n)$ 的近似值，即

$$Q(n) = G(n)\bigg|_{n=Y} + \sum_{i=1}^{m} \frac{\partial G}{\partial n_i^g}\bigg|_{n=Y} \Delta_i^g + \sum_{j=1}^{p} \frac{\partial G}{\partial n_j^c}\bigg|_{n=Y} \Delta_j^c \qquad (6-3-30)$$

由方程（6-3-28）求偏导数，整理后可得

$$\frac{\partial G(n)}{\partial n_i^g} = c_i^g + \ln\left(\frac{n_i^g}{n_g}\right) \qquad (6-3-31)$$

$$\frac{\partial G(n)}{\partial n_j^c} = \frac{(g_j^0)^c}{\hat{R}T} \qquad (6-3-32)$$

将式（6-3-31）和式（6-3-32）代入式（6-3-30）中，将 $n$ 在 $Y$ 点处取值，整理后得

$$Q(n) = G(Y) + \sum_{i=1}^{m}\left(c_i^g + \ln\frac{Y_i^g}{Y_g}\right)\Delta_i^g + \sum_{j=1}^{p}\frac{(g_j^0)^c}{\hat{R}T}\Delta_j^c \qquad (6-3-33)$$

（3）求函数 $Q(n)$ 的条件极值。

在等温等压条件下，函数 $Q(n)$ 与函数 $G(n)$ 的极小值条件是一样的。所计算的平衡组分的摩尔数，除了使函数 $Q(n)$ 处于极小值外，还必须满足质量守恒方程（6-3-22），因此这是一个求函数 $Q(n)$ 的条件极值问题。使用拉格朗日乘数法可以把条件极值问题转换为无条件极值问题，即用拉格朗日乘数 $\lambda_k$ 乘以各个条件约束方程式（6-3-22），然后与函数 $Q(n)$ 相加，可得一个新的函数 $F(n,\lambda_k)$，称 $F(n,\lambda_k)$ 为拉格朗日变换式，有

$$F(n,\lambda_k) = Q(n) + \sum_{k=1}^{l}\lambda_k\left(N_k - \sum_{i=1}^{m}a_{ik}n_i^g - \sum_{j=1}^{p}a_{jk}n_j^c\right) \qquad (6-3-34)$$

显然，函数 $F(n,\lambda_k)$ 的无条件极值就是函数 $Q(n)$ 的有约束条件（质量守恒方程）的极值。函数 $F(n,\lambda_k)$ 的极值条件为

$$\begin{cases} \dfrac{\partial F(n,\lambda_k)}{\partial n_i^g} = 0 \,(i=1,2,\cdots,m) \\[3mm] \dfrac{\partial F(n,\lambda_k)}{\partial n_j^c} = 0 \,(j=1,2,\cdots,p) \end{cases} \qquad (6-3-35)$$

和

$$\frac{\partial F(n,\lambda_k)}{\partial \lambda_k} = 0 \,(k=1,2,\cdots,l) \qquad (6-3-36)$$

将式（6-3-34）代入式（6-3-35），得

$$\frac{\partial F(n,\lambda_k)}{\partial n_i^g} = \left[c_i^g + \ln\left(\frac{y_i^g}{y_g}\right)\right] + \left(\frac{n_i^g}{y_i^g} - \frac{n_g}{y_g}\right) - \sum_{k=1}^{l}\lambda_k a_{ik} = 0 \qquad (6-3-37)$$

$$\frac{\partial F(n,\lambda_k)}{\partial n_j^c} = \frac{(g_j^0)^c}{\hat{R}T} - \sum_{k=1}^{l}\lambda_k a_{jk} = 0 \qquad (6-3-38)$$

将式 (6-3-34) 代入式 (6-3-36)，得

$$\frac{\partial F(n,\lambda_k)}{\partial \lambda_k} = \frac{\partial Q(n)}{\partial \lambda_k} + \frac{\partial}{\partial \lambda_k} \sum_{k=1}^{l} \left(N_k - \sum_{i=1}^{m} a_{ik} n_i^g - \sum_{j=1}^{p} a_{jk} n_j^c\right) = 0 \qquad (6-3-39)$$

因 $\lambda_k \neq 0$，故得

$$N_k - \sum_{i=1}^{m} a_{ik} n_i^g - \sum_{j=1}^{p} a_{jk} n_j^c = 0 \qquad (6-3-40)$$

式 (6-3-40) 实际上与式 (6-3-22) 是同一方程。这样，由式 (6-3-37)，式 (6-3-36)，式 (6-3-22) 和式 (6-3-25) 构成了 $(m+p+l+1)$ 个线性方程组，其中有 $m$ 个未知量 $n_i^g$，$p$ 个未知量 $n_j^c$，$l$ 个未知量 $\lambda_k$ 和未知量 $n_g$，因此上述方程组可解。

(4) 线性方程组的简化

由上述 $(m+p+l+1)$ 个线性方程组成的方程组虽然可解，但因方程数太多而使运算复杂。为简化起见，可从方程组中消去气相组分 $n_i^g(i=1,2,\cdots,m)$。

根据式 (6-3-37) 得

$$n_i^g = y_i^g \left(\sum_{k=1}^{l} \lambda_k a_{ik}\right) + y_i^g \left(\frac{n_g}{y_g}\right) - y_i^g \left(c_i^g + \ln \frac{y_i^g}{y_g}\right) \qquad (6-3-41)$$

因为

$$y_i^g \left(c_i^g + \ln \frac{y_i^g}{y_g}\right) = g_i^g(y_i) \qquad (6-3-42)$$

将式 (6-3-41) 对 $i$ 取总和，整理得

$$\sum_{i=1}^{m} g_i^g(y_i) = \sum_{k=1}^{l} \lambda_k \sum_{i=1}^{m} a_{ik} y_i^g \qquad (6-3-43)$$

令

$$A_k = \sum_{i=1}^{m} a_{ik} y_i^g \ (k=1,2,\cdots,l) \qquad (6-3-44)$$

则式 (6-3-43) 可改写为

$$\sum_{k=1}^{l} A_k \lambda_k = \sum_{i=1}^{m} g_i^g(y_i) \qquad (6-3-45)$$

令 $n_g/y_g = u$，则式 (6-3-41) 可改写为

$$n_i^g = \left(\sum_{k=1}^{l} \lambda_k a_{ik}\right) y_i^g + y_i^g u - g_i^g(y_i) \qquad (6-3-46)$$

在求解方程组时，为了减少必须转置的矩阵的量纲，将式 (6-3-46) 中的 $a_{ik}$ 的下标 $k$ 改为 $v(v=1,2,\cdots,l)$，然后再将式 (6-3-46) 代入式 (6-3-22)，得

$$\sum_{v=1}^{l} \lambda_v \sum_{i=1}^{m} (a_{ik} a_{iv}) y_i^g + A_k u + \sum_{j=1}^{p} a_{jk} n_j^c = N_k + \sum_{i=1}^{m} a_{ik} g_i^g \qquad (6-3-47)$$

令

$$\gamma_{kv} = \gamma_{vk} = \sum_{i=1}^{m} (a_{ik} a_{iv}) y_i^g \qquad (6-3-48)$$

式中：$k=1,2,\cdots,l, \ v=1,2,\cdots,l$。

则式 (6-3-47) 可写为

$$\sum_{v=1}^{l} \gamma_{kv} \lambda_v + A_k u + \sum_{j=1}^{p} a_{jk} n_j^{c} = N_k + \sum_{i=1}^{m} a_{ik} g_i^{g} \qquad (6-3-49)$$

式中：$k = 1, 2, \cdots, l$。

将式（6-3-38）改写为

$$\sum_{k=1}^{l} a_{jk} \lambda_k = \frac{(g_j^0)^{c}}{\hat{R}T} \qquad (6-3-50)$$

式中：$j = 1, 2, \cdots, p$。

由式（6-3-49），式（6-3-50）和式（6-3-45）组成的方程组共有 $(l+p+1)$ 个方程。未知量 $\lambda_k(k = 1, 2, \cdots, l)$，$n_j^{c}(j = 1, 2, \cdots, p)$ 以及 $u$，也是 $(l+p+1)$ 个，与简化前相比，减少了 $m$ 个气相组分及 $m$ 个方程，因此使计算大为简化。

将式（6-3-49），式（6-3-50），式（6-3-45）构成的线性方程组联立求解，可得出 $\lambda_k(k = 1, 2, \cdots, l)$，$u$ 及 $n_j^{c}(j = 1, 2, \cdots, p)$ 一组解，它们的通用矩阵方程可写为式（6-3-51），该式用电子计算机很易求解。

2）计算步骤

（1）在给定的温度 $T$ 和压强 $p$ 的条件下，参照氧平衡相近的炸药选择一组正值 $y(y_1^{g}, y_2^{g}, \cdots, y_m^{g}, y_1^{c}, y_2^{c}, \cdots, y_p^{c})$ 的近似组分作为计算的初试算值，并要求这组 $y$ 值满足质量守恒方程式（6-3-19）。

$$\begin{bmatrix} \gamma_{11} & \gamma_{21} & \cdots & \gamma_{1l} & A_1 & a_{11} & a_{12} & \cdots & a_{1l} \\ \gamma_{21} & \gamma_{22} & \cdots & \gamma_{2l} & A_2 & a_{21} & a_{22} & \cdots & a_{2l} \\ \vdots & \vdots & & \vdots & \vdots & \vdots & \vdots & & \vdots \\ \gamma_{l1} & \gamma_{l2} & \cdots & \gamma_{ll} & A_l & a_{l1} & a_{l2} & \cdots & a_{ll} \\ A_1 & A_2 & \cdots & A_l & 0 & 0 & 0 & \cdots & 0 \\ a_{11} & a_{12} & \cdots & a_{1l} & 0 & & 0 & 0 & \cdots \\ a_{21} & a_{22} & \cdots & a_{2l} & 0 & 0 & 0 & \cdots & 0 \\ \vdots & \vdots & \vdots & \vdots & \vdots & \vdots & \vdots & & \vdots \\ a_{p1} & a_{p2} & \cdots & a_{pl} & 0 & 0 & 0 & \cdots & 0 \end{bmatrix} \begin{bmatrix} \lambda_1 \\ \lambda_2 \\ \vdots \\ \lambda_l \\ u \\ n_1^{c} \\ n_2^{c} \\ \vdots \\ n_p^{c} \end{bmatrix} = \begin{bmatrix} N_1 + \sum\limits_{i=1}^{m} a_{i1} g_i^{g} \\ N_2 + \sum\limits_{i=1}^{m} a_{i2} g_i^{g} \\ \vdots \\ N_l + \sum\limits_{i=1}^{m} a_{il} g_i^{g} \\ \sum\limits_{i=1}^{m} g_i^{g} \\ \dfrac{(g_1^0)^{c}}{\hat{R}T} \\ \dfrac{(g_2^0)^{c}}{\hat{R}T} \\ \vdots \\ \dfrac{(g_p^0)^{c}}{\hat{R}T} \end{bmatrix} \qquad (6-3-51)$$

（2）计算各试算值的自由能 $g_i(y_i)$。

因为

$$\frac{(g_i^0)^{g}}{\hat{R}T} = \frac{h_i^0}{\hat{R}T} - \frac{S_i^0}{\hat{R}T}$$

等式右边可采用以下热力学函数公式计算

$$\frac{h_i^0}{\hat{R}T} = a_1 + \frac{1}{2}a_2 T + \frac{1}{3}a_3 T^2 + \frac{1}{4}a_4 T^3 + \frac{1}{5}a_5 T^4 + \frac{1}{T}a_6$$

$$\frac{S_i^0}{\hat{R}} = a_1 l_n T + a_2 T + \frac{1}{2}a_3 T^2 + \frac{1}{3}a_4 T^3 + \frac{1}{4}a_5 T^4 + a_7$$

式中：$a_1$，$a_2$，$a_3$，$a_4$，$a_5$，$a_6$，$a_7$ 为与组分种类有关的特定系数，可从有关的热力学数据库或手册中查到。

因为 $y_g = \sum_{i=1}^{m} y_i$，则气相自由能函数可由式（6-3-42）计算，即

$$g_i^g(y_i) = y_i^g \left[ \frac{(g_i^0)^g}{\hat{R}T} + \ln p + \ln \frac{y_i^g}{y_g} \right]$$

而凝聚产物的自由能与压强无关，所以

$$g_i^c(y_i) = y_i^c \frac{(g_i^0)^c}{\hat{R}T}$$

（3）分别按照式（6-3-44），式（6-3-47）和式（6-3-48）计算 $A_k$，$N_k + \sum_{i=1}^{m} a_{ik} g_i^g$ 和 $\gamma_{kv}$。

（4）解矩阵方程式（6-3-51），求出 $\lambda_1$，$\lambda_2$，$\cdots$，$\lambda_l$，$u$，$n_1^c$，$n_2^c$，$\cdots$，$n_p^c$。

（5）将所求的 $\lambda_k (\lambda_1, \lambda_2, \cdots, \lambda_k)$ 及 $u$ 代入式（6-3-46）计算 $n_i^g$。

（6）迭代计算。

以上计算得到一组 $n_i^g$ 及 $n_j^c$ 值，若全部为正值，即为平衡组分的第一次近似值 $[n_i^g]^{(1)}$ 和 $[n_j^c]^{(1)}$，可将其作为第二次计算的试算值，重复上述步骤进行第二次计算。如此反复，直至相邻两次计算结果的差值全部达到所要求的精度为止。

（7）平衡组分迭代计算中出现负值的修正

在迭代计算中由于给出的初始值偏离组分的实际值，在迭代初期组分中可能出现负值，使计算过程中的对数运算无法进行，此时必须加以修正，其方法如下。

设修正后的 $n_i^g$ 值为 $(n_i^g)'$，令

$$(n_i^g)' = y_i^g + \lambda' (n_i^g - y_i^g) \tag{6-3-52}$$

式中：$\lambda'$ 为修正系数，它是所有 $\lambda_i$ 中的最小值。

定义

$$\lambda_i = \frac{\delta - y_i^g}{n_i^g - y_i^g} \tag{6-3-53}$$

式中：$\delta$ 为很小的正值。

如果有几个组分的 $n_j$ 值都为负值，则对每个组分都按式（6-3-53）计算修正系数 $\lambda_i$，然后取其中最小的 $\lambda'$ 值作为统一的修正系数，即

$$\lambda' = (\lambda_i)_{\min}, 0 < \lambda' < 1 \quad (i = 1, 2, \cdots, m)$$

将 $\lambda'$ 代入式（6-3-52），对全部组分 $n_i$ 进行修正。而其中对 $\lambda'$ 对应的组分修正后，

可能会出现 $(n_i^g{'})=0$ 的情况，这时该组分的修正公式为

$$(n^g)' = (n_g')\exp\Big(-c_i^g + \sum_{k=1}^{l}\lambda_k a_{ik}\Big) \qquad (6-3-54)$$

式中：$n_g' = y_g(\lambda' u + 1 - \lambda')$。

当 $n_j^c(j=1,2,\cdots,p)$ 中出现负值时，按相同方法进行修正。

修正时，要求所选择的 $\lambda'$ 代入式（6 – 3 – 52）中时，所得全部组分修正值为一组正值 $n_i'$，并保证系统的自由能不断减小，这时的自由能方程为

$$G(n') = \sum_{i=1}^{m} g_i^g(n') + \sum_{j=1}^{p} g_j^c(n')$$

即系统自由能的绝对值 $|G(n')|$ 逐次增加。若自由能的绝对值减小，则要适当减小 $\lambda'$ 值，使自由能绝对值增加，以满足平衡状态时自由能最小。

Mader 利用 BKW 状态方程和最小自由能计算平衡组成的方法对含 CHNO、BCH – NO、AlCHNO、BCHNOF 及 CHNO 等系列炸药的爆轰波参数进行了计算，计算中考虑了 18 种气态产物和多种固态产物。部分炸药 C – J 爆轰波参数的计算结果及实测值见表 6.3.5。1978 年以来我国学者也用 FORTRAN BKW 程序对炸药爆轰波参数的预告进行了深入研究。

表 6.3.5　炸药 C – J 爆轰波参数计算结果及实测值

| 炸药名称 | 装药密度 $\rho_0/(g\cdot cm^{-3})$ | C – J 爆轰波参数 | 实测值 | 计算值 | |
|---|---|---|---|---|---|
| | | | | 适于 RDX 参数 | 适于 TNT 参数 |
| 黑索今（RDX）$C_3H_6N_6O_6$ | 1.80 | $D_J/(m\cdot s^{-1})$ | 8 754 | 8 796 | 8 263 |
| | | $P_J/GP_a$ | 34.7 | 32.4 | 32.4 |
| | | $T_J/K$ | — | 4 039 | 2 861 |
| | | 等熵指数 $\gamma$ | 2.98 | 3.29 | 2.79 |
| 黑索今（RDX）$C_3H_6N_6O_6$ | 1.0 | $D_J/(m\cdot s^{-1})$ | 5 981 | 6 128 | |
| | | $p_J/GPa$ | | 10.8 | |
| | | $T_J/K$ | — | 3 600 | |
| | | $\gamma$ | — | 2.48 | |
| 梯恩梯（TNT）$C_7H_5N_3O_6$ | 1.64 | $D_J/(m\cdot s^{-1})$ | 6 950 | 7 197 | 6 950 |
| | | $p_J/GPa$ | 19.0 | 21.3 | 20.6 |
| | | $T_J/K$ | — | 2 829 | 2 937 |
| | | $\gamma$ | 3.16 | 2.98 | 2.85 |
| 奥克托今（HMX）$C_4H_8N_8O_8$ | 1.90 | $D_J/(m\cdot s^{-1})$ | ~9 100 | 9 159 | 8 556 |
| | | $p_J/GPa$ | ~39.3 | 39.5 | 36.4 |
| | | $T_J/K$ | — | 2 364 | 2 693 |
| | | $\gamma$ | 3.0 | 3.03 | 2.82 |
| 太恩（PETN）$C_5H_8N_4C_{12}$ | 1.67 | $D_J/(m\cdot s^{-1})$ | 7 980 | 8 056 | 7 696 |
| | | $p_J/GPa$ | 30.0 | 28.0 | 26.7 |
| | | $T_J/K$ | 3 400 | 3 018 | 3 226 |
| | | $\gamma$ | 2.55 | 2.86 | 2.70 |

续表

| 炸药名称 | 装药密度 $\rho_0/(\text{g}\cdot\text{cm}^{-3})$ | C – J 爆轰参数 | 实测值 | 计算值 | |
|---|---|---|---|---|---|
| | | | | 适于 RDX 参数 | 适于 TNT 参数 |
| B 炸药 $C_{685}H_{875}N_{765}O_{93}$ | 1.713 | $D_J/(\text{m}\cdot\text{s}^{-1})$ | 8 030 | 8 084 | |
| | | $p_J/\text{GPa}$ | 29.4 | 28.4 | |
| | | $T_J/\text{K}$ | — | 2 763 | |
| | | $\gamma$ | 2.76 | 2.94 | |

## 6.4　爆轰波反应区的定常解

按照 ZND 模型，爆轰波化学反应区的化学反应是单一的，且不可逆地向前发展，化学反应度由 $\lambda=0$ 连续地变到 $\lambda=1$。

当介质的状态方程为 $p=A\rho^\gamma$ 时，忽略 $p_0$ 后，对应一定 $\lambda$ 值的雨贡纽方程为

$$\frac{pv}{\gamma-1}=\frac{1}{2}p(v_0-v)+\lambda q_v \tag{6-4-1}$$

将上述方程与 $D=D_J$ 的瑞利线方程

$$p=\frac{D_J^2}{v_0^2}(v_0-v)$$

联立，便可得到反应区的定常关系式 $p(\lambda)$，$v(\lambda)$，它们分别为

$$p=\frac{D_J^2}{v_0(\gamma+1)}\left[1+\sqrt{\frac{2(\gamma^2-1)\lambda q_v}{D_J^2}}\right] \tag{6-4-2}$$

$$v=\frac{v_0}{\gamma+1}\left[\gamma-\sqrt{\frac{2(\gamma^2-1)\lambda q_v}{D_J^2}}\right] \tag{6-4-3}$$

将式（6-4-2）代入爆轰波的动量方程 $p=\rho_0 Du$ 中，可得

$$u=\frac{D_J}{\gamma+1}\left[1+\sqrt{1-\frac{2(\gamma^2-1)\lambda q_v}{D_J^2}}\right] \tag{6-4-4}$$

将 $p_J=\frac{1}{r+1}\rho_0 D_J^2$ 和 $D_J=\sqrt{2(\gamma^2-1)q_v}$ 代入式（4-4-2）、式（4-4-3）、式（4-4-4）中，分别得到

$$p/p_J=1+\sqrt{1-\lambda} \tag{6-4-5}$$

$$v/v_J=1-\frac{1}{\gamma}\sqrt{1-\lambda} \tag{6-4-6}$$

$$u/u_J=1+\sqrt{1-\lambda} \tag{6-4-7}$$

若将式（6-4-1）写为

$$\begin{cases} c_v T=\frac{1}{2}p(v_0-v)+\lambda q_v \\ c_v T_J=\frac{1}{2}p_J(v_0-v_J)+q_v \end{cases} \tag{6-4-8}$$

则

$$T/T_J = \left\{ \lambda + \frac{\gamma-1}{2\gamma} \left[ 1 + \sqrt{(1-\lambda)^2} - \lambda \right] \right\} \qquad (6-4-9)$$

式（6-4-5）~式（6-4-7）及式（6-4-9）即为爆轰波反应区中各状态参量及流动参量与化学反应度 $\lambda$ 的函数关系，当 $\gamma=1,2$ 时，这些关系曲线如图 6.4.1 所示。

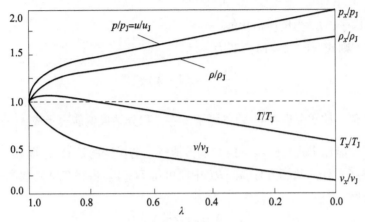

图 6.4.1　爆轰反应区内状态参数随 $\lambda$ 的变化

由图 6.4.1 可以看到，前沿冲击波处的压力约为 $p_J$ 的 2 倍。随着反应的进行，压力、密度逐渐下降，而温度开始是增加的，在接近 C-J 面前达到最大值，然后再降至 $T_J$。导致这一现象的原因是随着 $\lambda$ 增大，化学反应放热速率减小，反应释放热量不足以补充膨胀引起的温度降。

根据 $\mathrm{d}T/\mathrm{d}\lambda=0$，可由式（6-4-9）确定 $T_{\max}$ 值的条件为

$$\begin{cases} \sqrt{1-\lambda} = \dfrac{\gamma-1}{2} \text{或} \\[2mm] p/p_J = \dfrac{\gamma+1}{2} \end{cases} \qquad (6-4-10)$$

为了确定爆轰波中状态参数的时间和空间分布，必须知道其化学反应的速率方程。一般说来，化学反应速率方程的形式为

$$\frac{\mathrm{d}\lambda}{\mathrm{d}t} = r(p, v, \lambda)$$

将上面得到的 $p(\lambda)$、$v(\lambda)$ 关系式代入此式，即得 $\lambda$ 的常微分方程，积分后得 $\lambda(t)$ 关系式。将此关系式代入式（6-4-5）~式（6-4-7）及式（6-4-9）中，便可得到 $p(t)$、$v(t)$、$u(t)$ 和 $T(t)$，再由

$$\frac{\mathrm{d}\lambda}{\mathrm{d}t} = \frac{\partial \lambda}{\partial x} \cdot \frac{\mathrm{d}x}{\mathrm{d}t} = r(p, v, \lambda)$$

得

$$\frac{\mathrm{d}x}{\mathrm{d}t} = D_J - u \qquad (6-4-11)$$

因此

$$\frac{\partial \lambda}{\partial x} = \frac{r(p, v, \lambda)}{D - u} \tag{6-4-12}$$

积分式（6-4-12）可得 $\lambda(x)$，进而得到 $p(x)$、$v(x)$、$u(x)$ 和 $T(x)$。

**【例6.4.1】** 计算气体炸药爆轰波反应区中的参数分布。设其化学反应速率方程为

$$r = \frac{\mathrm{d}\lambda}{\mathrm{d}t} = Z(1 - \lambda) \mathrm{e}^{-\frac{E^*}{RT}} \tag{6-4-13}$$

式中：$Z$ 为指前因子，$E^*$ 为反应活化能。

令 $t^* = 1/Z$，则式（6-4-13）变为

$$\frac{\mathrm{d}\lambda}{\mathrm{d}(t/t^*)} = (1 - \lambda) \mathrm{e}^{-\frac{E^*}{RT}} \tag{6-4-14}$$

适当选择 $Z$ 值，使积分后在 $\frac{t}{t^*} = 1$ 时，$\lambda = \frac{1}{Z}$，积分结果就能表示成 $\lambda\left(\frac{t}{t^*}\right)$ 的函数形式。但须确定 $T(\lambda)$ 才能作出式（6-4-14）的数值解。若讨论的是 C-J 爆轰，将式（6-4-5）和式（6-4-6）代入状态方程 $pv = RT$ 中便可得 $T(\lambda)$。再将 $T(\lambda)$ 代入式（6-4-14）进行数值积分便得

$$\lambda = \lambda(t/t^*) \tag{6-4-15}$$

将式（6-4-7）和式（6-4-15）代入式（6-4-11），积分后即得 $\lambda(x)$，进而得到 $p(x)$，$v(x)$，$u(x)$ 和 $T(x)$。这样，爆轰反应区内介质状态参数的时空分布就完全确定了。

**【例6.4.2】** 计算固体炸药爆轰波反应中的参数分布。

对固体炸药可以忽略 $p_0$，$e_0$，并设其内能函数和反应速率方程分别为

$$e = \frac{pv}{\gamma - 1} - \lambda q_v \tag{6-4-16}$$

$$\frac{\mathrm{d}\lambda}{\mathrm{d}t} = 2(1 - \lambda)^{1/2} \tag{6-4-17}$$

积分式（6-4-17），并设 $t = 0$ 时 $\lambda = 0$，则得

$$(1 - \lambda) = (1 - t)^2 \tag{6-4-18}$$

又

$$\frac{\mathrm{d}x}{\mathrm{d}t} = D_J - u = D_J \frac{v}{v_0} \tag{6-4-19}$$

$$\frac{v}{v_0} = \frac{\gamma}{\gamma + 1}\left(1 - \frac{1}{\gamma}\sqrt{1 - \lambda}\right) \tag{6-4-20}$$

故有

$$\frac{\mathrm{d}x}{\mathrm{d}t} = \frac{D_J}{\gamma + 1}\left[(\gamma - 1)t + \frac{1}{2}t^2\right] \tag{6-4-21}$$

根据式（6-4-21）、式（6-4-18）、式（6-4-5）～式（6-4-7）及式（6-4-9）便可得到 $\lambda$，$p$，$v$，$u$，$T$ 各参数的时空分布。

设给定炸药的如下参数值：$\rho_0 = 1\,600 \text{ kg/m}^3$，$D_J = 8\,500 \text{ m/s}$，$\gamma = 3$，$q_v = 4.515\,6 \text{ MJ/kg}$，将以上诸式计算的结果列于表6.4.1中。

**表 6.4.1　上述给定的固体炸药爆轰波反应区的解**

| $t/\mu s$ | $x/mm$ | $p/GPa$ | $u/(m \cdot s^{-1})$ | $\rho/(kg \cdot m^{-3})$ | $C/(m \cdot s^{-1})$ | $\lambda$ |
|---|---|---|---|---|---|---|
| 0.0 | 0.000 | 57.80 | 4 250 | 3 200 | 7 361 | 0.000 |
| 0.1 | 0.436 | 54.91 | 4 038 | 3 048 | 7 352 | 0.190 |
| 0.2 | 0.893 | 52.02 | 3 825 | 2 909 | 7 324 | 0.360 |
| 0.4 | 1.870 | 46.24 | 3 400 | 2 667 | 7 212 | 0.640 |
| 0.5 | 2.391 | 43.35 | 3 188 | 2 560 | 7 127 | 0.750 |
| 0.6 | 2.933 | 40.46 | 2 975 | 2 462 | 7 022 | 0.840 |
| 0.7 | 3.496 | 37.57 | 2 763 | 2 370 | 6 896 | 0.910 |
| 0.8 | 4.080 | 34.68 | 2 550 | 2 286 | 6 747 | 0.960 |
| 0.9 | 4.686 | 31.79 | 2 338 | 2 207 | 6 574 | 0.990 |
| 1.0 | 5.313 | 28.90 | 2 125 | 2 133 | 6 375 | 1.000 |

从上面气体爆轰波参数计算与凝聚炸药爆轰波参数计算可以看出，如果气体和凝聚炸药的状态方程选用相同形式，则气体爆轰波参数与凝聚炸药爆轰波参数的计算公式形式相同，所不同的是等熵指数，对于凝聚炸药爆轰产物而言，其等熵指数 $\gamma$ 是一个需要确定的参数。下面介绍一种根据爆轰产物的组成确定 $\gamma$ 的方法。

对凝聚炸药爆轰产物的局部等熵指数可近似按下式确定：

$$\frac{1}{\gamma} = \sum \frac{x_i}{\gamma_i}, x_i = \frac{n_i}{\sum n_i} \tag{6-4-22}$$

式中：$x_i$ 为爆轰产物第 $i$ 成分的摩尔分数；$n_i$ 为爆轰产物第 $i$ 成分的摩尔数；$\gamma_i$ 为爆轰产物第 $i$ 成分的等熵指数。

凝聚炸药爆轰产物各主要成分的等熵指数为

$$\gamma_{H_2O} = 1.90$$
$$\gamma_{CO_2} = 4.50$$
$$\gamma_{CO} = 2.85$$
$$\gamma_{N_2} = 3.70$$
$$\gamma_C = 3.55$$
$$\gamma_{O_2} = 2.45$$

爆轰产物组成确定的原则为：炸药中的氧首先将氢氧化成水，而后将碳氧化成一氧化碳。若还有剩余的氧，则再将一氧化碳氧化成二氧化碳。氮气以氮气分子存在，如梯恩梯的爆炸反应式可写为

$$C_7H_5O_6N_3 \longrightarrow 2.5H_2O + 3.5CO + 3.5C + 1.5N_2 \tag{6-4-23}$$

其 $\gamma$ 值为

$$\frac{1}{\gamma} = \frac{2.5}{11} \times \frac{1}{1.9} + \frac{3.5}{11} \times \frac{1}{2.85} + \frac{3.5}{11} \times \frac{1}{3.55} + \frac{1.5}{11} \times \frac{1}{3.7}$$

$$\gamma \approx 2.8 \tag{6-4-24}$$

用公式 $D = 4\sqrt{Q_e}$ 计算凝聚炸药的爆速，往往与实验值有较大的差别，主要原因是 $\gamma$ 值与 $Q_e$ 的选择有关，因为用考虑爆轰产物的热力学平衡计算的爆热 $Q_e$ 与炸药的爆轰热（在化学反应区释放的热量）在数值上有明显差别，因此不直接采用式（6-4-24）计算爆速，而是用实验测得的爆速 $D$ 去计算其他爆轰参数，这样计算的结果与测量值比较符合。

**【例 6.4.3】** 已知梯恩梯 $\rho_0 = 1.64\ \mathrm{g/cm^3}$ 时，$D = 7\ 000\ \mathrm{m/s}$，试求其爆轰波参数。

从上例知 $\gamma_{TNT} = 2.8$（$\rho_0 = 1.64\ \mathrm{g/cm^3}$）

则

$$\rho_J = \frac{\gamma + 1}{\gamma}\rho_0 = \frac{2.8 + 1}{2.8} \times 1.64 \approx 2.23\,(\mathrm{g/cm^3})$$

$$p_J = \frac{1}{\gamma + 1}\rho_0 D^2 = \frac{1}{2.8 + 1} \times \frac{1.64 \times (7\ 000 \times 100)^2}{10^9} \approx 2.11\,(\mathrm{GPa})$$

$$u_J = \frac{1}{\gamma + 1}D = \frac{1}{3.8} \times 7\ 000 = 1\ 842\,(\mathrm{m/s})$$

$$c_J = \frac{\gamma}{\gamma + 1}D = \frac{2.8}{2.8 + 1} \times 7\ 000 \approx 5\ 158\,(\mathrm{m/s})$$

一般可采用简单的多方指数状态方程对爆轰波参数进行近似计算。

## 6.5 爆轰波参数的工程计算

### 6.5.1 凝聚炸药爆轰波参数的康姆莱特计算法

康姆莱特（Kamlet）和雅可布（Jocobs）对初始密度 $\geqslant 1.0\ \mathrm{g/cm^3}$ 的 C-H-N-O 凝聚炸药得到如下的 C-J 爆速、爆压的经验计算式：

$$p_J = 0.762\varphi\rho_0^2 \tag{6-5-1}$$

$$D_J = 22.3\varphi^{1/2}(1 + 0.001\ 3\rho_0) \tag{6-5-2}$$

式中：

$$\varphi = N_g M_g^{1/2} q_p^{1/2} \tag{6-5-3}$$

以上各式中的参数均用国际单位，$N_g$ 为每千克炸药爆炸后所形成的气体产物的摩尔数（mol/kg）；$M_g$ 为气体爆轰产物的平均摩尔量（kg/mol）。

$N_g$，$M_g$，$q_p$ 按最大放热原则确定的爆轰反应式进行计算。

假设 $C_a H_b N_c O_d$ 的反应方程式为

$$C_a H_b N_c O_d \longrightarrow \frac{1}{2}cN_2 + \frac{1}{2}bH_2O + \left(\frac{1}{2}d - \frac{1}{4}b\right)CO_2 + \left(a - \frac{1}{2}d + \frac{1}{4}b\right)C \tag{6-5-4}$$

则

$$N_g = \frac{(2c + 2d + b) \times 10^3}{48a + 4b + 56c + 64d} \tag{6-5-5}$$

$$M_g = \frac{56c + 88d - 8b}{2c + 2d + b} \tag{6-5-6}$$

$q_p$ 为 1 kg 炸药的定压爆轰反应化学能，按下式计算：

$$q_{p} = \frac{121b + 196.72\left(d - \dfrac{b}{2}\right) + \Delta H_{f}}{12a + b + 14c + 16d} \times 10^{3} (\text{kJ/kg}) \qquad (6-5-7)$$

式中：$\Delta H_{f}$ 为炸药的定压生成焓（J/mol）。

康姆莱特等发现，虽然组成 $\varphi$ 的三个因子 $N_{g}$，$M_{g}$，$q_{p}$ 与爆轰产物的平衡组成有关，但 $\varphi$ 值对这样的平衡组成不敏感。

康姆莱特方法用于计算碳、氢、氮、氧元素组成的凝聚炸药的爆轰波参数十分方便，因为此种方法只需知道炸药的元素组成、初始密度、炸药和水及二氧化碳的生成焓，而这些数据是容易获得的。

**【例6.5.1】**　已知 RDX 的分子式为 $C_{3}H_{6}N_{6}O_{6}$，生成焓为 61.5 kJ/mol，初始密度 $\rho_{0} = 1\,802$ kg/m³，计算 C – J 爆轰波参数。

**【解】**

$$N_{g} = \frac{(2c + 2d + b) \times 10^{3}}{48a + 4b + 56c + 64d}$$

$$= \frac{(2 \times 6 + 2 \times 6 + 6) \times 10^{3}}{48 \times 3 + 4 \times 6 + 56 \times 6 + 64 \times 6} \approx 33.8 (\text{mol/kg})$$

$$M_{g} = \frac{56 \times 6 + 88 \times 6 - 8 \times 6}{(2 \times 6 + 2 \times 6 + 6) \times 10^{3}} = 0.027\,2 (\text{kg/mol})$$

$$q_{p} = \frac{(121 \times 6 + 196.7 \times 3 + 61.5) \times 10^{6}}{12 \times 3 + 6 + 14 \times 6 + 16 \times 6} = 6.20 (\text{MJ/kg})$$

$$\varphi = 33.8 \times (0.027\,2)^{1/2} \cdot (6.20 \times 10^{6})^{1/2} = 13\,880$$

$$p_{J} = 0.762 \times 13\,880 \times 1\,802^{2} \approx 34.3 (\text{GPa})$$

$$D_{J} = 22.3 \times \sqrt{13\,880} \times (1 + 0.001\,3 \times 1\,802) \approx 8\,782 (\text{m/s})$$

实测的数据为 $D_{J} = 8\,754$ m/s，$p_{J} = 34.1 \sim 34.7$ GPa。可见，此种计算方法相当简便，且与实验结果符合得很好。

康姆莱特对 18 种不同密度的单质炸药和 19 种二元混合炸药的爆速、爆压进行了计算，所得结果与实验的偏差大部分约为 5.41%。但此方法用于含有惰性添加剂的炸药时，则可能造成较大的偏差。

### 6.5.2　混合炸药爆速的经验计算方法

美国劳斯·阿拉莫斯（Los Alamos）科学实验室的 Urizar 在 20 世纪 40 年代末期提出了一个简单的经验公式，可用于计算混合炸药（包括含有惰性添加剂的混合炸药）的爆速。该公式如下：

$$D_{J} = \sum (\varepsilon_{i} D_{i}), \quad \varepsilon_{i} = \frac{v_{i}}{\sum v_{i}} = \omega_{i}(\rho_{0}/\rho_{i}^{*}) \qquad (6-5-8)$$

式中：$D_{J}$ 为混合炸药的爆速；$D_{i}$ 为 $i$ 组分的示性爆速或示性传爆速度；$\varepsilon_{i}$ 为 $i$ 组分（包括空气隙）的体积分数；$v_{i}$ 为 $i$ 组分的体积；$\omega_{i}$ 为 $i$ 组分的质量百分数；$\rho_{i}^{*}$ 为 $i$ 组分的最大理论密度；$\rho_{0}$ 为混合炸药的初始密度。

$$\varepsilon_{空气隙} = 1 - \sum \varepsilon_i$$

$$v_{空气隙} = 1 - (\rho_0/\rho_{TMD}) \qquad\qquad (6-5-9)$$

式中：$\rho_{TMD}$ 为最大理论密度，按下式计算。

$$\rho_{TMD} = \frac{\sum m_i}{\sum (m_i/\rho_i^*)} = \frac{\sum (v_i\rho_i^*)}{\sum v_i} \qquad\qquad (6-5-10)$$

式中：$m_i$ 为 $i$ 组分的质量。

部分炸药及常用添加物的 $D_i$ 值见表 6.5.1。

表 6.5.1　部分炸药及常用添加物的 $D_i$ 值

| 炸药或添加物 | $\rho_i^* /$ $(g \cdot cm^{-3})$ | $D_i$ $/(m \cdot s^{-1})$ | 炸药或添加物 | $\rho_i^* /$ $(g \cdot cm^{-3})$ | $D_i$ $/(m \cdot s^{-1})$ |
|---|---|---|---|---|---|
| 氨基甲酸乙酯橡胶 L | 1.15 | 5 690 | $Ba(NO_3)_3$ | 3.24 | 3 800 |
| 氯丁橡胶 | 1.23 | 5 020 | $KClO_4$ | 2.52 | 5 470 |
| 聚乙烯 | 0.93 | 5 550 | $LiClO_4$ | 2.43 | 6 320 |
| 聚苯乙烯 | 1.05 | 5 280 | $NH_4ClO_4$ | 1.95 | 6 250 |
| 硅橡胶 160 |  | 5 720 | $SiO_2$ | 2.20 | 4 000 |
| 硅酮树脂 | 1.05 | 5 100 | Mg/Al 61.5/38.5 | 2.02 | 6 900 |
| 聚四氟乙烯 | 2.15 | 5 330 | 硝化棉（NC） | 1.50 | 6 700 |
| Kel-F 弹性体 | 1.85 | 5 380 | 黑索今** | 1.81 | 8 800 |
| Kel-F 800/827 | 2.00 | 5 830 | 黑索今** | 1.816 | 8 842 |
| VitonA | 1.82 | 5 390 | 二硝基甲苯** | 1.521 | 6 184 |
| Kel800 | 2.02 | 5 500 | 梯恩梯 | 1.65 | 6 987 |
| 亚硝基氟橡胶 | 1.92 | 6 090 | 梯恩梯 | 1.65 | 6 970 |
| 蜂蜡 | 0.96 | 5 460 | 奥古托今 | 1.90 | 9 150 |
| KelF 蜡 | 1.78 | 5 620 | 太恩 | 1.77 | 8 280 |
| 铝 Al | 2.70 | 6 850 | 4 号炸药 | 1.78 | 8 748 |
| 镁 Mg | 1.74 | 7 200 | 2 号炸药 | 1.842 | 8 970 |
| 空气或间隙 |  | 1 500 | 基那（DINA） | 1.63 | 7 708 |
| PVAC（$C_4H_6O_2$）$_n$ | 1.17 | 5 400 | 硝基胍 NQ | 1.72 | 8 740 |
| LiF | 2.64 | 6 070 |  |  |  |

注：$\rho_i^*$ 为材料的理论密度，** 为按康姆莱特经验式计算的值。

【例 6.5.2】　计算 85HMX/15VitonA 混合炸药在 $\rho_0 = 1.86$ g/cm³ 时的爆速。

【解】　（1）确定各组分的 $\varepsilon_i$ 值。

由表 6.5.1 查得：HMX 的 $\rho_i^* = 1.90$ g/cm³，$D_i = 9\,150$ m/s；VitonA 的 $\rho_i^* = 1.82$ g/cm³，$D_i = 5\,390$ m/s，由此可得

$$\varepsilon_{\mathrm{HMX}} = 0.85 \times \frac{1.860}{1.900} \approx 0.832\ 1$$

空气：

$$\varepsilon_{\mathrm{a}} = 1 - (0.832\ 1 + 0.153\ 3) = 0.014\ 6$$

（2）计算爆速 $D_{\mathrm{J}}$。

$$D_{\mathrm{J}} = \sum \varepsilon_i D_i = 0.832\ 1 \times 9\ 151 + 0.153\ 3 \times 5\ 390 + 0.014\ 6 \times 1\ 500$$

$$\approx 8\ 463\ （\mathrm{m/s}）$$

而实测值为 8 468 m/s，计算值与实测值十分接近。同样，用此方法计算 80TNT/20Al 在 $\rho_0 =$ 1.720 g/cm³ 时的爆速为 6 685 m/s，实测值为 6 700 m/s，也很符合。

# 第7章

# 气 体 爆 轰

凡是在常温常压下以气态存在，经撞击、摩擦、热源或火花等点火源的作用能发生燃烧爆炸的气态物质，统称为可燃性气体。可燃性气体按在通常条件下的使用形态，可分为以下五类。

（1）可燃气体：氢气、煤气、四个碳以下的有机气体（如甲烷、乙烯、丙烷等）均属此类。它们在常温常压下以气态存在，和空气形成的混合物容易发生燃烧或爆炸。

（2）可燃液化气：如液化石油气、液氨、液化丙烷等。这类气体在加压降温的条件下即可变为液体，压缩储入高压钢瓶或储罐中。其以液态从钢瓶或储罐中流出，即变成可燃气体，极易点燃。

（3）可燃液体的蒸气：如甲醇、乙醚、酒精、苯、汽油等的蒸气。这些蒸气在可燃液体表面上有较高的浓度，和空气混合物的浓度达到一定程度时，容易发生燃烧或爆炸。

（4）助燃气体：如氧、氯、氟、氧化亚氮、氧化氮、二氧化氮等。它们在化学反应中能做氧化剂，和能作还原剂的可燃性气体混合，会形成爆炸性混合物。

（5）分解爆炸性气体：如乙烯、乙炔、环氧乙烷、丙二烯等。这类气体不需要与助燃气体混合，在高于一定压力且有点火源时，其本身就会发生放热分解，从而引发分解爆炸。储存压力越高，越容易发生分解爆炸。

上述前三类可燃性气体需和助燃气体（通常为外界的空气或氧）形成混合气体，在一定点火源作用下发生燃烧或爆炸而释放能量。这一点与炸药根本不同，炸药爆炸是由炸药分子内部的氧与碳、氢原子反应而释放能量的。军事上利用这些可燃性气体本身不携带氧，靠周围环境中的氧释放能量这一优点，研究开发了具有大面积杀伤破坏效应的燃料空气炸弹。这种炸弹只需携带燃料（液化石油气类燃料），无须携带氧，使炸弹载荷大大减轻，有效比能量大大增加。

本章在经典爆轰理论的基础上，针对气体爆轰的特点，对气体爆炸浓度极限、螺旋爆轰现象、气体爆轰传播的影响因素及云雾爆轰现象进行了论述。

## 7.1 爆炸浓度极限及其确定方法

### 7.1.1 爆炸浓度极限

气体混合物中可燃成分的浓度处于一定范围内时，才会发生爆炸现象，这个浓度范围称为爆炸浓度范围（本章中的气体浓度在未注明情况下指的是体积百分数）。能够发生爆炸的最低浓度叫作爆炸浓度下限，而能够发生爆炸的最高浓度叫作爆炸浓度上限。混合气体爆炸浓度极限的存在是由其反应动力学决定的。当可燃物含量很稀或很浓时，由于化学反应进行得很慢，单位时间内放出的总化学反应能量较小，就不能支持前沿冲击波去激发下层混合气体的化学反应，因此，这时即使不存在任何能量耗散，也不能使爆轰波稳定传播。表 7.1.1 列出的是一些二元混合气体在常温常压下的爆炸浓度极限。

**表 7.1.1    二元混合气体在常温常压下的爆炸浓度极限                %**

| 混合气体 | | 爆炸下限 | 爆轰 | | 爆炸上限 |
| 可燃气体 | 助燃气体 | | 下限 | 上限 | |
|---|---|---|---|---|---|
| 氢气 | 空气 | 4.0 | 18.3 | 59.0 | 75.6 |
| 氢气 | 氧气 | 4.7 | 15.0 | 90.0 | 93.9 |
| 氧化碳 | 氧气 | 15.5 | 38.0 | 90.0 | 94.0 |
| 氨 | 氧气 | 13.5 | 25.4 | 75.0 | 79.0 |
| 乙炔 | 空气 | 1.5 | 4.2 | 50.0 | 82.0 |
| 乙炔 | 氧气 | 1.5 | 3.5 | 92.0 | — |
| 丙烷 | 氧气 | 2.3 | 3.2 | 37.0 | 55.0 |
| 乙醚 | 空气 | 1.7 | 2.8 | 4.5 | 36.0 |
| 乙醚 | 氧气 | 2.1 | 2.6 | 24.0 | 82.0 |

在混合气体的爆炸浓度范围内，存在一个最佳浓度。当混合气体处于这个浓度时，爆轰速度达到最大值（图 7.1.1），压力和反应热也达到最大值。

从安全角度看，最佳浓度为最危险的浓度。在此浓度下，爆炸威力最大，破坏效应最严重。因此，要尽量避免达到这个浓度。

爆炸浓度极限不是一个固定的物理常数，与点火能量、初始温度、初始压力和惰性气体添加量等因素有关。

一般来说，点火能量愈大，传给周围可燃混合物的能量愈多，引起邻层爆炸的能力愈强，火焰愈易自行传播，从而爆炸浓度范围变宽。表 7.1.2 为点火能量对甲烷、空气混合物爆炸浓度极限的影响。表中数

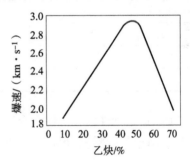

**图 7.1.1    乙炔和氧混合气体的爆轰速度与浓度关系**

据表明，点火能量增加，爆炸浓度范围变宽。当点火能量达到一定程度时，上述影响就不明显了。

初始温度升高，会使化学反应的速度加快。在相同的点火能量下，可燃气体混合物的初始温度愈高，燃烧反应愈快，于是单位时间放热愈多，火焰愈易传播，因而爆炸极限范围变宽。图 7.1.2 所示为温度对甲烷、空气混合物爆炸浓度极限的影响。从图中可以看出，气体混合物的爆炸浓度范围随温度的升高而扩大。

表 7.1.2　点火能量对甲烷、空气混合物爆炸浓度极限的影响

| 点火能量/J | 爆炸下限/% | 爆炸上限/% |
|---|---|---|
| 1 | 4.9 | 13.9 |
| 10 | 4.6 | 14.2 |
| 100 | 4.25 | 15.1 |
| 10 000 | 3.6 | 17.5 |

　　可燃气体和空气混合物的初始压力对爆炸极限有很大的影响。处于高压下的气体，其分子比较密集，单位体积中所含混合气分子较多，分子间导热和发生化学反应比较容易，反应速度加快，而散热损失显著减少，因此会使爆炸浓度范围扩大。与此相反，在减压的情况下，随着压力的降低，爆炸浓度范围不断缩小。当压力降到某一数值时，就会出现上限浓度和下限浓度重合。若压力再

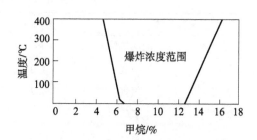

图 7.1.2　温度对甲烷、空气混合物爆炸浓度极限的影响

降一点，混合气便不会爆炸了，这一压力称为爆炸极限的临界压力。压力对甲烷、空气混合气体爆炸极限的影响见表 7.1.3。从表中可见，甲烷、空气混合气体的爆炸浓度范围随压力增大而增大，且压力对爆炸下限影响较小，对上限影响较大。

表 7.1.3　压力对甲烷、空气混合气体爆炸极限的影响

| 初始压力/(98 kPa) | 下限/% | 上限/% |
|---|---|---|
| 1 | 5.6 | 14.3 |
| 10 | 5.9 | 17.2 |
| 50 | 5.4 | 29.4 |
| 125 | 5.7 | 45.7 |

　　加入适量惰性气体可使混合气体爆炸范围缩小。当惰性气体大于一定的浓度时，混合气体便再不能发生燃烧、爆炸。二氧化碳对汽油蒸气爆炸极限的影响见表 7.1.4。

表 7.1.4　二氧化碳对汽油蒸气爆炸极限的影响　　　　　　　%

| 二氧化碳 | 爆炸浓度上、下限 | 爆炸浓度范围 |
|---|---|---|
| 0 | 1.4, 7.4 | 6.0 |
| 10 | 1.4, 5.6 | 4.2 |
| 20 | 1.8, 4.2 | 2.4 |
| 27 | 2.1, 3.5 | 1.4 |
| 28 | 2.7 | 0 |
| >28 | 不爆炸 | |

### 7.1.2　爆炸浓度极限的计算

影响爆炸浓度极限的因素较多，因此，爆炸浓度极限从理论上确定比较困难，主要通过经验法估算。

**1. 完全燃烧反应所需氧摩尔数法**

根据 1 mol 可燃气体完全燃烧所需的氧摩尔数 $n_0$，可用下式估算其在空气中的爆炸浓度极限：

$$L_{min} = \frac{100}{4.76(2n_0 - 1) + 1}\%$$
(7-1-1)

$$L_{max} = \frac{400}{9.52n_0 + 4}\%$$
(7-1-2)

式中：$L_{min}$ 为爆炸下限；$L_{max}$ 为爆炸上限。

**2. 化学式计量浓度估算法**

可燃混合物中的可燃物与氧或空气中的氧燃烧时达到完全氧化反应的浓度称为化学计量浓度。当可燃气体浓度低于化学计量浓度时，尽管燃烧反应产物相同，但是由于过量氧消耗一部分反应热，因此燃烧速度变慢。若可燃气体浓度高于化学计量浓度，则由于氧不足，碳不能完全氧化为 $CO_2$，放出的反应热少，导致燃烧速度放慢，所以化学计量浓度是个重要参考点。

设可燃气体的分子式为 $C_aH_bO_c$，完全燃烧 1 mol 可燃气体所必需的氧的摩尔数为 $n_0$，则完全燃烧反应式可写为

$$C_aH_bO_c + n_0O_2 \longrightarrow aCO_2 + \frac{b}{2}H_2O$$

其中

$$n_0 = a + \frac{b}{4} - \frac{c}{2}$$
(7-1-3)

对于烷烃，其通式为 $C_aH_{2a+2}$，即

$$b = 2a + 2, \quad c = 0$$

则有

$$n_0 = \frac{3}{2}a + \frac{1}{2}$$
(7-1-4)

根据式（7-1-3）和式（7-1-4）可分别算出有机气体与烷烃完全燃烧所需氧的摩尔数。

如果把空气中氧气的浓度取为 20.9%，则在可燃气体完全燃烧的情况下，空气中的化学计量浓度的计算式如下：

$$L_0 = \frac{20.9}{0.209 + n_0}\%$$
(7-1-5)

在氧气中，

$$L_0 = \frac{100}{1 + n_0}\%$$
(7-1-6)

于是，爆炸浓度下限和上限可用下式进行计算：

$$L_{\min} = 0.55 L_0 \qquad\qquad (7-1-7)$$

$$L_{\max} = 4.8 \sqrt{L_0} \qquad\qquad (7-1-8)$$

式（7-1-7）和式（7-1-8）可用来估算烷烃以及其他有机可燃气体的爆炸浓度极限，但不适用于乙炔以及氢、硫、氯等无机气体。烷烃爆炸浓度上、下限的计算值和实测值见表 7.1.5。

表 7.1.5  烷烃爆炸浓度上、下限的计算值和实测值

| 可燃气体 | 碳原子数 $a$ | 化学计算浓度 | | 下限 | | 上限 | |
|---|---|---|---|---|---|---|---|
| | | $2n_0$ | $L_0$ 计算 /% | $L_{\min}$ 实测 /% | $L_{\min}$ 计算 /% | $L_{\max}$ 实测 /% | $L_{\max}$ 计算 /% |
| 甲烷 | 1 | 4 | 9.5 | 5.0 | 5.2 | 14.0 | 14.3 |
| 乙烷 | 2 | 7 | 5.6 | 3.0 | 3.1 | 12.5 | 12.2 |
| 丙烷 | 3 | 10 | 4.0 | 2.1 | 2.2 | 9.5 | 9.5 |
| 丁烷 | 4 | 13 | 3.1 | 1.8 | 1.7 | 8.5 | 8.5 |
| 异丁烷 | 4 | 13 | 3.1 | — | 1.7 | 8.4 | 8.5 |
| 戊烷 | 5 | 16 | 2.5 | 1.4 | 1.4 | 7.8 | 7.7 |
| 异戊烷 | 5 | 16 | 2.6 | — | 1.4 | 7.6 | 7.7 |
| 己烷 | 6 | 19 | 2.2 | 1.2 | 1.2 | 7.5 | 7.1 |
| 庚烷 | 7 | 22 | 1.9 | 1.05 | 1.0 | 6.7 | 6.5 |
| 辛烷 | 8 | 25 | 1.6 | 0.95 | 0.9 | 6.0 | 6.1 |
| 异辛烷 | 8 | 25 | 1.6 | — | 0.9 | 6.0 | 6.1 |
| 壬烷 | 9 | 28 | 1.5 | 0.85 | 0.8 | 5.6 | 5.6 |
| 癸烷 | 10 | 31 | 1.3 | 0.75 | 0.7 | 5.4 | 5.3 |

**3. 北川法**

日本北川彻三认为，在各有机同系物中，可燃气分子中的碳原子数 $a$ 与可燃气达到爆炸上限所必需的氧摩尔数 $n_{\max}$ 之间存在着直线关系。如果是烷烃，其关系为

$$n_{\max} = 0.25a + 1 \quad (a=1,\ 2)$$

$$n_{\max} = 0.25a + 1.25 \quad (a \geqslant 3) \qquad\qquad (7-1-9)$$

据此，可计算其在空气中的爆炸浓度上限

$$L_{\max} = \frac{20.9}{0.209 + n_{\max}}\% \qquad\qquad (7-1-10)$$

**4. 多组分可燃气体混合物爆炸浓度极限**

如果多组分可燃气体反应特性接近或为同系物，那么它们与空气构成的爆炸性混合物的爆炸浓度极限可以根据理·查特里（Le Chatelier）法则计算，即

$$L_{mix} = \frac{100}{\dfrac{V_1}{L_1} + \dfrac{V_2}{L_2} + \dfrac{V_3}{L_3} + \cdots + \dfrac{V_n}{L_n}}\%$$

（7 – 1 – 11）

式中：$V_1$，$V_2$，$V_3$，$\cdots$，$V_n$ 为第 $i$ 种组分在可燃混合气体中的浓度（体积分数）；$L_1$，$L_2$，$\cdots$，$L_n$ 为各个组分在空气中的爆炸浓度极限（下限或上限）；$L_{mix}$ 为多组分可燃混合气体的爆炸浓度极限（下限或上限）。

式（7 – 1 – 11）需满足下列条件。

（1）$V_1 + V_2 + V_3 + \cdots + V_n = 100\%$。

（2）各个组分间不发生化学反应且燃烧时不发生催化作用。

（3）给定各组分的爆炸浓度极限（下限或上限）值。

由于上述法则引入了算术平均的概念，它的物理意义是各种可燃气体同时着火，达到爆炸浓度下限所必需的最低发热量由各组分可燃气体共同提供。根据公式计算出的爆炸下限和实验中测出的数据是相近的，但上限的计算值和实测值有些差别。

【例 7.1.1】 某天然气含甲烷 80%、乙烷 15%、丙烷 4%、丁烷 1%，求天然气的爆炸浓度极限。

【解】 设 A、B、C、D 分别表示甲烷、乙烷、丙烷、丁烷。

已知：$L_{Amin} = 5.0\%$，$L_{Amax} = 15.0\%$

$L_{Bmin} = 3.0\%$，$L_{Bmax} = 12.5\%$

$L_{Cmin} = 2.1\%$，$L_{Cmax} = 9.5\%$

$L_{Dmin} = 1.5\%$，$L_{Dmax} = 8.5\%$

由式（7 – 1 – 11）得

爆炸下限：$L_{mix1} = \dfrac{1}{\dfrac{0.80}{0.05} + \dfrac{0.15}{0.03} + \dfrac{0.04}{0.021} + \dfrac{0.01}{0.015}} \times 100\% \approx 4.2\%$

爆炸上限：$L_{mix2} = \dfrac{1}{\dfrac{0.80}{0.15} + \dfrac{0.15}{0.125} + \dfrac{0.04}{0.095} + \dfrac{0.01}{0.085}} \times 100\% \approx 14.1\%$

需要说明的是，上述各经验公式在计算可燃气体的爆炸浓度极限时，均没有考虑温度、压力等因数对浓度极限的影响。

## 7.2 螺旋爆轰现象及胞格结构

基于 ZND 模型，爆轰波结构假定为一维的、光滑的稳定爆轰波阵面结构，但实际上，爆轰波阵面是三维的、不光滑的、不稳定的。

爆轰波在接近爆轰极限的气体内，或者在化学反应活化能比较高、较难起爆的气体中传播时，实验发现了一种称为"螺旋爆轰"的现象。1926 年，Campbell 和 Woodhead 在研究气体混合物 $2CO + O_2$ 的爆轰时发现了这种现象。他们用高速照相机记录了螺旋爆轰的传播过程，如图 7.2.1 所示（图中波纹线是爆轰波迹线，直线是爆轰产物区的光亮条纹线）。由图可见，爆轰波阵面的传播速度是不均匀的，出现周期性的振动现象；爆轰波后产物区，有规则的水平光亮条纹线，而且此光亮条纹线与波阵面的波纹状迹线有关。波阵面迹线上的每一个突峰处，对应于反应产物区中的一条光亮条纹。

实验还发现，当螺旋爆轰波在涂有粉末的管子中传播时，往往在管壁上会留下螺旋运动的迹线。

实验表明，在上述爆轰过程中，爆轰波阵面是做螺旋运动的。

螺旋爆轰有单头的和多头的。一般在接近爆轰极限或很难起爆的混合气体中产生单头螺旋爆轰；如果在混合气体中含有加速反应的物质，或者在位于爆轰极限范围内但远离爆轰极限的情况下，便可能产生多头螺旋爆轰。

大量实验证明，螺旋爆轰是一种普遍存在的爆轰过程。不仅正常爆轰的混合气体在达到爆轰极限时可以由正常爆轰变为螺旋爆轰，而且用高分辨率的照相机可以发现正常爆轰实际上也是具有螺旋结构的，即正常爆轰实际上是头数极多的螺旋爆轰。

用高速纹影照相机、闪光干涉仪及烟灰实验技术，已经观察到这种爆轰波的非定常结构是在时间和空间上有一定规律的胞格结构。图 7.2.2 所示为在 30%（$2H_2 + O_2$）+70% Ar 中的爆轰波通过后，在侧壁上由烟灰实验得到的胞格痕迹。

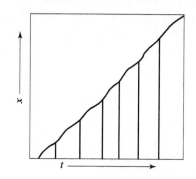

图 7.2.1　螺旋爆轰波迹线

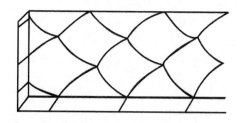

图 7.2.2　在 30%（$2H_2 + O_2$）+70%Ar 中的胞格痕迹

螺旋爆轰产生的原因是由爆轰波反应区内流动的非一维性造成的。这种非一维性是由于反应区内存在横向波，反应区内大量横波之间的相互作用形成了胞格结构，胞格结构的形成过程如图 7.2.3 所示。爆轰波从 A 点到 D 点完成一个传播周期，以某两个三波点的碰撞为起点，并以另外两个三波点的碰撞为终点。胞格在爆轰波传播方向长度为 L，横向宽度为 Z。在胞格周期的前半段（BC 线左侧），两个三波点间的波阵面以较高的马赫数向前传播，爆轰波速度大于相同时刻相邻胞格内的波阵面速度，三波点与壁面较强的剪切作用留下的轨迹形成了 AC 和 AB 两条迹线。由于两个横波的背向传播产生的膨胀效应，前导激波不断弱化（速度降低），化学反应带不断变宽。在胞格周期的后半段，由于在 B 点和 C 点发生了新

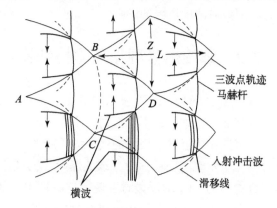

图 7.2.3　螺旋爆轰胞格结构的形成过程

的横波碰撞，产生了两个面向传播的三波点，胞格内爆轰波的马赫数继续降低，胞格内原来的马赫杆过渡为入射波。入射波马赫数不断降低，前导激波与化学反应带发生了一定程度的解耦，最终两个面向运动的横波在 $D$ 点碰撞生成新的马赫杆，完成一个传播周期。

虽然爆轰波宏观上是以稳定的速度传播的，但实际上爆轰波的运动速度在一个胞格内是随着其在传播过程中的不同位置而做周期性变化的（压力也如此），如图 7.2.4 所示。这与图 7.2.1 中螺旋爆轰波迹线的斜率变化是一致的。

爆轰波的胞格结构，不仅在气体爆轰波中已经被大量观察到，近年来在液体和固体炸药中也观察到有类似的结构。总之，实际爆轰波都是非一维的不定常结构。ZND 模型是对复杂爆轰波结构的简化。ZND 模型可称光滑的理想爆轰波。非定常结构的爆轰波，由于波阵面内复杂的多波系，反应区内的流动总是带有湍流的性质，这种爆轰波阵面是不平整的，呈现凹凸不平的形状，称为不光滑的或湍流爆轰波。

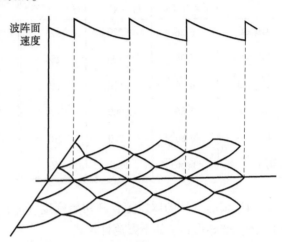

图 7.2.4　胞格内爆轰传播方向波速变化示意

如果提高照相机的分辨率，改进实验方法，会观察到不光滑的湍流爆轰波阵面。实际爆轰过程中的非定常结构湍流爆轰波是普遍存在的，而理想的光滑爆轰波则是极少见或者说是不存在的。

## 7.3　影响气体爆轰传播的因素

大量的实验结果表明，不同气体混合物爆轰波的传播速度在 1 000 ~ 35 00 m/s，此速度比这些混合气体在常温常压下的声速要大数倍。通过对实验结果进行总结分析，得到气体爆轰传播的影响因素。

（1）气体爆轰波的传播速度与盛气体管子的放置方法（垂直、水平或倾斜）、起爆源的种类、引爆端是闭口还是开口等无关。这些因素只影响爆轰成长为稳定状态时的区域长短，而不影响稳态时的速度值。

（2）混合气体的初始温度对爆轰波传播速度的影响很小。如爆鸣气（$2H_2 + O_2$）初始温度为 10 ℃ 和 100 ℃ 时测得的爆速值分别为 2 821 m/s 与 2 790 m/s；再如 $CH_4 + 3O_2$ 混合物在 10 ℃ 和 100 ℃ 时测得的爆速值分别为 2 581 m/s 和 2 538 m/s。高温时爆速值反而有所下降，主要是由于温度高，使气体密度减小了。

（3）混合气体的爆速随着其初始压力（$p_0$）的提高而提高。根据 Cook 对初压 $p_0$ 在 $(5 ~ 10) \times 10^4$ Pa 范围内对 $H_2—O_2—N_2$，$H_2—O_2—Ar$，$C_2H_2—O_2$ 等气体混合物测定的爆速数据，整理得到如下关系式：

$$D_{\mathrm{p}} = D_{\mathrm{p_0}} + \beta \lg (p/p_0) \qquad (7-3-1)$$

式中：$D_{\mathrm{p}}$ 和 $D_{\mathrm{p_0}}$ 分别表示压力为 $p$ 和 $p_0$ 时的爆速，$\beta$ 为常数。一些气体混合物的 $\beta$ 值和 $D_{\mathrm{p_0}}$ 值列于表 7.3.1 中。

表 7.3.1　一些气体混合物 $\beta$ 值和 $D_{\mathrm{p_0}}$ 值

| 气体混合物 | $p_0/$ ($\times 10^4$ Pa) | $D_{\mathrm{p_0}}/$ (m·s$^{-1}$) | $\beta/$ (m·s$^{-1}$) | 气体混合物 | $p_0/$ ($\times 10^5$ Pa) | $D_{\mathrm{p_0}}/$ (m·s$^{-1}$) | $\beta/$ (m·s$^{-1}$) |
|---|---|---|---|---|---|---|---|
| $4H_2 + O_2$ | 6.86 | 3 220 | 325 | $2H_2 + O_2 + 2N_2$ | 0.7 | 2 220 | 50 |
| $3H_2 + O_2$ | 6.86 | 3 100 | 250 | $3C_2H_2 + O_2$ | 1.03 | 2 520 | 0 |
| $2H_2 + O_2$ | 6.86 | 2 850 | 160 | $2C_2H_2 + O_2$ | 1.03 | 2 660 | 45 |
| $H_2 + O_2$ | 6.86 | 2 300 | 100 | $C_2H_2 + O_2$ | 1.03 | 2 920 | 160 |
| $H_2 + 2O_2$ | 6.86 | 1 920 | 10 | $C_2H_2 + 3O_2$ | 1.03 | 2 729 | 150 |
| $2H_2 + O_2 + N_2$ | 6.86 | 2420 | 60 | | | | |

（4）混合气体的爆速随着其初始密度（$\rho_0$）的增大而提高。对遵守定余容阿贝尔方程的气体，推导得到了如下爆速计算式：

$$D = \frac{1}{1 - b\rho_0} \sqrt{2(k^2 - 1)Q_{\mathrm{e}}} \qquad (7-3-2)$$

式中：$b$ 为余容。

根据公式计算爆鸣气在 $b = 0.75 \ \mathrm{cm^3/g}$ 时爆速 $D$ 与 $\rho_0$ 之间的理论关系，如图 7.3.1 所示。由图可知，爆鸣气密度 $\rho_0$ 从 $0.1 \ \mathrm{g/cm^3}$ 增加到 $0.5 \ \mathrm{g/cm^3}$ 时，爆速 $D$ 值由 3 000 m/s 提高到 4 400 m/s。图中小圆圈为实验数据，与理论值很符合。

（5）不参加化学反应的添加气体（惰性气体及其他气体）对混合气体爆轰速度有重要影响，其影响规律与添加气体的性质相关。表 7.3.2 列出了添加不等量 $H_2$ 以及 He、Ar 对爆鸣气爆速和爆温的影响。由表中的数据可知，不参加反应的添加气体使得爆温降低，这是因为加入这些添加物对爆炸放热反应不但没有贡献，反而由于它们的吸热效应而导致爆温降低。较重的添加气体（如 Ar）在降低爆温的同时也降低了气体混合物的爆速，但较轻的添加气体（如 He 和 $H_2$）使爆速增大。这是因为 He 和 $H_2$ 比较轻，使得爆炸反应产物的平均分子量 $M_{\mathrm{j}}$ 减少，从而导致爆速 $D$ 的提高。

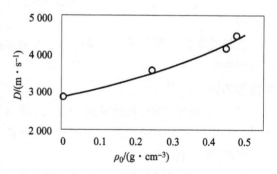

图 7.3.1　$2H_2 + O_2$ 的爆速 $D$ 与 $\rho_0$ 之间的理论关系

表 7.3.2　添加不等量 $H_2$ 以及 He、Ar 对爆鸣气爆速和爆温的影响

| 气体混合物组成 | 爆温 $T_j/K$ | 爆速 $D$ / $(m \cdot s^{-1})$ | 气体混合物组成 | 爆温 $T_j/K$ | 爆速 $D$ / $(m \cdot s^{-1})$ |
|---|---|---|---|---|---|
| $2H_2 + O_2$ | 3 583 | 2 819 | $2H_2 + O_2 + 3He$ | 3 265 | 3 130 |
| $2H_2 + O_2 + 2H_2$ | 3 314 | 3 273 | $2H_2 + O_2 + 5He$ | 3 097 | 3 160 |
| $2H_2 + O_2 + 4H_2$ | 2 976 | 3 527 | $2H_2 + O_2 + 3Ar$ | 3 265 | 1 800 |
| $2H_2 + O_2 + 6H_2$ | 2 650 | 3 532 | $2H_2 + O_2 + 5Ar$ | 3 097 | 1 700 |

## 7.4　云雾爆轰现象

20 世纪 60 年代末 70 年代初，美国在侵越战争中首先使用了燃料空气炸弹（fuel air explosive，FAE），为其开辟直升机着陆场，破坏地面防护设施、雷达和各种机动车辆，以及利用它爆炸所形成的强烈冲击波扫除地雷、杀伤有生力量等。近年来，大力开展利用燃料－空气炸弹对付各种储罐、飞机、机库、导弹发射场以及各种海上舰船等的新武器的研究工作已取得显著进展。燃料空气炸弹利用的是云雾爆轰原理。云雾爆轰是指液体燃料雾滴散布于气体氧化剂或空气当中形成的液－气两相混合物的爆轰。近几十年来的实验研究表明，这种两相体系，在适当的混合比例条件下可以利用药柱爆炸或强冲击波激起其爆轰的传播。

### 7.4.1　云雾爆轰现象

美军在越南战争中使用的 CBU 型燃料空气炸弹是一种圆筒形容器，内装有约 37 kg 的环氧乙烷（$C_2H_4O$）燃料，其结构如图 7.4.1 所示。在距地面一定高度上炸开弹体，顿时形成有大量直径为零点几厘米乃至零点几毫米的小油滴散布于周围的空气当中，并在几十毫秒内形成直径为十几米、高数米的云雾气团（此时，使所形成云雾团内环氧乙烷的浓度确保在爆炸浓度上下限，即在 6%～24%），而后借助于从弹内抛掷到一定高度位置上的引爆装置延时起爆。

云雾爆轰波的传播速度为 1.5～3 km/s，所形成的爆轰压力可达 1.0～3.0 MPa。云雾爆轰所形成的气体产物向周围的膨胀流动以及所形成的爆炸冲击波超压可造成人畜死伤和各种设施破坏。此外，云雾爆轰过程中大量消耗空气中的氧而引起的窒息效应也可造成有生力量死伤。燃料云雾的密度比空气大，在扩散过程中可向低洼、半密闭空间内流动，可实现对坑道和掩体内目标的打击。

二次引爆型燃料空气弹发展二代，由于需要二次引爆，其可靠控制相对复杂。从第三代燃料空气弹开始，将二次起爆改为一次起爆，简化了弹的结构，提高了其作战的可靠性。一次引爆型燃料空气弹的技术研究主要是基于 SWACER 机理，即依靠爆炸介质本身放热释放的能量，激发最初微弱的冲击波发生化学反应，进而迅速放大形成爆轰。依据 SWACER 机理，需要借助某种手段使爆炸介质有适当的诱发时间梯度分布，在燃料与空气充分混合后在特定时间间隔之后发生爆炸。一次引爆早期的技术主要有化学催化法、光化学催化法等。

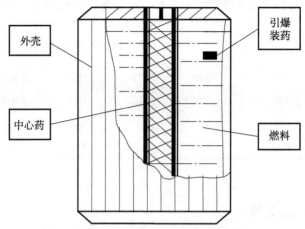

**图7.4.1 二次引爆型燃料空气弹结构示意**

化学催化法是在燃料空气云雾形成的同时散布化学催化剂或利用燃料本身的化学结构使云雾经过一定诱发期后自行爆轰。光化学催化法与化学催化法类似，通过光解作用使气体介质产生大量的自由基，当自由基浓度超过某一临界浓度，经过一定诱导时间时，会自发迅速地成长为爆轰。

上述两种方法对气体介质或催化剂本身有较高的要求，在技术上存在较大的难度。目前已转为实用的技术，即在高能燃料中加入猛炸药，这些猛炸药颗粒较为敏感，在中心抛撒装药冲击波作用飞散过程中会发生反应，形成热点，进而产生反应冲击波和快速爆燃。这种装药也可以使用金属粉末或其他固体燃料，这种弹药常称温压弹药，它是在燃料空气炸弹的基础上研制出来的，是燃料空气炸弹的高级发展型。温压炸药兼具高爆炸药和燃料空气炸药的特点，其爆炸场参数介于高爆炸药和燃料空气炸药之间，即具有较高的初始冲击波压力且衰减较慢。温压弹药形式有多种，反应机理也不同，因考虑本章的主要内容为气相爆轰，所以其相关的特性和理论在此不作介绍，以下主要介绍传统云雾爆轰。

云雾爆轰是一种两相混合物的不均匀爆轰。显然，与均匀的气相爆轰相比，云雾爆轰现象及其机理要复杂得多。

云雾爆轰过程和现象可以通过图7.4.2所示的爆轰激波管实验装置来观测。其中均匀尺寸液滴或多颗粒度的液滴是利用爆轰激波管上端的液滴发生器产生的。该液滴发生器像个圆筒形的盒子，底板上安装有很多相互平行的细管。这些细管的上部有一个与振动器一起动作的盖板，它们以预先设定的适当频率振动，于是从细管中喷出尺寸大小合适并间隔时间一定的雾滴，它们在充有一个大气压（约98 kPa）氧气的爆轰激波管中自由下落。

图7.4.2中爆轰激波管的第一观察窗口是用来观察云雾形成状况的。云雾爆轰是借助于安装在左上角的起爆激波管（该管与爆轰激波管成45°）激发的。起爆激波管通常充以一个大气压的氢氧混合气体，并以爆轰方式起动，从而在入口处造成马赫数约为3.5的起爆冲击波。

为了观察云雾爆轰波的传播过程及爆轰反应区内所发生的现象，正对着实验段窗口设置有条式照相机和分幅式纹影照相机。后者主要用来拍摄记录反应区内所发生的现象。分幅照相是借助于和自亮度减至最小值的电磁快门同步并且能量为1 J的脉冲闪光光源进行拍摄的。条式照相则是借助于放置在实验段窗口背面并始终与实验段平行的氙灯管所发出的平行光实现的，它主要用来拍摄云雾爆轰及液滴的动力学行为。为了获得爆轰激波管不同位置处的爆轰压力及爆轰波传播的平均速度，在爆轰激波管不同部位管壁上嵌置了一系列压电传感器；为了测定经过管壁耗散出去的局部热量，并估算爆轰反应区的范围，在爆轰激波管不同部位还安装了膜式铂金电阻热传输传感器，这类传感器的输出与壁温成比例，并可利用数字式存储器储存记录下来。

　　实验观察表明，云雾爆轰波的前沿冲击波是相当平的。在前沿冲击波通过后，液滴发生变形，气流与液滴相对流动而形成弯曲冲击波和尾部冲击波，由液滴尾部细雾滴开始扩展形成球形爆炸波。由压电传感器得到的压力记录表明，这种局部球形爆炸波的确存在，同时此爆炸波的压力比前沿冲击波阵面后的压力高 2~3 倍。此球形爆炸波向四周扩展，造成附近液滴破碎，并进而激发爆轰。在爆轰激波管的纵向上，此爆炸波的传播将使前沿冲击波加速和增强，而在相反方向上将使气体流动减慢，这时液滴所释放的能量起不到支持前沿冲击波的作用而被消散掉。根据对条式摄影记录的分析估计，当量比为 0.23、尺寸为 2 600 $\mu m$ 的 DECH 液滴 – 氧云雾在波速约 1 200 m/s 时，液滴破碎并完全燃尽的时间为 500~600 $\mu s$。由此可见，这种粗颗粒云雾爆轰波的反应区宽度是相当可观的。

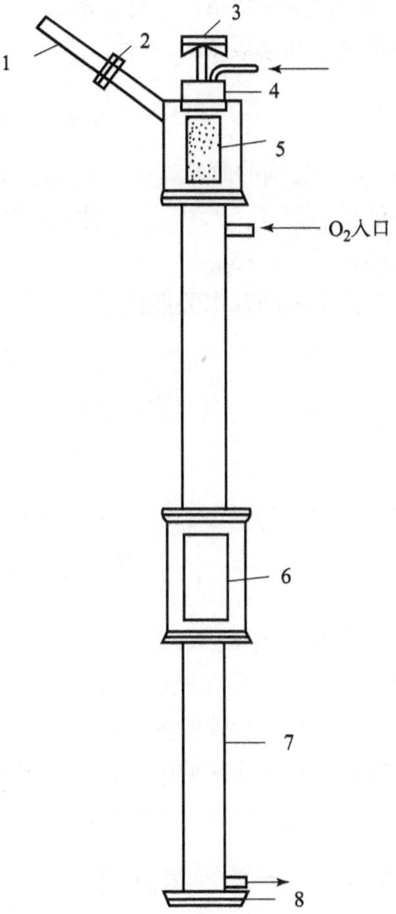

**图 7.4.2　典型的云雾爆轰激波管实验装置**
1—起爆激波管；2—隔膜；3—振动器；
4—液滴发生器；5—第一观察窗口；
6—实验段观察窗口；7—方形管；
8—隔膜

　　根据观察到的粗颗粒云雾爆轰的现象可知，在云雾爆轰过程中，前沿冲击波传过之后液滴经历了变形、剥离和打碎过程，而这正是粗颗粒云雾能够发生爆轰并能够发展成稳定爆轰的主要原因。其主要的特性有以下几个方面。

　　（1）粗颗粒云雾爆轰波的结构是相当复杂的。在前沿冲击波通过后，液滴加速、产生变形，并因与气流的相对流动而发生剥离和打碎现象，继而出现环绕液滴的、复杂的冲击波结构，发生一般由液滴尾部细雾滴开始的局部爆炸并扩展，最后出现局部爆炸所产生的二次冲击波的传播等。但是，纹影照片表明，无论爆轰波反应区结构多么复杂，其前沿冲击波却平得出奇。

　　（2）粗颗粒云雾爆轰能自持传播，起主导作用的是前沿冲击波高速气流对液滴的剥离作用和破碎作用。相比之下，油料的汽化过程是极其次要的。

　　（3）粗颗粒云雾爆轰波反应区的宽度主要取决于云雾中液滴的剥离和被打碎过程的时

间 $t_b$。根据实验室条件下进行的实验研究及冲击波、波后气流与液滴相互作用的分析，当前沿冲击波的马赫数 $Ma > 3$ 时，$t_b$ 可用如下的半经验式进行估算：

$$\frac{t_b}{d} = 2\varepsilon(\rho_1/\rho_{g1})^{1/2}(\rho_{g1}/\rho_{g2})^{1/2}(u_2)^{-1} \qquad (7-4-1)$$

式中：$d$ 为液滴的原始直径；$u_2$ 为前沿冲击波阵面后立即形成的氧气质点的流动速度；$\rho_1$ 为液态油料的密度；$\rho_{g1}$ 和 $\rho_{g2}$ 分别为前沿冲击波阵面前和后氧气的密度；$\varepsilon$ 为与液滴相对变形有关的常数，$\varepsilon = 5$。

由冲击波的基本关系式

$$\rho_{g1}D = \rho_{g2}(D - u_2) \qquad (7-4-2)$$

可知

$$u_2^{-1} = \frac{1}{D}\left(1 - \frac{\rho_{g1}}{\rho_{g2}}\right)^{-1} \qquad (7-4-3)$$

将式（7-4-3）代入式（7-4-1）并取 $\varepsilon = 5$，得到液滴破碎的无量纲时间

$$\bar{t}_b = \frac{t_b D}{d} = 10(\rho_1/\rho_{g1})^{1/2}(\rho_{g1}/\rho_{g1})^{1/2}[1 - (\rho_{g1}/\rho_{g2})]^{-1} \qquad (7-4-4)$$

以上诸式中 $D$ 表示云雾爆轰前沿冲击波的速度。

（4）鉴于粗颗粒液滴在云雾爆轰过程中所经历的破碎时间较长，爆轰释放出的能量将有相当一部分通过管壁损失掉。另外，还有一部分能量被局部爆炸所形成的二次冲击波的反向传播散失到后面区域中。这一情况再加上反应区中液滴的不完全燃烧等因素，就决定了粗颗粒云雾爆轰反应区是比较宽的。

### 7.4.2 云雾爆轰机理

到目前为止，对云雾爆轰现象的研究还不充分、不完整，当然对云雾爆轰的机理的认识也有待深入。从报道过的资料和文献中可知，对云雾爆轰机理有如下两种看法。

**1. 受液滴的极限汽化速度控制的爆轰机理**

任何油料在一定温度下都是具有一定挥发性的。温度升高，挥发汽化的速度也加快。直径小于 $10~\mu m$ 的液滴与气体氧化剂所构成的云雾在爆轰过程中，油、氧化学反应速度、放热速度，以及爆轰波反应区的宽度等，主要受液滴油料在前沿冲击波过后的极限汽化速度的控制。就是说，在前沿冲击波通过后，云雾的压力、温度等发生突跃。此时云雾中的液滴便以当时条件下的极限汽化速度汽化，而后扩散与周围氧气迅速混合并展开爆轰；爆轰所放出的能量支持前沿冲击波的继续传播。由于此种云雾中液油滴的尺寸很小，可以在 $10^{-6}~s$ 数量级的时间迅速汽化完毕，所以，此类云雾爆轰与均匀气相混合物的爆轰是极其相近的。据报道，尺寸为几微米的癸烷–氧云雾，其爆轰速度与均匀气相爆轰的 C–J 速度相近，而爆轰反应区的宽度据估算约为均匀气相爆轰反应区宽度的 4 倍。

**2. 受液滴的剥离效应控制的云雾爆轰机理**

对于液滴尺寸数量级为 $10^2~\mu m$ 的云雾，按上述的云雾爆轰模型进行计算，结果表明，直至液滴速度与气体流速到相等时刻，只有极小的一部分油料参加反应并被消耗掉。然后，液滴尺寸减小得更慢。按此模型计算，到液滴全消耗光时，估计反应区宽度约有 6 m。这显

然是不可能的，因为在这样宽的反应区情况下，化学反应所释放出的热量根本不足以弥补反应区之外的热量损失，这样爆轰就不可能自持传播。然而，许多实验事实表明，液滴尺寸为几百微米的云雾，其爆轰是完全可以自持传播的。为解释这种矛盾现象，曾提出了一种所谓液滴的剥离机理。按此机理，粗颗粒云雾爆轰波反应区中所发生的情况是这样的：在云雾爆轰波的前沿冲击波传过后，气体立即获得一个与波同方向的流动速度；而液滴由于密度大、质量大，具有比较大的惯性，所以最初获得的速度较低，这样就在气体流与液滴之间产生了相对流动。据估计，这种相对流动速度（气体速度 $u_g$ − 液滴速度 $u_{yd}$）为 $10^2 \sim 10^3$ m/s 的数量级。在此高速相对流动过程中，液滴的惯性、表面张力和液气黏滞性，便在液滴表层内形成逆气流方向的剪应力，进而液滴被逐层剥离，在液滴尾部不断形成被剥离下来的细雾滴群。这些细雾滴迅速汽化、燃烧、释放化学能，支持云雾爆轰的继续传播。

综上所述，前沿冲击波阵面后感生的气流与液滴相对流动，不断从大液滴上剥离出细雾滴，这些细雾滴不断汽化，不断反应，支持较粗颗粒云雾爆轰的传播。

# 第8章

# 凝聚炸药爆轰

所谓凝聚炸药，是指液态和固态炸药。与气体爆炸物相比，除聚集的体态不同之外，凝聚炸药具有密度大、爆速高、爆轰压力大、所形成的能量密度高等特点，因而爆炸的破坏性强、威力大。此外，凝聚炸药的体态便于储存、运输、成型加工和使用，因而在军事和民用上获得了广泛的应用。

本章对凝聚相爆轰相关的问题，诸如凝聚相炸药爆轰波传播现象、爆轰波参数实验测试方法、爆轰波传播的规律及其影响因素和爆轰波形的控制理论与技术等进行了系统的论述。

## 8.1 凝聚炸药爆轰波参数的实验测定方法

### 8.1.1 爆速测试

所谓爆速是指爆轰波沿爆炸物进行传播的速度，量纲为 m/s 或 mm/μs。爆速是爆轰波阵面一层一层地沿爆炸物传播的速度。炸药的爆速是衡量炸药爆炸性能的重要标志量，也是爆轰波参数中当前能测量的最准确的一个参数。爆速的精确测量为检验爆轰理论的正确性提供了依据，并且在炸药应用研究上具有重要的实际意义。爆速的测量方法可分为以下两大类。

第一类是利用各种类型的测时仪器或装置测定爆轰波从一点传到另一点所经历的时间间隔 $\Delta t$，然后去除两点间的距离 $\Delta s$，这样就可得到爆轰波在两点间传播的平均速度 $D_{pj}$，即

$$D_{pj} = \frac{\Delta s}{\Delta t} \tag{8-1-1}$$

这类方法称为测时法。

第二类为高速摄影方法。它是利用高速摄影机，借助于爆轰波阵面的发光现象将爆轰波沿装药传播过程的轨迹连续地拍摄下来。因此这种方法可以测得爆轰波通过任一点的瞬时速度。

#### 1. 测时法

随着测试仪器设备的发展，爆轰波传播速度的精确测量已不存在技术上的困难。当前利用电子探针 - 高精度信号记录仪系统测量爆速的精度已相当高，误差一般小于 0.1%。图 8.1.1 展示的是用探针法测爆速装置的线路。其中 $A$、$B$、$C$、$D$ 为四对电离式电子探针，起电离式传感器的作用。

探针用的是直径为 10~30 μm 的细镍丝或铜丝，两根针的间隙为 1 mm 左右。

当爆轰波沿药柱传播至 $A$ 时，因为爆轰波阵面上的产物处于高温高压状态下电离为正、

负离子，具有很好的导电性，因而使互相绝缘的一对探针 $A$ 接通，使电容 $C_1$ 放电，给示波器一个脉冲信号。当爆轰波相继传至 $B$、$C$、$D$ 时，分别使电容 $C_2$、$C_3$、$C_4$ 放电。信号相继传给波形存储器进行存储，并借助于计算机打印输出，同时算出通过 $A$、$B$、$C$、$D$ 各探针的时间间隔 $\Delta t$，由于 $\overline{AB}$、$\overline{BC}$、$\overline{CD}$ 预先已精确测出，故可以算出相应的平均速度值。图 8.1.2 所示为典型的测时脉冲信号。

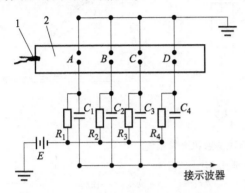

**图 8.1.1　用探针法测爆速装置的线路**

1—雷管；2—被测炸药

**图 8.1.2　典型的测时脉冲信号**

需要指出的是，为了避免引爆后不稳定爆轰段对测量精度的影响，$A$ 探针应离开起爆端一定距离，以使爆轰波传播速度达到稳定值。这个距离一般取为装药直径的 3~4 倍。

**2. 高速摄影法**

高速摄影法是利用爆轰波阵面传播时的发光现象，用转鼓式或转镜式高速摄影机将爆轰波阵面沿药柱移动的光迹拍摄记录在胶片上，得到爆轰波传播的时间–距离扫描曲线，而后用工具显微镜或光电自动读数仪测量曲线上各点的瞬时传播速度。

转鼓式高速摄影装置如图 8.1.3 所示，感光胶片固定在摄影机内的转鼓上，它随转鼓而转动，因此，爆轰波沿药柱传播过程反映在胶片上则为一条扫描曲线。

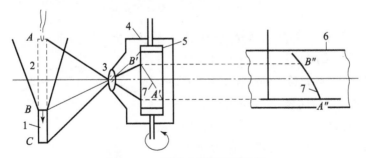

**图 8.1.3　转鼓式高速摄影装置**

1—炸药；2—爆轰产物；3—镜头；4—摄影机暗箱；5—转鼓；6—胶片；

7—拍摄的爆轰过程的时间–距离扫描线

这种装置装在转鼓上的胶片在高速转动时，因受到离心力作用而容易引起破坏，因此只能用它测定低速过程。

转镜式高速摄影机克服了上述缺点。它的特点是胶片固定不动，而以高速旋转的平面转镜代替转鼓，故称转镜式高速摄影机。其光学系统如图 8.1.4 所示。

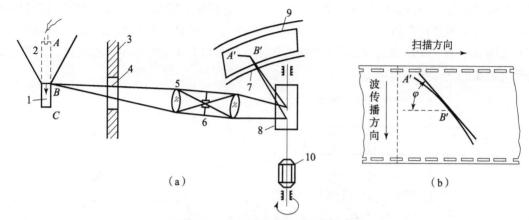

**图 8.1.4　转镜式高速摄影机光学系统**

（a）原理；（b）反射光线在胶片上的扫描曲线

1—药柱；2—爆轰产物；3—防护墙；4—透光玻璃口；5—物镜；6—狭缝；

7—摄影机框；8—转镜；9—胶片；10—高速电机

转镜式高速摄影机广泛地用来研究高速过程。其扫描线速度高达每秒数千米乃至每秒数万米。若装上分幅装置进行分幅照相，其拍摄速度可达每秒数百万幅到每秒数千万幅。

利用转镜式高速摄影机测爆速的基本原理如下：如图 8.1.4（a）所示，药柱引爆后，爆轰波由 $A$ 经 $B$ 传至 $C$，爆轰波阵面所发射出的光经过物镜到达转镜上，再由转镜反射到固定的胶片上。由于转镜以一定的角速度旋转，因此，当爆轰波由 $A$ 传至 $B$ 时，反射到胶片上的光点就由 $A'$ 移动到 $B'$。这样，在胶片上就得到一条扫描曲线，如图 8.1.4（b）所示，这条扫描曲线是与爆轰波沿炸药的传播过程相对应的。

设摄影机的放大系数为 $\beta$（一般 $\beta<1$），反射光点在胶片上水平扫描的线速度为 $v$，光点向下移动的速度应为爆速 $D$ 的 $\beta$ 倍，因此得到

$$-\tan\varphi = \frac{-\beta D}{v}, \quad D = \frac{v}{\beta}\tan\varphi \tag{8-1-2}$$

扫描线速度 $v$ 等于反射光线旋转的角速度 $\omega_1$ 乘以扫描半径，即

$$v = R\omega_1 \tag{8-1-3}$$

所谓扫描半径 $R$，即转镜中轴线到固定胶片的距离。而反射光线的角速度 $\omega_1$ 又是与转镜旋转的角速度 $\omega_2$ 有关的，$\omega_1$ 与 $\omega_2$ 的关系可由图 8.1.5 确定。由图可知，转镜初始位置为 $MN$，光线 $AO$ 入射在镜面后的反射光线为 $OB$。当转镜转了一个 $\alpha$ 后，反射光线为虚线 $OB'$。根据入射角与反射角相等的原理可知 $\angle AOn + \angle nOn' = \angle n'OB + \angle BOB'$，而 $\angle AOn = \angle nOB$，$\angle nOn' = \alpha$，故 $\angle nOB + \alpha - \angle n'OB = \angle BOB'$，由于 $\angle nOB - \angle n'OB = \alpha$，因此得到 $\angle BOB' = 2\alpha$。

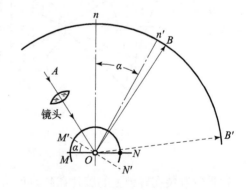

**图 8.1.5　高速摄影原理**

$MN$—转镜初始位置；$M'N'$—转 $\alpha$ 后转镜位置

由以上可知

$$\omega_1 = 2\omega_2 \tag{8-1-4}$$

若转镜每分钟转数为 $n$，则 $\omega_2 = 2\pi n$，故将 $w_1 = 4\pi n$ 代入式（8-1-2）得到

$$D = \frac{4\pi n R}{\beta}\tan\varphi \tag{8-1-5}$$

国产 GSJ 型高速摄影机的平均扫描半径 $R = 238.6$ mm。由此可知，用高速摄影机测炸药爆速时的数据处理归纳为，测量拍照得到的扫描曲线上某一点切线的斜率 $\tan\varphi$。

需要指出的是，$\varphi$ 角测量的准确性对爆速 $D$ 的测量有很大影响，因此，尽量使扫描线的斜率接近于 $\varphi = 45°$，对 $D$ 的测量精度最为有利。为此，在进行摄影之前，需选择一个有利的转镜转速 $n_f$。由于 $\tan 45° = 1$，得到

$$n_f = \frac{\beta D}{4\pi R} \tag{8-1-6}$$

应用转镜式高速摄影机测量炸药爆速的最大相对误差，对于稳定爆轰过程的测量约为 $\pm 1\%$，对于变速爆轰过程约为 $\pm 2.5\%$。

这种方法的优点是可以测试记录整个爆轰过程中爆轰波传到各点时的瞬时速度；缺点是仪器操作复杂，测试精度比电子探针法稍差。

## 8.1.2　爆轰压力测试

使用锰铜压阻法测试冲击作用下炸药起爆过程中的压力变化历史，测量采用脉冲恒流源对锰铜压阻传感器供电，把压阻传感器在压力作用下产生的相对压阻变化 $\Delta R/R_0$ 转换成可以传输的压力模拟信号——相对电压变化信号 $\Delta V/V_0$，并由示波器记录和输出。

图 8.1.6 所示为恒流测量电路，电源 $E$ 对由恒流源内阻 $R_L$ 和传感器电阻 $R_0$ 组成的分压电路供电，产生回路电流 $I_0$，其中

$$E = I_0(R_L + R_0), \quad V_0 = I_0 R_0 \tag{8-1-7}$$

当爆轰波作用到传感器时，传感器电阻 $R_0$ 由于压阻效应而有一个增量 $\Delta R$，因此，$R_0$ 变为（$R_0 + \Delta R$）；与此相应的 $V_0$ 变为（$V_0 + \Delta V$），$I_0$ 变为（$I_0 + \Delta I$），其分别为电压增量和电流增量。

由欧姆定律

$$(V_0 + \Delta V) = (I_0 + \Delta I)(R_0 + \Delta R) \tag{8-1-8}$$

可知

$$\frac{\Delta V}{V_0} = \frac{\Delta R}{R_0} + \frac{\Delta I}{I_0} + \left(\frac{\Delta R}{R_0}\right)\left(\frac{\Delta I}{I_0}\right) \tag{8-1-9}$$

若 $E$ 为恒压源，则可得电流增量

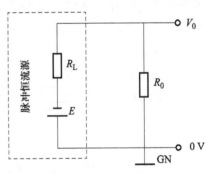

图 8.1.6　恒流测量电路

$$\begin{cases} \Delta I = \dfrac{E}{R_L + R_0 + \Delta R} - \dfrac{E}{R_L + R_0} \\[3mm] \dfrac{\Delta I}{I_0} = -\dfrac{\Delta R}{R_L + R_0 + \Delta R} \end{cases} \tag{8-1-10}$$

式中：$\Delta I/I_0$ 为负，表示电流减小，恒流源内阻 $R_L \approx 50\ \Omega$，传感器电阻 $R_0 \approx 0.05 \sim 0.2\ \Omega$。

可以看出，$R_0 \ll R_L$，因此，$R_0 \ll (R_L + R_0 + \Delta R)$，其倒数 $\dfrac{\Delta R}{R_L + R_0 + \Delta R} \ll \dfrac{\Delta R}{R_0}$。

根据式（8-1-10），可得

$$\left|\frac{\Delta I}{I_0}\right| \ll \left|\frac{\Delta R}{R_0}\right|,\ \left|\frac{\Delta I}{I_0}\right| \to 0,\ I = 常数$$

所以，式（8-1-9）演变为

$$\frac{\Delta R}{R_0} = \frac{\Delta V}{V_0} \tag{8-1-11}$$

式（8-1-10）表明，由于传感器电阻 $R_0$ 远小于恒流源的内阻 $R_L$，测量过程中电路的电流变化 $\Delta I$ 很小，可以忽略不计，所以认为电路的电流恒定。

图 8.1.7 所示为恒流电路的输出波形，示波器测量记录的是传感器电阻 $R_0$ 两端的电压变化，$V_0$ 为爆轰波未达到传感器时示波器记录的电压值，$\Delta V$ 为爆轰波作用到传感器后由压阻效应产生的电压增量，$V(t)$ 为波后压力随时间的变化。因此，在一个记录波形中可以同时获得 $V_0$ 和 $\Delta V$，这样根据事先对传感器标定得到的压阻关系就可以计算出炸药中测量位置的爆轰波压力及其随时间的变化。

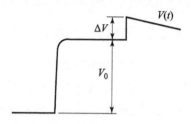

很明显，当作用于传感器的压力较低，$\Delta R/R_0$ 较小，相应地 $\Delta V$ 的幅度太小，即 $\Delta V \ll V_0$ 时，$\Delta V$ 的精度无法保证，所以不宜采用脉冲恒流测量电路，而应当采用电桥测量电路。

采用脉冲恒流测量电路时，$R_0$ 的选择十分重要。在爆炸与冲击过程的测量中，许多被测对象很小，如雷管和导爆索等，所以宜选用敏感元件几何尺寸较小

**图 8.1.7　恒流电路的输出波形**

的低阻值锰铜压阻传感器；另外，从传感器的制作工艺上考虑，阻值低的压阻传感器容易加工和装配。例如 H 型压阻传感器（图 8.1.8）敏感部分 SE 的电阻为 $0.05 \sim 0.2\ \Omega$，宽为 $0.2 \sim 0.6$ mm，长为 $1 \sim 2$ mm。

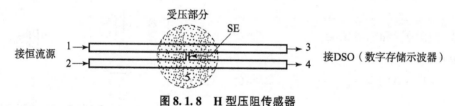

**图 8.1.8　H 型压阻传感器**

在使用压阻传感器测量炸药爆轰压力时，将压阻传感器埋入炸药中间，如图 8.1.9 所示。该图为炸药冲击起爆一维拉格朗日实验分析测试系统。实验原理是雷管引爆起爆药，同时导通触发探针，脉冲恒流源开始给压力传感器供电，冲击波经炸药平面透镜进行波形调整后形成平面爆轰波，起爆梯恩梯加载炸药，产生的平面爆轰波经空气隙和隔板衰减后得到的平面冲击波对待测试的 PBX 炸药进行加载，埋在炸药中4个不同位置（$h_1$，$h_2$，$h_3$，$h_4$）的锰铜压阻传感器测得当地的压力信号，并通过示波器记录。

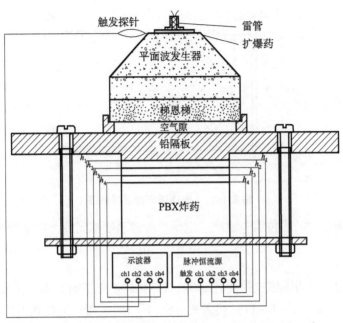

**图 8.1.9　炸药冲击起爆一维拉格朗日实验分析测试系统**

测试系统的加载部分采用炸药平面透镜爆轰加载及空气与隔板综合衰减技术，在被测炸药片之间嵌入锰铜压阻传感器，通过变化薄片炸药的厚度来调整所需测试的拉格朗日位置。实验使用的锰铜压阻传感器为 H 型，传感器电阻 $R_0 = 0.1 \sim 0.2\ \Omega$，为维持爆轰压力测量时间，每个传感器的两面用聚四氟乙烯薄膜包覆，第一个位置采用 0.2 mm 厚的聚四氟乙烯薄膜，其余三个位置采用 0.1 mm 厚的聚四氟乙烯薄膜，使用 FS – 203A 胶封装。图 8.1.10 所示为用 0.1 mm 厚的聚四氟乙烯薄膜包覆好的 H 型锰铜压阻传感器。

### 8.1.3　粒子速度测试

图 8.1.11 所示为电磁速度传感器原理。图中 SE 是传感器的敏感元件，由铜箔或铝箔等制成。当以初始时刻位置作为拉格朗日坐标时，SE 坐标是不变的。如果 SE 在欧拉坐标中有位移 $w$，根据平面对称一维运动的速度定义

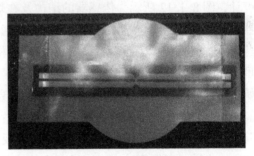

**图 8.1.10　用 0.1 mm 厚的聚四氟乙烯薄膜包覆好的 H 型锰铜压阻传感器**

$$u = \frac{\mathrm{d}w}{\mathrm{d}t} \qquad (8 - 1 - 12)$$

图中 $\Delta A$ 是敏感元件 SE 切割磁力线的面积，负号表示减少了传感器敏感元件金属框所包围的面积 $A$，从图中可以看出

$$\Delta A = - wl \qquad (8 - 1 - 13)$$

$t$ 时刻金属框所包围的面积为

$$A = A_0 + \Delta A \qquad (8 - 1 - 14)$$

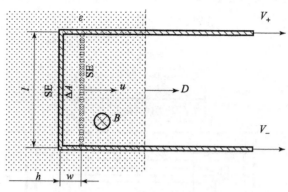

**图 8.1.11 电磁速度传感器原理**

根据普通物理学中的法拉第电磁感应定律，传感器敏感元件上产生的电动势为

$$\varepsilon = -\frac{\mathrm{d}\Phi}{\mathrm{d}t} = -\frac{\mathrm{d}(BA)}{\mathrm{d}t} \tag{8-1-15}$$

式中：$\Phi$ 为磁通量；$B$ 为磁感应强度。图 8.1.11 中 $B$ 正交于图平面，在 SE 附近 $B$ 为常量。将式（8-1-12）~式（8-1-14）代入式（8-1-15），可得电磁速度传感器的基本公式：

$$\varepsilon = Blu \tag{8-1-16}$$

式（8-1-16）也可以由作用在自由电子上洛伦兹力与静电力的平衡推导出来。当 $B$ 的单位为 Tesla，$l$ 的单位为 mm，$u$ 的单位为 mm/μs 时，电动势 $\varepsilon$ 的单位为 V。式（8-1-16）中 $u$ 为电磁速度传感器的输入量，即激励函数；$\varepsilon$ 为传感器的输出量，即响应函数；$Bl$ 为传感器的灵敏度。增加磁感应强度 $B$ 和敏感元件 SE 的长度 $l$ 就增强了传感器的灵敏度。

美国 Lawrence Livermor 国家实验室（LLNL）设计了一种组合式多重拉格朗日电磁粒子速度计，图 8.1.12 所示为传感器的结构及在炸药样品中的安装方式，目前主要采用这种传感器对炸药的冲击起爆过程进行测量。实验通常利用轻气炮驱动已知其材料性质的飞片撞击炸药样品，一发实验中至少可以测量 10 个拉格朗日位置的粒子速度剖面。图 8.1.13 所示为典型的实验装置，电磁粒子速度计波形跟踪了反应波的整个增长过程，从初始入射的冲击波开始，经过增长过程，一直到接近完全爆轰。除了粒子速度量计，组合式量计中称为"shock tracker"的量计提供了冲击波阵面位置与时间的函数关系信息，其与从传统炸药楔形实验获得的信息相同，用此信息，可以确定反应波达到爆轰的位置和时间。由此，该实验方法在每一发冲击起爆实验中可以得到比其他任何实验更丰富的信息，所有关于未反应状态、反应波发展、反应波阵面加速、到爆轰的转变和爆轰状态等都可以在一发实验中获得。

国外采用的典型电磁粒子速度计（图 8.1.12）的制作方法为：首先在一层厚度为25 μm 的 FEP（氟化乙丙烯）特氟隆绝缘层上镀一层 5 μm 厚的铝箔，然后经过涂层、曝光和蚀刻等工序使铝箔变成设计好的样式，最后再在上面粘一层 25 μm 厚的 FEP 特氟隆绝缘层，整个量计的厚度大约为 60 μm。速度计由多个"U"形电磁粒子速度计和"冲击波跟踪器"组合而成。图 8.1.12 中形状像"马镫"的是粒子速度计，水平平行的部分在实验时切割磁力线而产生感应电动势，是速度计的敏感单元。"锯齿"形状的为冲击波跟踪器，实验时可以对冲击波阵面的速度历程进行跟踪。图 8.1.14 所示分别为粒子速度计以及冲击波跟踪器测试得到的典型波形。

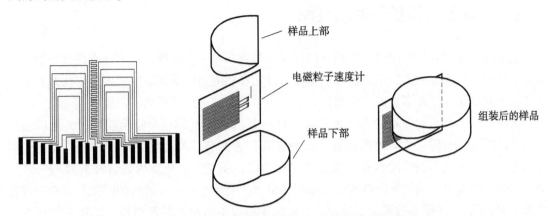

图 8.1.12　组合式多重拉格朗日电磁粒子速度计及安装方式

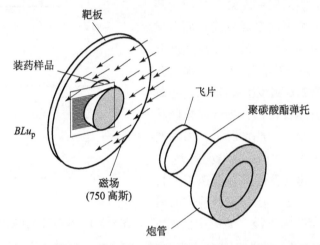

图 8.1.13　组合式多重拉格朗日电磁粒子速度计测速实验装置示意

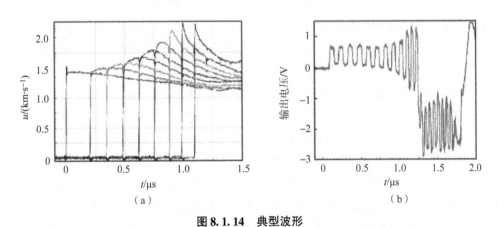

（a）　　　　　　　　　　　　　（b）

图 8.1.14　典型波形

（a）粒子速度剖面；（b）冲击波跟踪器测试得到的典型波形

## 8.2　爆轰波传播的实验观测

从爆炸物受到外界作用到形成稳定的爆轰波总存在着一个过程，这个过程显然与初始及边界条件有关。例如冲击作用下激起的爆轰可以在有利的条件下逐渐发展到稳定状态，也有可能在不利的条件下逐渐衰减以致熄爆，实际当中存在着多种多样的不定常爆轰现象。

实验表明，当用起爆物（雷管或传爆药柱）直接作用于另一个炸药装药时，可以在后者中激起爆轰。若传入炸药的爆轰波（或冲击波）速度与炸药的特性爆速不相同，则被引发的爆轰将有一段不稳定的过程，即不稳定爆轰区。图 8.2.1 所示的是这种实验的一些结果。从中可以看出，当用爆速较高的传爆药柱引爆主装药时，在主装药的前部存在着一段爆速高于主装药 C – J 爆速的不稳定爆轰区，如图中曲线 1 所示，并且当传入的爆轰波速度与该主装药的 C – J 爆速相差越大时，不稳定爆轰区越长。图中虚线 2 为因偶然因素（如因为药柱内有很大的孔洞或很宽的宏观裂缝）而造成的熄爆现象。如果传入主装药的爆轰波速度低于 C – J 爆速但高于某一临界爆速 $D_c$，那么在通常情况下它会逐渐成长到该主装药的 C – J 爆速值。传入的爆轰波速度越低，爆轰成长区越长，如图中曲线 3 所示。在此情况下，因偶然因素造成熄爆的可能性要比前一种情况更大。

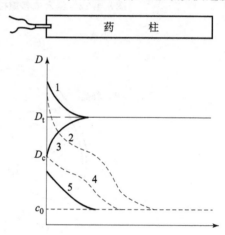

**图 8.2.1　炸药引爆后出现的不稳定爆轰区**

当传入的爆轰波速度低于临界爆速 $D_c$ 时，由于冲击强度较弱，不足以激发主装药中的爆轰化学反应而逐渐衰减为声波，如图中曲线 5 所示，爆轰不能持续，在此情况下往往会看到残留下的炸药抛散物。显然，当从外界传入的冲击波速度低于或等于主装药的声速时，根本不能引发主装药的爆轰，只有声波传播现象。

图 8.2.2 所示为应用拉格朗日应力计测量到的不同拉氏位置上冲击压力随时间的变化。图 8.2.3 所示为用电磁粒子速度计记录到的装药不同拉氏位置上质点速度随时间的变化。它们分别展示了用 12.90 mm 厚的铜飞片以 0.5 mm/μs 的速度冲击 PBX – 9404 炸药时在拉氏位置 5 mm、10 mm、15 mm 处记录到的压力变化曲线，以及在 2 mm、5 mm、8 mm 及 10 mm 处质点速度随时间的变化 $u(t)$。

图 8.2.4 所示为入射冲击波的强度及其持续时间对受击炸药中爆轰不定常过程的空间与时间尺度的影响。从这些近代爆轰测试技术所获得的结果可以看到：①在冲击起爆情况下，稳定爆轰的形成也不是如想象的那样容易和快速，它们往往要持续数毫米乃至几十毫米的距离和数微秒到十几微秒的时间，才能逐渐形成稳定的 C – J 爆轰波；②初始冲击强度越高，不稳定爆轰区长度越短，两者之间呈对数线性关系 ［图 8.2.4（a）］；③冲击飞片越薄，则它对炸药冲击作用的持续时间越短，因而激起稳定的 C – J 爆轰所需的飞片冲击速度越高。这些结果显示冲击起爆的不定常爆轰过程的空间和时间尺度与受冲击面的初始条件及边界条件紧密相关。

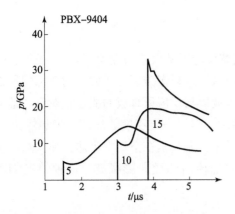

图8.2.2 应用拉格朗日应力计测量到的
不同拉氏位置上压力随时间的变化

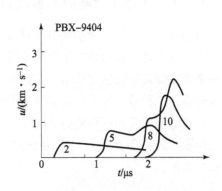

图8.2.3 用电磁粒子速度计记录到的装药
不同拉氏位置上质点速度随时间的变化

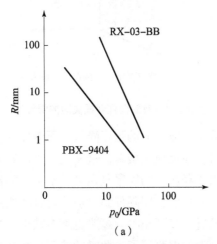

（a）

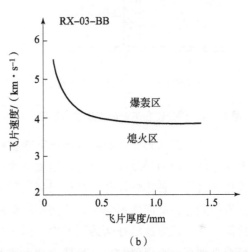

（b）

图8.2.4 入射冲击波的强度及其持续时间对受击炸药中爆轰不定常过程的空间与时间尺度的影响

（a）初始冲击压力 $p_0$ 与不稳定爆轰区尺寸 $R$ 之间的关系；（b）飞片厚度与飞片速度之间的关系

## 8.3 凝聚炸药爆轰传播过程的直径效应

在前面讨论稳定传播的理想爆轰波时，实际上假定装药直径无限大，这样就可以不考虑爆轰波传播过程中反应区内气体产物膨胀及由此引起的能量损失。此外，还假定爆轰波反应区内所发生的反应过程是均匀有序和层层展开的。但是，实际应用的炸药装药都是有一定尺寸的，物理结构也并不十分均匀，如精密雷管直径只有几毫米，工业雷管的装药直径也只有6~8 mm。特别是高精度武器技术的发展要求雷管和引信向小型化发展，那么，所应用的起爆器材的装药直径可否无限制地减小呢？即当装药直径减小时必然会引起爆速的减小，而当装药直径小于某一临界直径 $d_c$ 时，爆轰波还能否继续传播呢？显然这涉及爆轰波传播的直径效应问题。

### 8.3.1 爆轰波传播时的直径效应现象

当不存在侧向的能量损失时（图8.3.1），爆轰波反应区结束断面应满足 C－J 条件，爆轰产物向后方膨胀所形成的轴向膨胀波不能侵入反应区，这样爆轰反应所放出的全部能量都被用来支持爆轰波的稳定传播。在这种情况下，爆轰波以与反应所释放的能量相对应的最大爆速传播，这种爆速称为炸药的理想爆速，以 $D_i$ 表示。对于一定密度的炸药，理想爆速 $D_i$ 为一特定值。如果圆柱形装药是在导热、变形的管子中，尤其是在空气中爆炸，那么除产生轴向膨胀波外，还有从装药侧表面向爆轰反应区内部传播的径向膨胀波，这种情况如图8.3.2 所示。

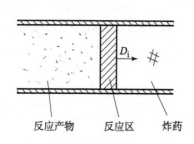

图8.3.1 爆轰波在不变形壳体中的传播

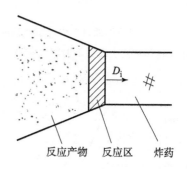

图8.3.2 有侧向能量损失时的爆轰波

由于存在着侧向膨胀，所以反应区的能量密度减小，波阵面的强度降低，所激发的化学反应速度降低，进而导致爆轰波传播速度下降；同时，使反应区展宽。这又反过来使爆轰的强度弱化。这样一种恶性循环，使得爆轰波反应区内所释放出的能量只在某一水平上补偿侧面所损失的能量，从而使得爆轰波传播速度降低到某一数值，即降低到与该装药直径相对应的爆速值，并以该爆速沿炸药传播下去。当药柱直径进一步减小时，爆速也逐渐减小，当药柱直径减小到某个临界值时，在药柱中就不能形成稳定的爆轰波了。此时的装药直径称为临界直径，显然，爆轰波尚能沿爆炸物继续传播下去的最小直径称为临界直径，常以 $d_c$ 表示。

图8.3.3 所示为侧向稀疏波效应。其中，$ab$、$bb'$、$b'a'$ 线代表侧向稀疏（膨胀）波侵入反应区时的分界面，梯形 $abb'a'$ 为反应区中支持爆轰波能量的有效部分，$cc'$ 线代表反应区与爆轰产物的分界面。为简化起见，对这些分界面都以直线表示。装药情况不同，$bb'$ 面可能同 $cc'$ 面重合或分开。重合时有效部分所占的比例就大，即能量利用率较大，爆速也就较大。如果装药的直径大，此时反应区较窄，膨胀波侵入的范围较小，$bb'$ 和 $cc'$ 重合的可能性就大。反之，则不重合的可能性大。可见装药直径大小对于爆轰波的传播过程及传播速度有明显的影响。

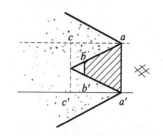

图8.3.3 侧向稀疏波效应

对注装梯恩梯药柱，散装密集梯恩梯、黑索今等炸药，根据自由表面速度法测得的 $u=u(t)$ 剖面图的折点计算 $u_J$ 及化学反应时间 $t$，进而按一维平面爆轰理论计算出爆轰波的其余参量，从而可以得到爆轰波参数和化学反应时间与装药直径 $d$、炸药颗粒初始尺寸 $\delta$ 的关系，表 8.3.1 中为几种炸药的计算结果。

表 8.3.1 中的数据说明药柱直径减小时，爆轰波参数均随之减小，化学反应区的时间和宽度则随之变大。

表 8.3.1 爆轰波参数与装药直径和炸药颗粒尺寸的关系

| 炸药 | $d$/mm | $D_J$/ $(km \cdot s^{-1})$ | $u_J$/ $(km \cdot s^{-1})$ | $\rho_J$/ $(g \cdot cm^{-3})$ | $t$/μs |
|---|---|---|---|---|---|
| 注装梯恩梯 $\rho_0 = 1.62 g/cm^3$ | 60 | 6.98 | 1.62 | 2.11 | 0.26 |
| | 40 | 6.96 | 1.60 | 2.10 | 0.28 |
| | 25 | 6.84 | 1.36 | 2.02 | 0.31 |
| | 20 | 6.64 | 1.24 | 1.99 | 0.34 |
| 散装梯恩梯 $\rho_0 = 1.00 g/cm^3$ $\delta = 0.1$ mm | 100 | 5.10 | 1.54 | 1.43 | 0.42 |
| | 80 | 5.08 | 1.50 | 1.42 | 0.40 |
| | 60 | 5.06 | 1.53 | 1.43 | 0.46 |
| | 40 | 5.0 | 1.32 | 1.36 | 0.47 |
| 散装黑索今 $\rho_0 = 1.00 g/cm^3$ $\delta = 1.8$ mm | 40 | 6.00 | 1.58 | 1.36 | 0.67 |
| | 30 | 5.80 | 1.45 | 1.33 | 0.75 |
| | 22 | 5.14 | 1.16 | 1.29 | 0.80 |
| | 18 | 5.03 | 0.88 | 1.21 | 0.82 |
| 散装黑索今 $\rho_0 = 1.00 g/cm^3$ $\delta = 0.15$ mm | 40 | 6.0 | 1.65 | 1.38 | 0.68 |
| 散装黑索今 $\rho_0 = 1.00 g/cm^3$ $\delta = 0.45$ mm | 40 | 6.05 | 1.60 | 1.36 | 0.69 |

图 8.3.4 表示 $\rho_0 = 0.9 g/cm^3$ 的黑索今和苦味酸，$\rho_0 = 1.71 g/cm^3$ 的 65RDX/35TNT，以及 $\rho_0 = 0.5 g/cm^3$ 和 $\rho_0 = 0.9 g/cm^3$ 的 60RDX/40 TNT 几种炸药爆速的测量值和装药直径的函数关系。从图上可以看出，炸药的爆速随装药直径的增大而增大，并且当直径达到一定值后，爆速有最大值。由此，引入关于极限直径的概念，即当装药直径增加到某一极限尺寸后，继续增加直径，但爆速不再增大，我们称此时的装药直径为该炸药的极限直径。换言之，能够以炸药装药的理想爆速（或 C–J 爆速）稳定传播的最小装药直径，称为极限直径，常以 $d_e$ 表示。

测定不同直径装药的爆速，画出爆速 $D$ 和直径 $d$ 的关系曲线，如图 8.3.5 所示，曲线部分与水平线部分的转折点所对应的装药直径即为极限直径 $d_e$。一般来说，炸药的极限直径是与炸药密度、炸药颗粒度大小等因素有关的。颗粒度减小，有利于化学反应的进行，化学反应时间缩短、化学反应区变窄，相对削弱了径向的能量损失量，因而极限直径减小。装药密度增大、爆速增大，也相对地削弱了径向的能量损失，极限直径也变小。实验研究发现，对于高能炸药如 RDX、HMX、A－IX－1 等，当炸药密度达到炸药结晶密度的 92% 以上时，极限直径为 7~8 mm，并且已觉察不到颗粒度的影响。

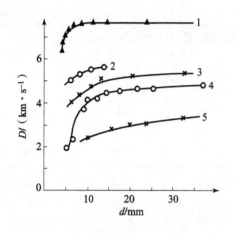

图 8.3.4　几种炸药的爆速与直径的关系曲线

1—35TNT/65RDX，$\rho_0 = 1.71$ g/cm³；

2—RDX，$\rho_0 = 0.9$ g/cm³；

3—40TNT/60RDX，$\rho_0 = 0.9$ g/cm³；

4—苦味酸，$\rho_0 = 0.9$ g/cm³；

5—40TNT/60RDX，$\rho_0 = 0.5$ g/cm³

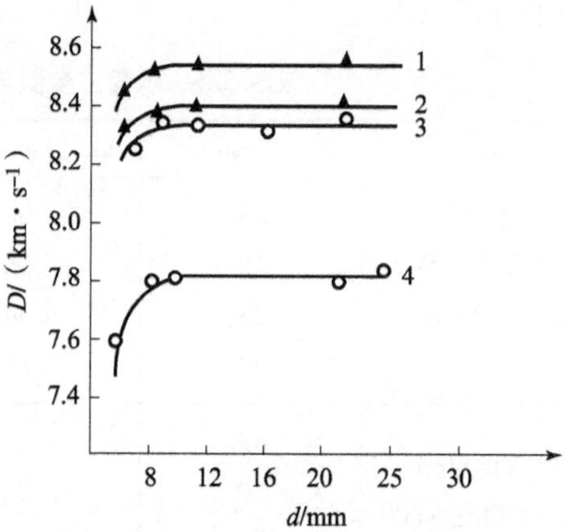

图 8.3.5　爆速与直径的关系曲线

1—HMX，$\rho_0 = 1.760$ g/cm³；

2—HMX，$\rho_0 = 1.722$ g/cm³；

3—HKPV，$\rho_0 = 1.700$ g/cm³；

4—HKPV，$\rho_0 = 1.540$ g/cm³

在 $d_c < d < d_e$ 内，对于一定密度的装药，爆速随直径增大而增大。根据实验数据归纳得到如下的实验式：

$$D = D_i(1 - a/d) \qquad (8-3-1)$$

式中：$D$ 为直径为 $d$ 时的爆速；$D_i$ 为炸药在该密度下的理想爆速；$a$ 为与炸药性质有关的常数，它通过实验确定。

实验得到的几种炸药的 $D_i$ 和 $a$ 值列于表 8.3.2。

表 8.3.2　几种炸药的 $D_i$ 和 $a$ 值

| 炸药 | $\rho_0/$ (g·cm⁻³) | $D_i/$ (km·s⁻¹) | $a/$mm |
|---|---|---|---|
| RDX | 0.9 | 5.90 | 0.85 |
| B 炸药（60RDX/40TNT） | 0.5 | 4.26 | 3.19 |
| B 炸药（60RDX/40TNT） | 0.9 | 5.60 | 1.55 |
| 苦味酸 | 0.9 | 5.30 | 2.17 |
| 65RDX/35TNT | 1.71 | 8.04 | 0.16 |

对于同一种炸药，$a$ 值是随着装药密度的增大而减小的。这可以从表 8.3.3 所列出的一组实验数据中看出来。

表 8.3.3　不同密度时 B 炸药的 $D_i$ 和 $a$ 值

| 装药密度 $\rho_0/$（g·cm$^{-3}$） | $D_i/$（km·s$^{-1}$） | $a/$mm |
|---|---|---|
| 0.50 | 4.26 | 3.19 |
| 0.74 | 5.16 | 1.96 |
| 0.90 | 5.60 | 1.55 |
| 1.10 | 6.20 | 1.02 |
| 1.40 | 7.15 | 0.49 |

随着密度的增加，爆速提高，相对减小了化学反应区中由于径向膨胀所引起的能量损失。由此可看出，参数 $a$ 是标志径向能量损失对爆速影响的一个量。

炸药的临界直径在炸药应用上具有重要的实际意义。例如火工品设计中需要考虑在保证产品的威力性能的条件下，尽量减小装药直径。再如战斗部设计中传爆系统药柱尺寸的确定等都要考虑装药直径减小所产生的后果。

## 8.3.2　哈里顿原理与直径效应

装药直径对爆轰传播的影响，即所谓爆轰波传播的直径效应，采用不考虑化学反应区宽度的 C-J 模型是无法解释的。采用考虑有限反应区宽度的严格一维 ZND 模型（理想爆轰）也是无法解释的。因为根据 C-J 模型，反应区后不可能发生能赶上自持爆轰波的扰动。而理想爆轰模型既不考虑化学反应区能量的侧向损失，也不考虑能量的轴向损失，因此理想爆轰得到全部化学反应能的支持，从而以相应的最大爆速稳定传播。

为了弄清临界直径的本质，哈里顿提出了考虑爆轰过程中能量侧向损失的理论模型。对于有限直径药柱，爆轰波传播同化学反应的能量释放速度与侧向膨胀引起的能量耗散速度之比有关。能量损失随药柱直径的减小而增大，从而造成波阵面上参数的下降及化学反应时间的增加。当处于临界直径时，侧向能量损失过多，导致用于支持爆轰波传播的能量不足，爆轰不能传播下去。

按照哈里顿的观点，如果直径足够大，那么任何具有放热反应的物质都能爆轰。换句话说，炸药和其他具有放热反应的物质之间没有本质区别，差别仅在于炸药的临界直径较小，而其他能够发生放热反应的物质的临界直径很大。

由于稀疏波的传播速度等于当地声速，哈里顿给出了估计临界直径 $d_c$ 的公式

$$d_c = 2c\tau \qquad\qquad (8-3-2)$$

式中，$c$ 为爆轰产物的平均声速；$\tau$ 为爆轰波阵面内的化学反应时间。

哈里顿原理除了能够解释爆轰传播极限问题，即临界直径的本质外，还能用来解释爆轰过程中其他直径效应现象。

设反应区内完成化学反应的时间为 $\tau$，稀疏波从装药侧面到达轴线的时间为 $t$。若 $t > \tau$，则在侧向波到达装药轴线之前，反应区内化学反应已经完成，反应区内的相对能量损失不大。若 $\tau > t$，则说明稀疏波在化学反应完成之前已经到达装药轴线处，因此能量损失较前者增加。

装药直径增大，引起 $t$ 增加，有利于减小侧向能量耗散的影响；反之将增大侧向能量耗散的影响，如图8.3.6所示。图中阴影部分表示反应区中不受影响的部分。可以理解，凡能使化学反应时间 $\tau$ 减小或使稀疏波传至轴线的时间 $t$ 增长的条件，都可减小临界直径和极限直径；反之，凡增大 $\tau$ 或减小 $t$ 的条件，则会使装药的临界直径和极限直径增大。

现在来讨论影响炸药临界直径和极限直径大小的重要因素。

**1. 炸药状态的影响**

实验证明，炸药的物理状态不同，临界直径会有很大差别。例如梯恩梯炸药，当其熔化为液态（81 ℃，$\rho_0 = 1.46 \ g/cm^3$）时 $d_c$ 为 62 mm；但冷却注成药柱时 $d_c$ 为

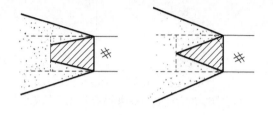

图8.3.6 侧向稀疏波对反应区的影响

38 mm，而压装药柱的 $d_c$ 却只有 1.8 ~ 2.5 mm。液态梯恩梯的 $d_c$ 比压装梯恩梯的 $d_c$ 约大30倍，造成这种巨大差别的根本原因是它们的物理状态不同。液态和注装的梯恩梯，由于其结构均匀，爆轰发生的传播机理为均匀灼热机理，因此在爆轰传播过程中要使一整层炸药同时激发高速化学反应，就需要爆轰波阵面的压力很高。而压装药柱，由于其结构不均匀，在爆轰波的冲击作用下，药柱内部易形成大量的"热点"，在这些热点处聚集了很高的能量，具有极高的温度，因而，药柱在受到较低压力的冲击时也能激发高速化学反应。因此，压装梯恩梯比注装或液态梯恩梯更容易使爆轰稳定传播。

**2. 炸药颗粒度的影响**

炸药颗粒尺寸越小，即粉碎得越细，临界直径越小，见表8.3.4。这是因为颗粒越小，受作用的比表面积相对越大，爆轰反应进行得越快，化学反应区内完成反应所经历的时间越短，反应区宽度变窄，径向膨胀所引起的能量损失相对减小，所以爆轰容易传播，从而导致临界直径减小。

表8.3.4 颗粒度对临界直径的影响

| 炸药 | $\rho_0/$ (g·cm⁻³) | $d$/mm | $d_c$/mm |
|---|---|---|---|
| 梯恩梯（TNT） | 0.85 | 0.01 ~ 0.05 | 4.5 ~ 5.4 |
| 梯恩梯（TNT） | 0.85 | 0.07 ~ 0.2 | 10.5 ~ 11.2 |
| 苦味酸（PA） | 0.80 | 0.01 ~ 0.05 | 2.08 ~ 2.28 |
| 苦味酸（PA） | 0.70 | 0.05 ~ 0.07 | 3.6 ~ 3.7 |
| 苦味酸（PA） | 0.95 | 0.1 ~ 0.75 | 8.9 ~ 9.25 |
| 太恩（PETN） | 1.0 | 0.025 ~ 0.1 | 0.70 ~ 0.86 |
| 太恩（PETN） | 1.0 | 0.15 ~ 0.25 | 2.1 ~ 2.20 |

**3. 装药密度的影响**

对于单质炸药梯恩梯、黑索今、太恩、奥克托今等，密度增加时临界直径减小。图8.3.7所示为梯恩梯密度对临界直径的影响。曲线 $a$ 为粒度为 0.2 ~ 0.7 mm 的装药，曲线 $b$ 为粒度为 0.05 ~ 0.01 mm 的装药。从图中可看出，当密度从 0.85 g/cm³ 增加到 1.5 g/cm³

时，梯恩梯的 $d_c$ 减小2/3以上，其他炸药也有类似情况。

需要指出的是，当炸药被压到接近于结晶密度时，临界直径反而增大，如粒度为 0.25 ～ 0.10 mm 的太恩炸药，压装密度为 1.0 g/cm³ 时，$d_c$ 为 0.70 ～ 0.86 mm，而其单晶（此时密度为 1.67 g/cm³）临界直径 $d_c$ 却大于 8.5 mm，几乎为前者的10倍。这是在接近于结晶体密度时，爆轰传播的机理已由不均匀反应机理改变为均匀反应机理的结果。

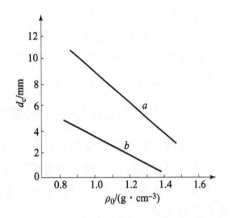

**图 8.3.7　梯恩梯密度对临界直径的影响**

**4. 外壳对临界直径的影响**

装药有外壳可以使炸药临界直径减小，这是因为外壳的存在减小了径向膨胀引起的能量损失。例如硝酸铵装在壁厚为 20 mm 的钢管中，$d_c$ 由 100 mm 减小到 7 mm。

实验研究表明，对于高能炸药，外壳对 $d_c$ 的影响起主要作用的不是外壳材料强度而是材料的密度或质量。密度大的厚壳，爆炸时壳体径向移动困难，因此可以减小径向能量损失。对于爆轰压力较低的炸药，外壳强度的影响也是重要的。表 8.3.5 所列出的是某些炸药的临界直径 $d_c$。

**表 8.3.5　某些炸药的临界直径 $d_c$**

| 炸药名称 | $\rho_0/$ (g·cm⁻³) | $d$/mm | 装药条件 | $d_c$/mm |
|---|---|---|---|---|
| 叠氮化铅［Pb（N₃）₂］ | 0.9～1.0 | 0.05～0.20 | 玻璃管壳 | 0.01～0.02 |
| 太恩（PETN） | 0.9～1.0 | 0.05～0.20 | 玻璃管壳 | 1.0～1.5 |
| 黑索今（RDX） | 0.9～1.0 | 0.05～0.20 | 玻璃管壳 | 1.0～1.5 |
| 苦味酸（PA） | 0.9～1.0 | 0.05～0.20 | 玻璃管壳 | 6 |
| 6#硝铵炸药（21TNT/79AN） | 0.9～1.0 | 0.05～0.20 | 玻璃管壳 | 10～12 |
| 硝酸铵（AN） | 0.9～1.0 | 0.05～0.20 | 玻璃管壳 | 100 |
| 散装梯恩梯（TNT） | 0.9～1.0 | 0.05～0.20 | 玻璃管壳 | 8～10 |
| 注装梯恩梯（TNT） | 1.58 | — | 注装 | 26.9±0.1 |
| 梯/黑 25/75 | 1.72 | — | 注装 | 8.1±0.3 |
| B 炸药（60RDX/40TNT） | 1.70 | — | 注装 | 6.2±0.2 |
| 梯/铝 95.2/4.8 | — | — | 注装 | 22.6±0.7 |
| 奥克托今/梯恩梯 65/35 | — | — | 注装 | 6.1±0.1 |
| 太恩/梯恩梯 50/50 | 1.65 | — | 注装 | 6.7±0.5 |
| 梯/铝 80/20 | 1.72 | — | 注装 | 18.3±1.1 |

由表 8.3.5 中数据可看出，Pb(N₃)₂ 与硝酸铵的 $d_c$ 相差达 5 000 ~ 10 000 倍，因此，Pb(N₃)₂ 常在微秒雷管中做起爆药。另外，太恩、黑索今的临界直径 $d_c$ 比梯恩梯小得多，而且其爆速和爆压都比梯恩梯大得多，因此常用在雷管中做主装药。从表 8.3.5 中还可以看到，注装梯恩梯比散装梯恩梯的临界值 $d_c$ 要大好几倍，这主要是由两种装药的物理结构和状态不同、爆轰波在其中的传播机理不同造成的。

### 8.3.3　考虑能量耗散的直径效应理论

前已述及，在有限的装药直径下炸药爆轰波传播速度都小于理想爆轰速度。这是因为爆轰波反应区有一定厚度，侧向稀疏波的侵入造成化学反应所释放的能量向区外耗散，从而影响反应区内的温度和压力，进而影响化学反应进行的速度，并最终导致爆速的降低和爆轰波阵面形状的变化。

下面对流管理论做一简介。

**1. 非理想爆轰波传播的流管理论**

设有一爆轰波阵面，在相对于该波阵面的静止坐标系内，流线经过其前沿冲击波进入反应区，由于侧向稀疏波的影响，流线向外扭曲，并导致流管面积 $A$ 的增大。如图 8.3.8 所示，假定流管面积 $A$ 只随 $x$ 变化，并且在每一截面上所有的物理量都相同，那么二维问题可简化为带面积修正项的一维问题。

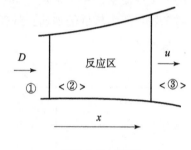

图 8.3.8 中爆轰波前的初始状态用角标 0 标识，以角标 1 标记前沿冲击波后的物理量，而以角标 2 标记化学反应结束截面处的物理量。这样，考虑流管截面变化的定常流动方程为

**图 8.3.8　流管**

$$\rho \frac{\mathrm{d}u}{\mathrm{d}x} + u \frac{\mathrm{d}\rho}{\mathrm{d}x} + \frac{\rho u}{A} \frac{\mathrm{d}A}{\mathrm{d}x} = 0 \tag{8-3-3}$$

$$u \frac{\mathrm{d}u}{\mathrm{d}x} = -\frac{1}{\rho} \frac{\mathrm{d}p}{\mathrm{d}x} \tag{8-3-4}$$

$$e_2 - e_1 = p_1 v_1 - p_2 v_2 - \frac{1}{2}(u_2^2 - u_1^2) + q \tag{8-3-5}$$

由式（8-3-3）可得到

$$\rho A u = \rho_0 A_1 D = \rho_1 A_1 u_1 = \rho_2 A_2 u_2 \tag{8-3-6}$$

忽略冲击波前的压力 $p_0$，则经过前沿冲击波预压缩的动量守恒方程为

$$p_1 + \rho_1 u_1^2 = \rho_0 D^2 \tag{8-3-7}$$

将式（8-3-6）代入式（8-3-7）联立得到

$$p_1 = \rho_0 D^2 \left(1 - \frac{\rho_0}{\rho_1}\right) \tag{8-3-8}$$

式（8-3-4）可改变为

$$\mathrm{d}p = -pu\mathrm{d}u \tag{8-3-9}$$

将式 (8-3-6) 代入式 (8.3.9) 并积分得到

$$p_2 - p_1 = -\int \rho_0 D^2 \frac{A_1}{A} \mathrm{d}\left(\frac{\rho_0 A_1}{\rho A}\right)$$

$$= -\rho_0 D^2 \int \left\{ \mathrm{d}\left[ \frac{\rho_0 A_1^2}{\rho A^2} - \frac{1}{2}\frac{\rho_0}{\rho}\mathrm{d}\left(\frac{A_1^2}{A^2}\right) \right] \right\} \tag{8-3-10}$$

将式 (8.3.10) 积分号内的第二项采用中值定理稍作变化后得到

$$p_2 - p_1 = -\rho_0 D^2 \left[ \frac{\rho_0 A_1^2}{\rho_2 A_2^2} - \frac{\rho_0}{\rho_1} - \frac{1}{2}\left(\overline{\frac{\rho_0}{\rho}}\right)\left(\frac{A_1^2}{A_2^2} - 1\right) \right] \tag{8-3-11}$$

式中的 $\left(\overline{\frac{\rho_0}{\rho}}\right)$ 应处于 $\frac{\rho_0}{\rho} \approx \frac{k-1}{k+1}$ 和 $\frac{\rho_0}{\rho} \approx \frac{k}{k+1}$ 两数值之间, 可近似地取为 $\left(\overline{\frac{\rho_0}{\rho}}\right) \approx \frac{k}{k+1}$, 代入式 (8-3-11) 并利用式 (8-3-8) 中的 $p_1$, 得到 $p_2$ 表达式为

$$p_2 = \rho_0 D^2 \left\{ 1 - \frac{\rho_0}{\rho_2}\left(\frac{A_1}{A_2}\right)^2 + \frac{1}{2}\left(\frac{k}{k+1}\right)\left[\left(\frac{A_1}{A_2}\right)^2 - 1\right] \right\} \tag{8-3-12}$$

设爆轰产物状态方程为

$$p = B(S)\rho^k \tag{8-3-13}$$

而由 C-J 条件可知

$$k\frac{p_2}{\rho_2} = u_2^2 = (\rho_0 A_1 D / \rho_2 A_2)^2 \tag{8-3-14}$$

将式 (8-3-14) 代入式 (8-3-12), 整理得到

$$\frac{\rho_0}{\rho_2}\left(\frac{A_1}{A_2}\right)^2 = \frac{k}{k+1}\left\{ 1 + \frac{1}{2}\frac{k}{k+1}\left[\left(\frac{A_1}{A_2}\right)^2 - 1\right] \right\} \tag{8-3-15}$$

式 (8-3-15) 为 $\rho_2$ 和 $A_2$ 的关系式, 它是从质量守恒式 (8-3-3)、动量守恒式 (8-3-4) 以及爆轰 C-J 条件式推导得到的。

利用爆轰产物状态方程 (8-3-13), 可将能量守恒方程 (8-3-5) 改变为

$$\frac{kp_2}{(k-1)\rho_2} - e_1 = \frac{p_1}{\rho_1} - \frac{u_2^2}{2} + \frac{1}{2}\left(\frac{\rho_0}{\rho_1}\right)^2 D^2 + q \tag{8-3-16}$$

式中: $e_1$ 为冲击波后的比内能, 忽略 $e_0$ 及 $p_0$ 后, 则 $e_1 = \frac{1}{2}p_1\left(\frac{1}{\rho_0} - \frac{1}{\rho_1}\right)$, 将它代入式 (8-3-16), 得到

$$\frac{kp_2}{(k-1)\rho_2} = \frac{1}{2}p_1\left(\frac{1}{\rho_0} + \frac{1}{\rho_1}\right) - \frac{u_2^2}{2} + \frac{1}{2}\left(\frac{\rho_0}{\rho_1}\right)^2 D^2 + q \tag{8-3-17}$$

将式 (8-3-8) 的 $p_1$ 及式 (8-3-14) 的 $u_2$ 代入式 (8-3-17) 得到

$$\frac{k+1}{2(k-1)}\left(\frac{\rho_0}{\rho_2}\frac{A_1}{A_2}\right)^2 = \frac{q}{D^2} + \frac{1}{2} \tag{8-3-18}$$

借助于式 (8-3-15) 消去 $\frac{\rho_0}{\rho_2}$, 并考虑到爆轰反应热 $q$ 可近似地表示为 $q = D_J^2/[2(k^2-1)]$, 则式 (8-3-18) 可化为

$$(D_J/D)^2 = 1 + k^2\left(\frac{A_2}{A_1}\right)^2\left\{ 1 + \frac{1}{2}\frac{k}{k+1}\left[\left(\frac{A_1}{A_2}\right)^2 - 1\right] \right\}^2 - k^2 \tag{8-3-19}$$

式中：$D_J$ 为理想爆速，从该流管理论的基本假定可看出该理论只适用于 $\left(\dfrac{A_2}{A_1}\right)^2 \approx 1$ 的情况。

在此情况下，将式（8-3-19）展开，保留 $\left[\left(\dfrac{A_1}{A_2}\right)^2 - 1\right]$ 的一次项，得到

$$\left(\frac{D_J}{D}\right)^2 = 1 + \frac{k}{k+1}\left[\left(\frac{A_2}{A_1}\right)^2 - 1\right] \qquad (8-3-20)$$

由式（8-3-20）可以看出，在存在侧向稀疏波的非理想爆轰时，C-J 爆速与流管面积在化学反应区内的变化量有关。由于 $A_2 > A_1$，所以非理想爆轰时的爆速总是比理想爆轰的 C-J 爆速要小。显然，该理论只考虑了由于侧向膨胀所引起的反应区面积变化对爆速的影响。

若该理论应用于球面或柱面发散爆轰波的传播，由于随传播半径 $R$ 变化，反应区流管面积也发生变化，故可利用式（8-3-20）近似处理该问题，但是此时不能应用随爆轰波运动的坐标系，而需应用静止坐标系。

设 $t=0$ 时发散爆轰波波阵面半径为 $R$，炸药分子开始化学反应，到 $t=\tau$ 时反应完了，而 $t=0$ 时在 $R$ 处的炸药质点在 $t=\tau$ 时已运动到了 $(R+u\tau)$ 处，由此，反应区流管面积的变化为

$$\frac{A_2}{A_1} = \left(\frac{R+u\tau}{R}\right)^\alpha \qquad \begin{cases} \alpha = 1, & \text{柱面} \\ \alpha = 2, & \text{球面} \end{cases} \qquad (8-3-21)$$

鉴于 $t=\tau$ 时爆轰波运动到 $(R+D\tau)$ 处，化学反应区厚度 $x_0$ 可定义为

$$x_0 = |R+D\tau - (R+u\tau)| = |(D-u)|\tau \qquad (8-3-22)$$

对于 C-J 爆轰，有 $|D-u| = c_J$，则式（8-3-21）可写成

$$\frac{A_2}{A_1} = \left(1 + \frac{u}{c_J}\frac{x_0}{R}\right)^\alpha = \left(1 \pm \frac{x_0}{kR}\right)^\alpha \qquad (8-3-23)$$

式（8-3-23）中取"+"时对应于散心爆轰波，因为此时 $u$ 为正值；而取"-"时对应于聚心爆轰波。将式（8-3-23）代入式（8-3-20），得到

$$\left(\frac{D_J}{D}\right)^2 = 1 + \frac{k^2}{k+1}\left[\left(1 \pm \frac{1}{k}\frac{x_0}{R}\right)^{2\alpha} - 1\right] \qquad (8-3-24)$$

对于球面爆轰波的传播，当 $\dfrac{x_0}{R} \ll 1$ 时，将 $\dfrac{x_0}{R}$ 做展开，得到

$$\frac{D_J}{D} = 1 \pm \frac{2k}{k+1}\frac{x_0}{R} \qquad (8-3-25)$$

由式（8-3-25）可以看出：①对于散心爆轰波，由式取"+"，爆轰传播速度小于理想爆速 $D_J$。②爆速的变化与反应区厚度 $x_0$ 有关。当 $x_0 \to 0$ 时，$D \to D_J$，而对于反应区很窄的炸药，散心球面爆轰波的 $D$ 接近于 $D_J$；聚心爆轰波反应区内的聚心效应对增加爆速不起作用，但波后流场的聚心效应仍可使 $D$ 超过 $D_J$。③$D$ 与 $R$ 有关。当 $R$ 很大时，由于 $\dfrac{x_0}{R} \to 0$，球面波趋近于平面波，显然此时非理想爆轰效应趋近于零，而当 $R$ 很小时，$\dfrac{x_0}{R}$ 不能被忽略，

则上述非理想效应将起重要作用。

由式（8-3-25）可以看出，对于猛炸药，取 $k \approx 3$，当 $x_0 = 1$ mm，$R = 300$ mm 时，$(D_J / D) = 1 \pm 0.005$，即偏离理想爆轰 0.5%。但是对于低效混合炸药，其反应区一般都较厚，若取 $x_0 = 15$ mm，则偏离理想爆轰达 7.5%。

**2. 爆速与装药直径间关系的建立**

当爆轰波沿着一个大于临界直径 $d_c$ 的圆柱形装药传播时将形成一个中间突出、两侧落后的弯曲爆轰波阵面，该波阵面的每一个局部可以用一散心球面波近似地描述，认为该点的爆速 $D$ 与曲率半径的关系可以用式（8-3-25）所确立的规律描述。对于散心爆轰波有

$$\frac{D}{D_J} = 1 - \frac{2k}{k+1} \frac{x_0}{R} \qquad (8-3-26)$$

设定波阵面上某点的曲率半径为 $r_0$，爆速为 $D_{r0}$，该点上波阵面法线与整个爆轰波平移方向之间的夹角为 $\phi$（图8.3.9），则为保持爆轰波以稳定的速度向前平移，下列关系应成立

$$D_{r0} = D \cos \phi \qquad (8-3-27)$$

这样，便可利用式（8-3-26）和式（8-3-27）及边界条件，得到波阵面形状以及爆速和药柱直径间的关系。

设一圆柱形装药，在一端点引爆，爆轰波阵面的形状表示为

$$x = f(r) \qquad (8-3-28)$$

式中：$x$ 为药柱的对称轴方向的坐标；$r$ 为药柱的半径方向。显然，波阵面上某一点的曲率半径 $r_0$ 和 $\cos \phi$ 可表示为

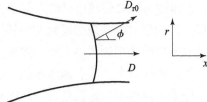

**图 8.3.9 弯曲爆轰波平移速度和爆速的关系**

$$\cos \phi = \frac{1}{\sqrt{1 + f'^2}} \qquad (8-3-29)$$

$$\frac{1}{r_0} = \frac{f'' + f'/r + f'^3/r}{2(1 + f'^2)^{3/2}} \qquad (8-3-30)$$

由式（8-3-26），可以得出

$$\frac{D}{D_J} \frac{1}{\sqrt{1 + f'^2}} = 1 - \frac{2kx_0}{k+1} \frac{(f'' + f'/r + f'^3/r)}{2(1 + f'^2)^{3/2}} \qquad (8-3-31)$$

这是一个关于 $f'$ 的一阶微分方程，在对称轴上，应满足

$$f'(0) = 0 \qquad (8-3-32)$$

这样，就可以在一定边界条件下求解式（8-3-31），以求出 $f'(r)$ 和 $f(r)$，从而得到波阵面形状。

知道药柱边界 $r = \dfrac{d}{2}$ 上的倾角 $\phi_0$，有

$$\cos \phi_0 = \frac{1}{\sqrt{1 + f'\left(\dfrac{d}{2}\right)^2}} \qquad (8-3-33)$$

则给定一个 $D/D_J$ 值，就可以由式（8 - 3 - 31）解出 $f'(r)$，再由式（8 - 3 - 33）求出 $d$，这样就能得出 $D$ 与装药直径 $d$ 的关系。这一关系在 $\dfrac{x_0}{d} \ll 1$ 条件下，往往可用线性方程表示，即

$$\frac{D}{D_J} = 1 - \beta \frac{x_0}{d} \tag{8 - 3 - 34}$$

式中：$\beta$ 为与边界条件有关的常数。式（8 - 3 - 34）与经验关系式（8 - 3 - 1）类似，对于无外壳的药柱，$\beta = 1$。

对于有外壳的药柱，式（8 - 3 - 34）具有如下形式：

$$\frac{D}{D_J} = 1 - 2.17(2x_0/d)^2/(W_c/W_e) \tag{8 - 3 - 35}$$

式中：$(W_c/W_e)$ 为外壳与炸药的质量比。

对于很厚的外壳，起决定作用的不是外壳的质量，而是外壳的强度及冲击波的条件。此时有人提出如下半经验式：

$$\frac{D}{D_J} = 1 - 0.88 \frac{2x_0}{d} \cos\phi \tag{8 - 3 - 36}$$

式中：$\phi$ 为冲击波对药柱边界的入射角。

以上讨论建立的非理想爆轰波传播的 $D - d$ 关系是建立在 C - J 爆轰切线条件仍然成立的非理想爆轰流管理论基础上的。然而，实际上由于侧向稀疏波的影响，反应区膨胀，区内压力下降，声速减小，质点速度增加。这样在反应完成之前就可能达到超声速，因而反应终点就不一定是声速点。这就是说，侧向稀疏波将会最终影响反应区内的反应进程，这就需要建立考虑化学反应过程的流管理论。

## 8.4 影响凝聚炸药爆轰传播的因素

### 8.4.1 炸药性质对爆速的影响

根据爆轰的流体力学理论，不难理解炸药的爆轰反应热，即爆轰波反应区内所释放的热量是炸药性质中决定爆速的主要因素。由于不同种类的炸药具有不同的爆轰反应热，所以它们有不同的爆速，一般来说单质炸药爆热越大，爆速也越大。

### 8.4.2 装药密度对爆速的影响

实验研究结果表明装药密度在 $0.5~\text{g/cm}^3$ 到炸药的结晶密度的范围内，炸药的爆速与炸药密度呈直线关系，可用下式表示

$$D_{\rho_1} = D_{\rho_0} + M(\rho_1 - \rho_0) \tag{8 - 4 - 1}$$

式中：$D_{\rho_1}$ 为装药密度为 $\rho_1$ 时的爆速；$D_{\rho_0}$ 为装药密度为 $\rho_0$ 时的爆速；$M$ 为与炸药性质有关的常数。

某些炸药的 $D_{\rho_0}$ 和 $M$ 值列于表 8.4.1 中。

表 8.4.1　某些炸药的 $D_{\rho_0}$ 和 $M$ 值

| 炸药 | 密度 $\rho_0$/（g·cm$^{-3}$） | $D_{\rho_0}$/（m·s$^{-1}$） | $M$/[（m·s$^{-1}$）/（g·cm$^{-3}$）] |
|---|---|---|---|
| 梯恩梯 | 1.0 | 5 010 | 3 225 |
| 太恩 | 1.0 | 5 550 | 3 950 |
| 50% 太恩/50% 梯恩梯 | 1.0 | 5 480 | 3 100 |
| 黑索今 | 1.0 | 6 080 | 3 530 |
| 特屈儿 | 1.0 | 5 600 | 3 225 |
| 苦味酸 | 1.0 | 5 255 | 3 045 |
| 乙烯二硝铵 | 1.0 | 5 910 | 3 275 |
| 苦味酸铵 | 1.0 | 4 990 | 3 435 |
| B 炸药 | 1.0 | 5 690 | 3 085 |
| 叠氮化铅 | 4.0 | 5 100 | 560 |
| 雷汞 | 4.0 | 5 050 | 890 |
| 50% 梯恩梯/50% 硝酸铵 | 1.0 | 5 100 | 4 150 |
| 吉钠 | 1.0 | 5 950 | 2 930 |

对于单体炸药，提高炸药的装药密度是提高其爆速的一个重要途径，因此研究炸药的化学结构与密度的关系也是当前在合成新炸药时必须考虑的问题。如黑索今和奥克托今的分子中各原子数的比是相同的，爆热也是一样的，但由于其分子结构不同，密度不同，其爆速也有较大差别。因此在研制新炸药时，除了考虑其氧平衡外，还应选择结晶密度大的化合物。

对于许多由富氧和缺氧物质组成的混合炸药，爆速和密度关系是比较复杂的。在装药直径一定时，它们的爆速先随密度增加，但达到某一极限以后，再增加密度，爆速反而降低，并且在某一临界密度（临界密度与装药直径有关）以上时，会发生所谓的"压死"现象，即不能发生稳定爆轰。图 8.4.1 所示为 $90NH_4NO_3/10DNT$ 和 $90NH_4NO_3/10Al$ 两种硝酸铵和可燃物组成的混合炸药的 $D$–$\rho_0$ 曲线。图 8.4.2 所示为不同装药直径过氯酸铵爆速 $D$ 和 $\rho_0/\rho_{0max}$ 的关系。

这类炸药出现上述现象的原因，是爆轰过程为混合反应的机理。当密度过大时，各组分分解气体产物之间的扩散混合会受到妨碍，使化学反应速度降低，反应区过长，从而引起临界直径的增大，导致熄爆。如果增大装药直径，爆速仍可继续随着密度的增大而增大。

## 8.4.3　颗粒尺寸和装药外壳对爆速的影响

颗粒尺寸和装药外壳不仅影响临界直径与极限直径，而且当装药直径小于极限直径时，它们对爆速也有影响。但它们不影响炸药的极限爆速。当超过极限直径时，只有炸药的成分和装药密度影响爆速。如阿马托（80 硝酸铵/20 梯恩梯）颗粒的粉碎度和爆速的关系见表 8.4.2。

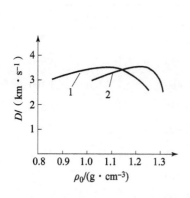

**图 8.4.1** 两种硝酸铵和可燃物组成的混合
炸药的 $D - \rho_0$ 曲线

1—NH$_4$NO$_3$/DNT（90/10）；2—NH$_4$NO$_3$/AI（90/10）

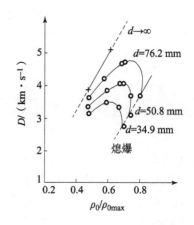

**图 8.4.2** 不同装药直径过氯酸铵爆速
$D$ 和 $\rho_0/\rho_{0max}$ 的关系

**表 8.4.2** 阿马托（80/20）颗粒的粉碎度和爆速的关系

| 颗粒尺寸/μm | 爆速/（m·s$^{-1}$）（$\rho_0 = 1.3$ g/cm$^3$） |
| --- | --- |
| 1 400 | 熄灭 |
| 400 | 2 900 |
| 140 | 4 050 |
| 90 | 4 600 |
| 10 | 5 000 |

外壳对混合炸药爆速的影响比对单体炸药要显著，如将硝酸铵炸药装在坚固的外壳里，爆速将明显增加，而对起爆药，外壳对爆速的影响就很微小。

实验发现块状药会出现反常高爆速的现象。例如，把磨得很细的太恩在较高的压力下压紧，把得到的药块做成直径 4 ~ 5 mm 的药粒，并把这些药粒装进直径为 15 mm 的钢管中，当装药的平均密度为 0.753 g/cm$^3$ 时，爆速却达 7 924 m/s，而在上述密度时，太恩的正常爆速只有 4 740 m/s。之所以出现反常的高爆速，是由于当药粒的尺寸超过临界直径时，它们就以单个颗粒的稳定爆速进行爆轰。在这种情况下，爆轰不是以连续面的形式传播，而是以与这些颗粒密度相对应的爆速，从一个颗粒传到另一个颗粒。如果药粒的尺寸小于临界直径，爆轰将以连续面的形式沿炸药传播，这时的爆速也就与装药平均密度时的爆速相对应。

### 8.4.4 附加物对爆速的影响

一般来说，加入惰性附加物，甚至加入某些可燃物，都会降低炸药的爆速。从表 8.4.3 可以看出，大量加入氯化钠和硫酸钡等惰性物质，降低了梯恩梯的含量，使反应放出的热量减少，因而使爆速降低。但爆速的降低并不与热量的减少成比例，这是因为这些杂质主要起着稀释的作用，只在一定程度上阻碍了爆轰的传播。

表 8.4.3　附加物对梯恩梯爆速的影响

| 炸药成分 | 密度 $\rho_0/$（g·cm$^{-3}$） | 爆速/（m·s$^{-1}$） |
|---|---|---|
| 梯恩梯 | 1.61 | 6 850 |
| 50% 梯恩梯 + 50% 氯化钠 | 1.85 | 6 010 |
| 75% 梯恩梯 + 25% 硫酸钡 | 2.02 | 6 540 |
| 85% 梯恩梯 + 15% 硫酸钡 | 1.82 | 6 690 |
| 75% 梯恩梯 + 25% 铝 | 1.80 | 6 530 |

在雷汞中加入少量石蜡（5% 左右）做钝化剂时，与相同密度的无钝化剂药比较，其爆速略有提高，这是由于加入石蜡后，爆轰产物中的小分子气体产物增多，从而增大了爆速。

### 8.4.5　炸药的低速爆轰

某些液体炸药，如硝化甘油和以硝化甘油为基本成分的胶质代拿买特，以及其他粉状炸药，由于起爆能量不同，爆轰可以出现差别很大的高速或低速爆轰现象。在高爆速和低爆速之间没有稳定的中间速度。如用不同的雷管起爆装在不同直径的玻璃管中的硝化甘油，实验测得的爆速见表 8.4.4。

表 8.4.4　硝化甘油在各种直径玻璃管中的爆速

| 玻璃管直径 /mm | 使用不同雷管时所得的爆速/（m·s$^{-1}$） | | | |
|---|---|---|---|---|
| | 2#雷汞雷管 | 6#雷汞雷管 | 8#雷汞雷管 | 8#布里斯卡雷管 |
| 63 | 890 | 810 | 1 350 | 8 130 |
| 127 | 2 530 | 1 940 | 1 780 | 8 100 |
| 190 | 2 130 | 1 970 | 1 750 | 8 250 |
| 254 | 2 190 | 2 025 | — | 8 130 |
| 320 | 1 760 | 1 780 | — | 8 140 |

从表 8.4.4 中可以看出，硝化甘油在较弱的起爆能量作用下，可在 1 000 ~ 2 000 m/s 的速度范围内发生低速爆轰，在较强起爆能量作用下可以接近理想的爆速进行爆轰。

对于固体胶质炸药，也发现类似的现象。如从图 8.4.3 中可以看到，实验测得爆胶在密度为 1.48 g/cm$^3$ 时，其低爆速和高爆速之间有一间隙，凡直径在 5 mm 以上的药包，不是高速爆轰便是低速爆轰；当直径在 5 mm 以下时，炸药就不能传播爆轰。另外，还可看到，测得的高爆速和理论计算的极限值是很接近的。

实验还发现密度在 1 g/cm$^3$ 左右的颗粒状黑索今、特屈儿和梯恩梯等装药，在装药直径小于某一临界值时都能够发生低速（$D \leqslant 2\ 000$ m/s）爆轰，如图 8.4.4 所示。

低速爆轰时，在反应区中发生的爆炸反应不完全，只释放了一部分能量，而相当多的能量是在 C-J 面以后的燃烧阶段放出的。这样，用来支持爆轰传播的能量就较小，故低速爆轰传播的机理可以用表面反应机理来解释。如对于液体炸药，起爆中心通常以空气泡的形式出现，在该处甚至在很低的冲击波强度下也能发生爆炸分解过程，这对于原来含有气泡的液

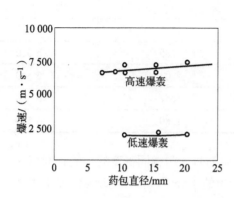

图 8.4.3 固体胶质炸药的高速爆轰和低速爆轰现象

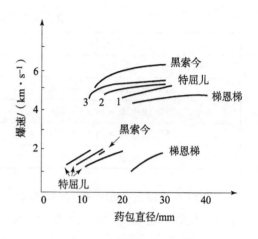

图 8.4.4 炸药的低速爆轰现象

体炸药是容易理解的，而对于不含气泡的均质液体炸药则有气泡产生的问题。实验表明，当液体炸药在管中受较低起爆能的作用时，由于沿管壁传播的冲击波速度超过在炸药中传播的压缩波的速度，所以在炸药的爆轰反应区之前的液体中发生空化作用，产生空化气泡，它们就是维持低速爆轰传播的起爆中心。

稳定的低速爆轰机理如图 8.4.5 所示，由于爆轰波传播速度低，管壁中的冲击波阵面超过反应阵面一段可观的距离，管壁中的弹性冲击波是很强的，并且被反应区中增长的压力推向前进，管壁发生侧向变形运动，形成一个向炸药中传播的斜冲击波。它们在中轴发生反射，导致炸药径向膨胀，便形成了空化气泡，这些气泡依次被从反应区直接传向炸药的轴向冲击波所击毁，形成许多空

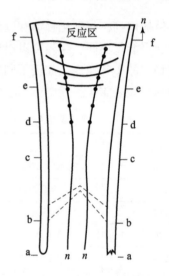

图 8.4.5 稳定的低速爆轰机理
a—未受扰动的液体与壁；b—管壁冲击波阵面；c—由于管壁冲击波作用而被压缩的液体；d—在状态（c）后，由于液体和管的过度膨胀而发生的变化；e—液体中冲击波达到的变化区；f—反应区

化气泡，即许多活化中心。从上面的讨论可以看到，管壁材料与液体炸药中低速爆轰的形成有密切关系。实验表明，如果管壁的声速低于液体炸药的声速，低速爆轰将是不稳定的，50 硝化甘油/50 硝化乙二醇低速爆轰与管壁材料的关系见表 8.4.5。

对于固体炸药来说，低速爆轰多发生在结构不均匀的胶质炸药或粉状炸药中，如胶质炸药代拿买特，粉状硝酸铵与猛炸药的混合物，粉状炸药梯恩梯、黑索今、特屈儿等。这些炸药因为含有大量的空气隙，易于受到冲击压缩而形成热点，因此它们对冲击波都是比较敏感的。一般低速爆轰的传播速度在 2 000 m/s 左右，在这样的冲击波作用下，炸药的均匀加热和反应都不明显。但对于含有气泡的炸药，由于气泡变形和绝热压缩，这样弱的冲击波也足以在气泡附近引起相当高的额外加热，从而会有一部分炸药参加反应。这一部分炸药可做活

表 8.4.5　50 硝化甘油/50 硝化乙二醇低速爆轰与管壁材料的关系

| 厚度 /mm | 管壁材料 | 声速 / (m·s⁻¹) | 爆轰 | |
|---|---|---|---|---|
| | | | 稳定性 | 爆速/ (m·s⁻¹) |
| 159 | 铅 | 1 200 | 不稳定低速爆轰 | — |
| 318 | 铅 | 1 200 | 不稳定低速爆轰 | — |
| 635 | 铅 | 1 200 | 不稳定低速爆轰 | — |
| 159 | 有机玻璃 | 1 840 | 不稳定低速爆轰 | — |
| 318 | 有机玻璃 | 1 840 | 稳定低速爆轰 | 2 140 |
| 635 | 有机玻璃 | 1 840 | 稳定低速爆轰 | 1 870 |
| 159 | 钢 | 5 200 | 稳定低速爆轰 | 1 960 |
| 318 | 钢 | 5 200 | 稳定低速爆轰 | 1 880 |
| 635 | 钢 | 5 200 | 稳定低速爆轰 | 2 110 |
| 159 | 铝 | 5 200 | 不稳定低速爆轰 | — |
| 625 | 铝 | — | 稳定低速爆轰 | 2 040 |

注：50 硝化甘油/50 硝化乙二醇的声速是 1 480 m/s。

性物质，并能在 C – J 面前爆轰反应区进行反应，其余部分被看作惰性物质，在 C – J 面以后的燃烧中进行反应。后面放出的这部分能量不能用来支持前沿冲击波的传播。这样就可以按照流体动力学理论来解释低速爆轰了。在整个爆轰过程中炸药的能量最终都要释放出来，不同的是在低速爆轰时支持爆轰波传播的能量是在 C – J 面以前反应区内释放的，而大部分能量在 C – J 面以后的后燃烧反应中放出。硝化甘油类炸药无论是以 6 000 ~ 8 000 m/s 高速爆轰，还是以 2 000 ~ 3 000 m/s 低速爆轰，它们在岩石爆破中的效果大致相同，这正说明了低速爆轰发生后燃反应的作用。

## 8.5　爆轰波的形状及其控制

### 8.5.1　爆轰波的自然波形

装药中爆轰波形的控制具有重要的实际意义。在聚能破甲弹装药中设置一定形状的隔板，可以调节爆轰波形，使其接近于同时到达聚能金属罩表面，从而可使得破甲威力大大提高。在杀伤战斗部传爆系列设计中，需要获得一个有利的爆轰波形，以将杀伤破片的飞散方向控制在所要求的角度之内，从而保证该飞散角度内有足够的有效破片密度。在爆轰波参数的测定以及高压物理研究领域中，往往需要获得良好的平面爆轰波。因此，爆轰波形的控制已成为装药结构设计中一个重要的研究课题。

实验研究表明，爆轰的传播与光波的传播类似，遵守几何光学的惠更斯 – 费涅尔原理。按照这一光学原理，光波传到每一点都可以被视为一个新的子光源，由该点发射出子波。爆轰波的传播也服从这一规律。因此，爆轰波的传播可以应用几何光学的一般原理加以研究。例如，点引爆时爆轰波阵面是以球形逐渐展开的，并且波的传播方向是垂直于波阵面的。

首先考察均质炸药中点引爆的爆轰波形。在无限大的均质球形炸药中心进行点引爆时，爆轰波为中心对称传播的球形爆轰波，这种条件下爆轰波形的曲率半径 $R$ 是随着爆轰波向外扩展而无限地增大的。对于均质圆柱装药点引爆的情况，用高速摄影技术对爆轰波的扩展情况进行观察表明，圆柱形药柱点引爆的爆轰波阵面，其曲率半径并不是无限制增大的。

实验发现，爆轰波阵面的曲率半径 $R$ 最初随着药柱长度 $l$ 的增加线性地增大。当药柱长度大于某一极限长度 $l_m$ 时，爆轰波阵面的曲率半径 $R$ 趋近于一个恒定的值 $R_m$。图 8.5.1 描述的是实验测得的几种炸药爆轰波阵面曲率半径 $R$ 与装药长度 $l$ 之间的关系。由此图可以看到，对于直径 $d = 75$ mm、$\rho_0 = 0.9$ g/cm$^3$ 的梯恩梯药柱，当 $l/d = 3.2$ 时，波形的曲率半径就已达到了最大的 $R_m$ 值，而当 $l/d = 6$ 时，波形的曲率半径仍为 $R_m$。

可见，对于点引爆的均质圆柱形药柱，其波形可以用如下公式来描述：

$$\begin{cases} \text{当 } l < R_m \text{ 时，} R = l \\ \text{当 } l \geqslant R_m \text{ 时，} R = R_m = \text{常数} \end{cases} \tag{8-5-1}$$

实验研究结果表明，对于大多数凝聚炸药，爆轰波的最大曲率半径 $R_m$ 一般为装药直径 $d$ 的 2～3.5 倍。

实验研究还发现，波形的最大曲率半径与装药直径的比值 $R_m/d$ 是随着直径的变化而变化的。当装药直径趋近于临界直径时，该比值便接近于 0.5 左右。而当装药直径增大时，该比值随之增大。显然，当装药直径为无限大时，则曲率半径 $R_m$ 也趋于无限大。图 8.5.2 表示了实测的 $R_m/d$ 与 $d$ 的关系。

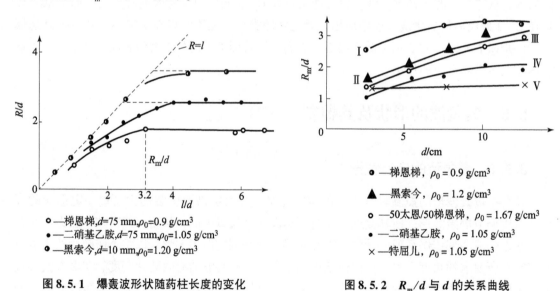

图 8.5.1　爆轰波形状随药柱长度的变化

- ○—梯恩梯，$d = 75$ mm，$\rho_0 = 0.9$ g/cm$^3$
- ●—二硝基乙胺，$d = 75$ mm，$\rho_0 = 1.05$ g/cm$^3$
- ◉—黑索今，$d = 10$ mm，$\rho_0 = 1.20$ g/cm$^3$

图 8.5.2　$R_m/d$ 与 $d$ 的关系曲线

- ◉—梯恩梯，$\rho_0 = 0.9$ g/cm$^3$
- ▲—黑索今，$\rho_0 = 1.2$ g/cm$^3$
- ○—50太恩/50梯恩梯，$\rho_0 = 1.67$ g/cm$^3$
- ●—二硝基乙胺，$\rho_0 = 1.05$ g/cm$^3$
- ×—特屈儿，$\rho_0 = 1.05$ g/cm$^3$

### 8.5.2　爆轰波形的控制

在战斗部威力设计中，往往需要调整或控制装药的爆轰波形，以提高战斗部的爆炸作用效果。在爆炸力学、高压物理学等学科领域中，为某一特殊目的需建立特定波形发生器，如直线爆轰波发生器、正方形爆轰波发生器、平面爆轰波发生器、炸药透镜、半球形爆轰波发生器和球形收敛爆轰波发生器等。

**1. 直线爆轰波发生器**

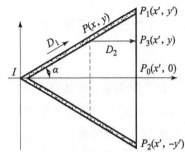

最简单的直线爆轰波发生器如图 8.5.3 所示。它是由高爆速炸药和低爆速炸药组合而成的。两种炸药平铺在同一平面上。为了得到直线爆轰波，必须使由引爆点 $I$ 经 $P(x, y)$ 到 $P_3(x', y)$、由引爆点 $I$ 到 $P_1$ $(x', y')$ 或 $P_2(x', -y')$ 和由引爆点 $I$ 到 $P_0(x', 0)$ 三者所经历的时间相等，即

$$\frac{\sqrt{x'^2 + y'^2}}{D_1} = \frac{x'}{D_2} = \frac{\sqrt{x^2 + y^2}}{D_1} + \frac{x' - x}{D_2}$$

由此，高低爆速之间的关系应满足以下条件：

**图 8.5.3 直线爆轰波发生器（一）**
$D_1$—高爆速炸药 1 的爆速；
$D_2$—低爆速炸药 2 的爆速

$$\frac{D_2}{D_1} = \frac{x'}{\sqrt{x'^2 + y'^2}} = \cos\alpha \tag{8-5-2}$$

另一种直线爆轰波发生器如图 8.5.4 所示。该直线爆轰波发生器也是由高爆速与低爆速两种炸药组成的，由引爆点 $I$ 引爆。根据时间 $t$ 相等的原则，炸药 1 和炸药 2 之间分界线应满足如下方程：

$$\frac{\sqrt{x^2 + y^2}}{D_1} + \frac{x' - x}{D_2} = \frac{x_0}{D_1} + \frac{x' - x_0}{D_2} \tag{8-5-3}$$

整理式（8-5-3）得到

$$y^2 = \left[\frac{D_1}{D_2}x - x_0\left(\frac{D_1}{D_2} - 1\right)\right]^2 - x^2 \tag{8-5-4}$$

由于 $D_1 > D_2$，故式（8-5-4）所代表的曲线 $C$ 为以 $P_0(x_0, 0)$ 为顶点的对称于 $y$ 轴的双曲线。当 $P_1$ 点距轴线的距离 $y'$ 及 $\overline{P_1P_2}$ 距引爆点 $I$ 的距离 $x'$ 为已知条件时，利用式（8-5-4）很容易确定 $P_0(x_0, 0)$ 的位置，并进而确定高低速炸药分界线的形状和位置。

图 8.5.5 描述的是间断式直线爆轰波发生器。它由一条高爆速（$D_1$）炸药和多条相互平行的低爆速（$D_2$）炸药组成。从引爆点 $I$ 引爆之后，爆轰波分别沿炸药 1 和炸药 2 传播并同时到达 $\overline{M_1 N_n}$，因此得到间断式直线爆轰波阵面的条件：

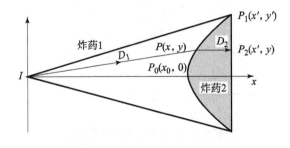

**图 8.5.4 直线爆轰波发生器（二）**
$D_1$—高爆速炸药 1 的爆速；$D_2$—低爆速炸药 2 的爆速

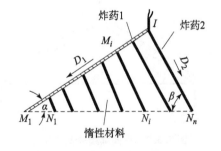

**图 8.5.5 间断式直线爆轰波发生器**
$D_1$—高爆速炸药 1 的爆速；$D_2$—低爆速炸药 2 的爆速

$$\frac{\overline{IM_i}}{D_1} + \frac{\overline{M_iN_i}}{D_2} = \frac{\overline{IM_1}}{D_1} + \frac{\overline{IN_n}}{D_2}$$

利用三角学中的正弦定律，得到 $D_1$ 与 $D_2$ 的关系为

$$\frac{D_1}{D_2} = \frac{\sin\beta}{\sin\alpha} \qquad\qquad (8-5-5)$$

**2. 正方形爆轰波发生器**

图 8.5.6 描述的是正方形爆轰波发生器的两种方案，图中 $D_1$、$D_2$ 分别为高爆速炸药 1 和低爆速炸药 2 的爆速。它实际上是图 8.5.3 所示的直线爆轰波发生器的组合和发展。

**3. 平面爆轰波发生器**

在爆轰波压力测定、高压物理等研究领域中，平面爆轰波发生器已获得广泛的应用，建立平面爆轰波发生器具有很重要的实际意义。常用的平面爆轰波发生器有以下三种类型。

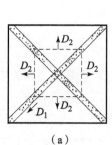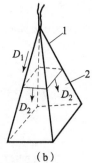

**图 8.5.6　正方形爆轰波发生器**

（a）平面式；（b）立体式

1—炸药筋；2—低速炸药片

第一种平面爆轰波发生器如图 8.5.7 所示。它是由高、低爆速两种炸药组成的。低爆速炸药 4 起着调整爆轰波形的作用。引爆后，爆轰波同时到达平面 $AB$ 时需要满足如下条件，即

$$\frac{h}{D_2} = \frac{h/\sin\alpha}{D_1}$$

因此得到

$$\sin\alpha = D_2/D_1 \qquad\qquad (8-5-6)$$

若需设计 $\phi100\ \mathrm{mm}$ 的平面爆轰波发生器，则其结构如图 8.5.8 所示。其作用原理为：当雷管引爆后，爆轰波由 $I \to C_0 \to A_0 \to B_0$ 所经历的时间与 $I \to C_1 \to A_1 \to B_1$ 及由 $I \to C_2 \to B_2$ 所经历的时间相等，即

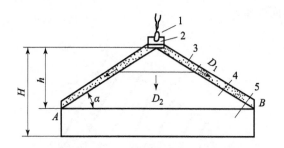

**图 8.5.7　平面爆轰波发生器**

1—雷管；2—传爆药柱；3—高爆速炸药 1，爆速 $D_1$；

4—低爆速炸药 2，爆速 $D_2$；5—猛炸药

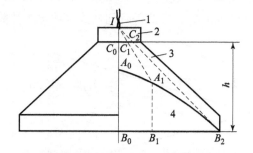

**图 8.5.8　平面爆轰波发生器结构**

1—雷管；2—传爆药柱，爆速 $D_3$；3—高爆速炸药 1，

爆速 $D_1$；4—低爆速炸药 2，爆速 $D_2$

$$t = \frac{\overline{IC_0}}{D_3} + \frac{\overline{C_0A_0}}{D_1} + \frac{\overline{A_0B_0}}{D_2} = \frac{\overline{IC_1}}{D_3} + \frac{\overline{C_1A_1}}{D_1} + \frac{\overline{A_1B_1}}{D_2} = \frac{\overline{IC_2}}{D_3} + \frac{\overline{C_2B_2}}{D_1} \qquad (8-5-7)$$

设计该平面爆轰波发生器的关键是确定两种炸药之间分界面的尺寸和形状。

第二种平面爆轰波发生器设计如图 8.5.9 所示。它是由主体炸药和圆锥形惰性块组合而成的，惰性块起调节波形的作用。主体炸药引爆后，爆轰波以 $D_1$ 的速度传播，传到惰性块处时，就在其中产生冲击波。设冲击波的传播速度为 $D_s$，若要在惰性块下面的炸药中获得平面波，则必须满足如下条件：

$$D_1 = \frac{D_s}{\cos\dfrac{\varphi}{2}} \qquad (8-5-8)$$

式中：$\varphi$ 为圆锥形惰性块的顶角。主体炸药的种类及爆速 $D_1$ 以及惰性块的材料选定后，关键是通过实验选择适当的角 $\varphi$。

图 8.5.10 所示为第三种结构形式平面爆轰波发生器。其结构特点是由点引爆获得直线波，进而由直线波转化成平面波。其作用过程如下：雷管 6 引爆后，爆轰波沿炸药条 1 传播，使金属方条 5 撞击炸药片 2 的右端，形成直线爆轰波。此波沿炸药片 2 向下传播，在炸药片 2 爆炸完时，金属板 4 撞击炸药块 3，并在其中形成方形平面爆轰波。炸药和金属方条尺寸选定后，关键是确定适当的 $\alpha_1$ 和 $\alpha_2$。显然，炸药爆速 $D$ 与金属板速度 $u_p$ 的关系应符合如下条件：

$$u_p / D = \sin\alpha \qquad (8-5-9)$$

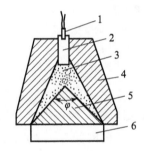

图 8.5.9　第二种平面爆轰波发生器设计

1—雷管；2—传爆药柱；3—主体炸药；

4—塑料壳；5—圆锥形惰性块；6—炸药柱

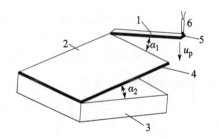

图 8.5.10　第三种结构形式平面爆轰波发生器

1—炸药条；2—炸药片；3—炸药块；

4—金属板；5—金属方条；6—雷管

### 4. 炸药透镜

如图 8.5.11 所示，炸药 1 在 $I$ 点引爆后，通过透镜形状的炸药 2，可以获得如虚线所示的中凹形的爆轰波形。在一些聚能战斗部的装药中设置塑料块（通称隔板）代替炸药 2，用以改善装药中的爆轰波形，从而提高战斗部的破甲威力。实验表明，在同一种破甲战斗部装药中，不加隔板或加不同形状的隔板时，得到了不同形状的爆轰波，如图 8.5.12 所示。在同样条件下，破甲弹中装置了图 8.5.12（b）所示结构的隔板体系，获得了最好的破甲效果，而图 8.5.12（a）结构的装药，其弹的破甲深度很小，这是由于图 8.5.12（b）结构所形成的爆轰波形几乎平行于破甲弹的锥形金属罩面，如图 8.5.13 所示。

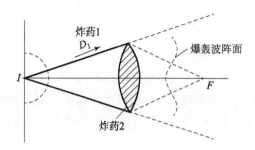

图 8.5.11　炸药透镜示意

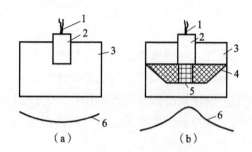

图 8.5.12　不同形状隔板形成的爆轰波

（a）无隔板；（b）有隔板

1—雷管；2—传爆药柱；3—主装药；4—隔板；

5—塑料芯；6—波形

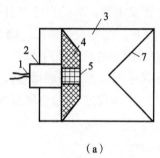

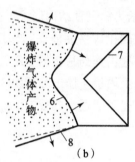

（a）　　　　　　　　　　　　　　（b）

图 8.5.13　爆轰波与药型罩作用关系示意

（a）聚能破甲战斗部装药结构；（b）爆炸后某一时刻所形成的爆轰波形

1—雷管；2—传爆药柱；3—主装药；4—隔板；5—泡沫塑料芯块；

6—爆炸后某一时刻的爆轰波形；7—锥形金属罩；8—爆炸气体膨胀形成的冲击波

### 5. 半球形爆轰波发生器

半球（或半圆）形爆轰波发生器如图 8.5.14 所示。由图可知，为获得半径为 $r$ 的半球形波，应满足如下条件：由引爆点 $I$ 经 $P(x,y)$ 到 $M$ 点所经历的时间与由 $I$ 点经 $P_0(x_0,0)$ 到 $M_0$ 点所经历的时间相等。数学表达式为

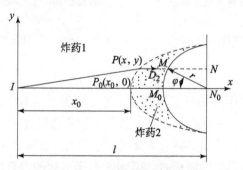

图 8.5.14　半球形爆轰波发生器

$$\frac{\sqrt{x^2+y^2}}{D_1}+\frac{l-x-r\cos\varphi}{D_2}=\frac{x_0}{D_1}+\frac{l-x-r}{D_2} \qquad (8-5-10)$$

式中：$l$ 为整个药柱的总长度；$x_0$ 为 $P_0$ 至引爆点 $I$ 的距离。

将式（8−5−10）稍加整理得到

$$y^2 = (K^2 - 1)x^2 - [2K(K-1) - 2K^2 r(1 - \cos\varphi)]x + [K^2 r^2(1 - \cos\varphi)^2 + (1 - K)^2 x_0^2]$$

$$(8-5-11)$$

式中：$K = \dfrac{D_1}{D_2}$。在 $\dfrac{D_1}{D_2} > 1$ 时，炸药 1 和炸药 2 的分界线为以 $P_0(x_0, 0)$ 为顶点的双曲线。

**6. 球形收敛爆轰波发生器**

球形收敛爆轰波发生器如图 8.5.15 所示，它由两种炸药组成，两端同时引爆。

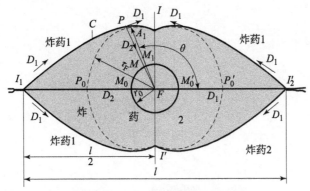

**图 8.5.15　球形收敛爆轰波发生器**

由于在 $II'$ 轴两侧是相互对称的，所以这里只考虑左侧。要得到半径为 $r_0$ 的半球形收敛爆轰波，必须满足如下条件：由引爆点 $I_1$ 以 $D_2$ 的速度经过 $P_0$ 点到 $M_0$ 点，与 $I_1$ 以 $D_1$ 的速度到 $P$ 点而后以 $D_2$ 的速度到 $M$ 点所经历的时间相等，也与由 $I_1$ 以 $D_1$ 的速度到 $A_1$ 点而后由 $A_1$ 点以 $D_2$ 速度到 $M_1$ 点所经历的时间相等。据此，可写如下公式：

$$t = -\frac{1}{D_1}\int_{\pi}^{0}\sqrt{r^2 + \left(\frac{dr}{d\theta}\right)}\,d\theta + \frac{r - r_0}{D_2} = \frac{\frac{l}{2} - r_0}{D_2} = 常数 \qquad (8-5-12)$$

由于 $\dfrac{dt}{d\theta} = 0$，将式（8−5−12）两边对 $\theta$ 取导数得到

$$\sqrt{r^2 + \left(\frac{dr}{d\theta}\right)^2} = \frac{D_1}{D_2}\frac{dr}{d\theta} \qquad (8-5-13)$$

两边平方后整理得到

$$\frac{dr}{r} = \frac{d\theta}{\sqrt{K^2 - 1}} \qquad (8-5-14)$$

式中：$K = \dfrac{D_1}{D_2}$，两边积分

$$\int_{r_0}^{r} d\ln r = \int_{0}^{0}\frac{d\theta}{\sqrt{K^2 - 1}} \qquad (8-5-15)$$

故得到

$$r = r_0 e^{\frac{\theta}{\sqrt{K^2 - 1}}} \qquad (8-5-16)$$

式（8 – 5 – 16）为曲线 $C$ 的数学表达式，它是一条对数螺线。

用上述方法实现球形收敛波的缺点有二：其一，结构庞大；其二，由于内层为低速炸药，爆轰波聚合时所形成的压力较低。优点是能够实现波形的良好对称性。实现球形收敛爆轰波的另一种重要途径，是采用多点同时引爆体系，即在球形装药外表面用多个起爆时间为微秒级的雷管同时引爆。

# 第 9 章

# 爆轰产物的一维流动及对刚体的作用

炸药爆轰后形成的气态产物处于高温、高压、高密度的状态，由于与外界的压力差，必然要向外膨胀流动，即不断有稀疏波向爆轰产物中传播。在此过程中气体的压力、密度以及流动参数都将随着时间和空间的变化而变化，此过程是等熵不定常的。

本章的目的是应用气体动力学一维等熵流动的有关知识，研究爆轰气态产物一维流动过程中流动参数和状态参数的时空分布规律，进而计算接触爆炸时爆轰产物作用在固壁面上的压力和冲量以及对一定质量的刚体的一维抛射作用。

## 9.1 描述流场的方法

在气体动力学中将运动气体所占据的空间称作流场。在此空间中气体的压力、密度、温度等物理量的分布情况分别叫作压力场、密度场、温度场等。描述流场的方法有两种：一种是控制体积方法或欧拉（Euler）方法；另一种是物质体系方法或拉格朗日（Lagrange）方法。

欧拉方法是盯着空间某一控制体积，观察流体各参数（如压力 $p$、密度 $\rho$、温度 $T$、流动速度 $u$ 等）在空间固定点上随时间的变化及从空间一点到另一点的变化。显然，它把流体的参数 $\varphi$ 看成空间坐标 $x$，$y$，$z$ 和时间 $t$ 的函数，即 $\varphi = \varphi(x, y, z, t)$。

拉格朗日方法则是紧紧盯着流体中各个质点，考察该质点上各个参数随时间的变化以及这些参数由一个质点到另一个质点的变化。

对于爆炸气体动力学问题，主要考察爆炸气体产物的膨胀流动，以及由此引起的周围气体介质的运动，采用空间坐标系进行研究较为方便，而对于爆炸对固体作用所引起的应力波传播问题，则多采用拉格朗日方法进行研究。

## 9.2 气体的平面一维流动

### 9.2.1 气体平面一维流动方程组

在讨论爆轰产物的平面一维流动以前，首先建立一般的气体平面一维流动方程组，因为这是讨论问题的基础。

气体的一维流动是一种简单的，也是极为重要的流动。所谓平面一维流动，是指在某一空间坐标 $x$ 等于常数的平面上气流参数是均匀分布的，与 $y$ 坐标无关。

气体的流动可以是定常的，也可以是不定常的。定常流动与时间无关，气流参数的函数表达式中不包含时间 $t$。不定常流动的气流参数随时间而变化。爆轰产物的流动是不定常的，所以此处讨论不定常流动问题。

平面一维不定常流动的流动参数是 $x$ 和 $t$ 的函数，如 $p = p(x,t), \rho = \rho(x,t)$，$u = u(x, t)$ 等。

气体可以视为连续的质点系，它在流动过程中应该遵守一般的力学定律，如质量守恒定律、牛顿第二定律和能量守恒定律等。此外，由于气体运动本身的特殊性，即气体具有可压缩性、在运动过程中伴随有密度、压力及温度的变化，它还应遵循热力学规律。

在气体动力学中，把质量守恒定律的数学表达式叫作连续方程或质量方程，把牛顿第二定律的数学表达式叫作欧拉方程或动量方程，把能量守恒方程的数学表达式叫作能量方程。

根据这些定律和规律可以建立气体平面一维不定常流动的方程组。

**1. 连续方程**

取等截面流管中控制面 1 和 2 之间的一个微元空间来考察。如图 9.2.1 所示，设流管截面积为 $A$，两控制面之间的距离为 $\delta x$，截面 1 处的流速为 $u$，密度为 $\rho$。单位时间内通过截面 1 流入微元空间的气体量为 $\rho A u$，通过截面 2 流出的质量为

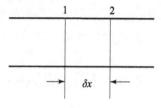

**图 9.2.1　气体微元**

$$\rho A u + \frac{\partial}{\partial x}(\rho A u)\delta x$$

按照质量守恒定律，流入微元空间与流出微元空间的气体质量之差应等于微元空间内气体质量的改变量。而前者为 $-\frac{\partial}{\partial x}(\rho A u)\delta x$，后者为 $\frac{\partial}{\partial t}(\rho A \delta x)$，由此得

$$-\frac{\partial}{\partial x}(\rho A u)\delta x = \frac{\partial}{\partial t}(\rho A \delta x)$$

其中 $\delta x$ 和 $A$ 都是常数，可以从两端消去，则上式变为

$$\frac{\partial \rho}{\partial t} + \frac{\partial}{\partial x}(\rho u) = 0$$

即

$$\frac{\partial \rho}{\partial t} + u \frac{\partial \rho}{\partial x} + \rho \frac{\partial u}{\partial x} = 0 \qquad (9-2-1)$$

式（9-2-1）即为一维不定常流动的连续方程。

**2. 欧拉方程**

取等截面流管中一个气体微元来研究，如图 9.2.2 所示，不考虑气体的黏性和质量力，微元只受相邻介质的压力作用，即只受 $x$ 方向的作用力，一个是正方向的力 $pA$，一个是负方向的力 $-[pA + \frac{\partial}{\partial x}(pA)\delta x]$，合力则为 $-\frac{\partial}{\partial x}(pA)\delta x$。根据牛顿第二定律，此作用力应等于微元气体的质量乘以其所获得的加速度。微元气体的质量是 $\rho A \cdot \delta x$，加速度为 $\mathrm{d}u/\mathrm{d}t$，即

$$\rho A \cdot \delta x \cdot \frac{\mathrm{d}u}{\mathrm{d}t} = -\frac{\partial}{\partial x}(pA) \cdot \delta x$$

从两端消去 $A$ 和 $\delta x$，并考虑到

$$\frac{\mathrm{d}u}{\mathrm{d}t} = \frac{\partial u}{\partial t} + u \frac{\partial u}{\partial x}$$

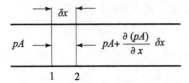

**图 9.2.2　动量守恒的气体微元**

则得

$$\frac{\partial u}{\partial t} + u \frac{\partial u}{\partial x} + \frac{1}{\rho} \frac{\partial p}{\partial x} = 0 \tag{9-2-2}$$

式（9-2-2）即平面一维流动的欧拉方程（或动量方程）。

**3. 能量方程**

不考虑气体的黏性和热传导，并忽略质量力，则能量守恒定律可表述如下：气体微团的内能和动能之和的增量，应等于作用在微团表面上的压力所做的功。

在 $\mathrm{d}t$ 时间内气体微团内能和动能之和的增量为

$$\frac{\mathrm{d}}{\mathrm{d}t}\left(e + \frac{u^2}{2}\right)\rho A \cdot \delta x \cdot \mathrm{d}t$$

在截面 1 上，压力做的功是 $puA \cdot \mathrm{d}t$，在截面 2 上，压力做的功是 $-\left[pAu + \frac{\partial}{\partial x}(pAu) \cdot \delta x\right]\mathrm{d}t$，总的功为 $\frac{\partial}{\partial x}(pAu)\delta x\mathrm{d}t$，由此得

$$\frac{\mathrm{d}}{\mathrm{d}t}\left(e + \frac{u^2}{2}\right) + \frac{1}{\rho} \frac{\partial}{\partial x}(pu) = 0$$

上式经过变换，可成为

$$\frac{\mathrm{d}e}{\mathrm{d}t} + u\left(\frac{\partial u}{\partial t} + u \frac{\partial u}{\partial x}\right) + \frac{p}{\rho} \frac{\partial u}{\partial x} + \frac{u}{\rho} \frac{\partial p}{\partial x} = 0 \tag{9-2-3}$$

将式（9-2-2）乘以 $u$，则得

$$u\left(\frac{\partial u}{\partial t} + u \frac{\partial u}{\partial x}\right) = -\frac{u}{\rho} \frac{\partial p}{\partial x} \tag{9-2-4}$$

将式（9-2-4）代入式（9-2-3）则得

$$\frac{\mathrm{d}e}{\mathrm{d}t} + \frac{p}{\rho} \frac{\partial u}{\partial x} = 0 \tag{9-2-5}$$

再将式（9-2-1）变换成

$$\frac{1}{\rho} \frac{\partial u}{\partial x} = -\frac{1}{\rho^2} \frac{\mathrm{d}\rho}{\mathrm{d}t} \tag{9-2-6}$$

将式（9-2-6）代入式（9-2-5），得到

$$\frac{de}{dt} - \frac{p}{\rho^2}\frac{d\rho}{dt} = 0$$

用比容 $v$ 替换上式中的密度 $\rho$，则得

$$\frac{de}{dt} + p\frac{dv}{dt} = 0 \tag{9-2-7}$$

与热力学定律 $TdS = de + pdv$ 比较，式（9-2-7）意味着

$$\frac{dS}{dt} = 0$$

可以将其写成

$$\frac{dS}{dt} = \frac{\partial S}{\partial t} + u\frac{\partial S}{\partial x} = 0 \tag{9-2-8}$$

这样，就由能量守恒定律推证了不考虑黏性时气体的流动是等熵的。式（9-2-8）即为能量方程。

**4. 状态方程**

以上质量、动量和能量三个方程中，涉及了四个物理量 $u$、$p$、$\rho$、$S$ 或 $T$（通常 $S$ 是 $T$ 的函数），除 $u$ 以外，其余三个是热力学量，它们之间可用状态方程来联系。这时状态方程宜取形式

$$p = p(\rho, S) \tag{9-2-9}$$

式（9-2-1）、式（9-2-2）、式（9-2-8）、式（9-2-9）即构成气体平面一维等熵流动的方程组。

### 9.2.2 平面一维等熵流动方程组的特征

以上得到的气体平面一维等熵流动的方程组是一个封闭的方程组，在给定状态方程的具体形式，并给定初始条件和边界条件以后，原则上就可以求解了。但求解过程很复杂，为便于求解起见，再将方程进行一些变化。

根据式（9-2-9），有

$$\rho = \rho(p, S) \tag{9-2-10}$$

则

$$d\rho = \left(\frac{\partial \rho}{\partial p}\right)_S dp + \left(\frac{\partial \rho}{\partial s}\right)_p dS = \frac{1}{c^2}dp \tag{9-2-11}$$

将式（9-2-11）代入式（9-2-1）后并将各项乘以 $\dfrac{c}{\rho}$，则得

$$\frac{1}{\rho c}\frac{\partial p}{\partial t} + \frac{u}{\rho c}\frac{\partial p}{\partial x} + c\frac{\partial u}{\partial x} = 0 \tag{9-2-12}$$

将式（9-2-12）与式（9-2-2）相加、相减后分别得到

$$\left[\frac{\partial u}{\partial t} + (u+c)\frac{\partial u}{\partial x}\right] + \frac{1}{\rho c}\left[\frac{\partial p}{\partial t} + (u+c)\frac{\partial p}{\partial x}\right] = 0$$

$$\left[\frac{\partial u}{\partial t} + (u-c)\frac{\partial u}{\partial x}\right] - \frac{1}{\rho c}\left[\frac{\partial p}{\partial t} + (u-c)\frac{\partial p}{\partial x}\right] = 0$$

则沿 $\dfrac{\mathrm{d}x}{\mathrm{d}t} = u + c$ 有

$$\frac{\partial}{\partial t}\left(u + \int \frac{\mathrm{d}p}{\rho c}\right) + (u + c)\frac{\partial}{\partial x}\left(u + \int \frac{\mathrm{d}p}{\rho c}\right) = 0 \qquad (9-2-13\mathrm{a})$$

沿 $\dfrac{\mathrm{d}x}{\mathrm{d}t} = u - c$ 有

$$\frac{\partial}{\partial t}\left(u - \int \frac{\mathrm{d}p}{\rho c}\right) + (u - c)\frac{\partial}{\partial x}\left(u - \int \frac{\mathrm{d}p}{\rho c}\right) = 0 \qquad (9-2-13\mathrm{b})$$

式中：$u + \int \dfrac{\mathrm{d}p}{\rho c} = u + \int \dfrac{c\mathrm{d}\rho}{\rho}$（以 $\alpha$ 代表）和 $u - \int \dfrac{\mathrm{d}p}{\rho c} = u - \int \dfrac{c\mathrm{d}\rho}{\rho}$（以 $\beta$ 代表）叫作黎曼不变量或波函数。对给定的物质，给出状态方程后，可以求出其中的积分，写出黎曼不变量的具体表达形式。对于等熵状态方程为 $p = A\rho^{\gamma}$ 的气体，声速为

$$c^2 = \left(\frac{\partial p}{\partial \rho}\right)_{\mathrm{S}} = \gamma A\rho^{\gamma-1}$$

将上式两端微分得

$$2c\mathrm{d}c = \gamma A(\gamma-1)\rho^{\gamma-2}\mathrm{d}\rho = (\gamma-1)c^2\mathrm{d}\rho/\rho$$

从而有

$$\int \frac{c\mathrm{d}\rho}{\rho} = \frac{2}{\gamma-1}c$$

这样，黎曼不变量即为

$$\alpha = u + \frac{2}{\gamma-1}c \quad , \quad \beta = u - \frac{2}{\gamma-1}c$$

于是式 $(9-2-13\mathrm{a})$ 与式 $(9-2-13\mathrm{b})$ 分别变为

$$\frac{\partial}{\partial t}\left(u + \frac{2}{\gamma-1}c\right) + (u+c)\frac{\partial}{\partial x}\left(u + \frac{2}{\gamma-1}c\right) = 0 \qquad (9-2-14\mathrm{a})$$

$$\frac{\partial}{\partial t}\left(u - \frac{2}{\gamma-1}c\right) + (u-c)\frac{\partial}{\partial x}\left(u - \frac{2}{\gamma-1}c\right) = 0 \qquad (9-2-14\mathrm{b})$$

方程组 $(9-2-13)$ 是一般形式，适用于任何物质。方程组 $(9-2-14)$ 适用于具有 $p = A\rho^{\gamma}$ 等熵状态方程的气体。这两个方程组与前面由式 $(9-2-1)$、式 $(9-2-2)$、式 $(9-2-8)$、式 $(9-2-9)$ 所组成的方程组是等价的，但这两个方程组更易于求解，并且表达了更为明确的物理意义。

下面考察、讨论方程组 $(9-2-14)$，它是一个二元偏微分方程组。由这个方程组可以看到，当 $\mathrm{d}x/\mathrm{d}t = u \pm c$ 时，该式由偏微商变成了全微商，即

$$\frac{\mathrm{d}}{\mathrm{d}t}\left(u \pm \frac{2}{\gamma-1}c\right) = 0, \, u \pm \frac{2}{\gamma-1}c = \mathrm{const}$$

就是说，

$$\begin{cases} 沿 \ \mathrm{d}x/\mathrm{d}t = u+c, & \alpha = u + \dfrac{2}{\gamma-1}c = \mathrm{const} \\[3mm] 沿 \ \mathrm{d}x/\mathrm{d}t = u-c, & \beta = u - \dfrac{2}{\gamma-1}c = \mathrm{const} \end{cases} \qquad (9-2-15)$$

$dx/dt = u + c$ 和 $dx/dt = u - c$ 分别叫作式（9-2-14a）和式（9-2-14b）的特征或特征方程，它们的积分各自代表 $x-t$ 平面内的一簇曲线，叫作特征线。把由前者确定的特征线叫作 $C_+$ 特征线，由后者确定的特征线叫作 $C_-$ 特征线。因此方程组（9-2-14）的物理意义在于描述两个黎曼不变量的传播规律。黎曼不变量 $\alpha$ 以 $dx/dt = u + c$ 的速度沿 $C_+$ 特征线传播，黎曼不变量 $\beta$ 以 $dx/dt = u - c$ 的速度沿 $C_-$ 特征线传播。

另外，小扰动在介质中以当地声速进行传播。稀疏波即为一种小扰动。若只存在一个方向传播的波，当波的速度大于气体质点的速度 $u$ 时，气体质点从 $x$ 较大的一边进入波区，这样的波称为向前波，反之气体质点从 $x$ 较小的一边进入波区，称为向后波。

显然，无论 $u > 0$ 还是 $u < 0$，总有 $u + c > u$ 和 $u - c < u$，所以传播速度为（$u + c$）的波是向前波，传播速度为（$u - c$）的波是向后波。

这里需要说明的是，所谓向前波和向后波是相对气体介质而言，在静坐标系中它们都既可往 $x$ 轴的正方向传播，也可往 $x$ 轴的负方向传播，因为它的方向取决于（$u \pm c$）的符号。$u$ 本身可正、可负，并可大于声速，也可小于声速。所以（$u \pm c$）都既可能为正，也可能为负。

根据上面的叙述，也可以说小扰动是沿特征线传播的，特征线是小扰动传播的迹线，而且在小扰动传播过程中，波阵面上流动参数的组合即波函数（黎曼不变量）保持不变。实际上波的传播就是波函数的传播，以上就是二元函数偏微分方程组的物理意义。

应当指出，虽然特征线在物理上是小扰动传播的迹线，但在没有扰动存在的情况下也可以存在特征线，此时它们是从 $x$ 轴发出的平行线，没有物理意义，只是方程组的解。

### 9.2.3　特征线的性质

下面讨论特征线的几点性质。

**1. 在连续流动区域中，同簇特征线不相交**

事实上，在连续流动中，每个点 $(x, t)$ 上各物理量都是单值的，所以 $u + c$、$u - c$、$\alpha$ 和 $\beta$ 都是唯一的，过每一个点只有一条 $C_+$ 特征线和一条 $C_-$ 特征线，也就是说同簇特征线不会相交。

假设同簇特征线在某点相交，则意味着该点的物理量是多值的，这就表示流体的运动不再连续，而出现了间断，即产生了冲击波，这时流动就不能用上述方法来描述。

**2. 弱间断只沿特征线传播**

所谓弱间断，即物理量本身是连续的，只是其一阶微商发生间断。

流体力学问题中存在具有弱间断的解。现在假设解的初值在某点 $A$ 处具有弱间断，则可以证明，这弱间断只沿过 $A$ 点的特征线传播。

设两簇特征线以 $\zeta = \zeta(x, t)$ 和 $\eta = \eta(x, t)$ 来表示，它们组成曲线坐标网络。用新参量 $\zeta$，$\eta$ 代替 $x$，$t$，并使沿 $C_+$ 特征线的 $\eta$ 为常数，沿 $C_-$ 特征线的 $\zeta$ 为常数。在新的曲线坐标系 $(\zeta, \eta)$ 中，特征方程（9-2-13）变为

$$\begin{cases} 沿 C_+, x_\zeta = (u+c)t_\zeta, & d\alpha = 0 \\ 沿 C_-, x_\eta = (u-c)t_\eta, & d\beta = 0 \end{cases} \tag{9-2-16}$$

现在证明，穿过 $C_+^A$ 时 $\alpha$ 的微商有间断，穿过 $C_-^A$ 时 $\beta$ 的微商有间断。

过图 9.2.3 中 $C_+^A$ 特征线两侧的点 $M_1$ 及 $M_2$ 的 $C_+^1$ 及 $C_+^2$ 特征线上分别有

$$\alpha_1 = \alpha_{10}，\ \alpha_2 = \alpha_{20}$$

（下标"0"表示其初始值），它们对 $\eta$ 的微商是 $(\alpha_1)_\eta = (\alpha_{10})_\eta$，以及 $(\alpha_2)_\eta = (\alpha_{20})_\eta$，令点 $M_1$ 及点 $M_2$ 同时趋于点 $M$，即过点 $M_1$ 及点 $M_2$ 的 $C_+$ 同时趋于 $C_+^A$，则有 $(\alpha_M)_\eta^+ = (\alpha_A)_\eta^-$ 及 $(\alpha_M)_\eta^+ = (\alpha_A)_\eta^+$，因点 $A$ 处微商有间断，即 $(\alpha_A)_\eta^- \neq (\alpha_A)_\eta^+$，所以

$$(\alpha_M)_\eta^- \neq (\alpha_M)_\eta^+ \tag{9-2-17}$$

即 $M$ 点处 $\alpha$ 的微商也是间断的，这表明 $A$ 点的弱间断沿 $C_+^A$ 传播。用同样的方法可证明沿 $C_-^A$ 有 $(\beta_N)_\zeta^- \neq (\beta_N)_\zeta^+$。即 $A$ 点的弱间断亦沿 $C_-^A$ 传播。

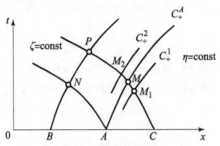

**图 9.2.3　弱间断只沿特征线传播**

### 3. 不同类型的相邻流动区域间的分界线是特征线

若在 $x$、$t$ 平面上的两个相邻区域中，流动是连续的，但类型不同，即两个区域的流动是由方程组的不同解析解来描述的，则一般来说，在两区域交界处流动的某些物理量将出现弱间断，已知弱间断是沿特征线传播的，所以不同类型的流动区域间的分界线是特征线。

## 9.3　气体平面一维等熵流动方程组的解

上面由二元函数偏微分方程组谈到了它们的特征方程、特征线、特征线的物理意义及特征线的性质。这里要介绍二元函数偏微分方程组的特征线解法。

从数学上来说，沿着特征线，方程中波函数的偏微商变成了全微商，也就是说沿着特征线二元函数的偏微分方程变成了 $\mathrm{d}x/\mathrm{d}t = u \pm c$ 的常微分方程。要求解气体平面一维等熵流动的参数 $u = u(x, t)$、$c = c(x, t)$，只要联立解两个常微分方程即特征方程就行了。一般情况下这就使求解变得容易多了，这就是特征线方法的实质所在。现在分两种情况来介绍具体的求解方法。

### 9.3.1　简单波解——特解

若上述方程组中的未知函数之间存在某些确定的关系，则数学上将此种情况下给出的解称为特解。

流体力学中，有一类重要流动，它的一个黎曼不变量在其整个流动区域内处处保持同一常数，如 $\beta(u, c) = \beta_0$，或 $\alpha(u, c) = \alpha_0$，这类特殊流动就是简单波。在简单波中，待求的 $u(x, t)$ 与 $c(x, t)$ 之间始终保持着 $\beta(u, c) = \beta_0$ 或 $\alpha(u, c) = \alpha_0$ 这种确定的关系，所以简单波的解是方程组的特解。

现在讨论方程组的特解。给定

$$\beta(u,c) = u - \frac{2}{\gamma - 1}c = \text{const} \qquad (9-3-1)$$

将式（9-3-1）分别对 $x$ 和 $t$ 取导数，得到

$$\frac{\partial c}{\partial t} = \frac{\gamma - 1}{2}\frac{\partial u}{\partial t} \qquad (9-3-2)$$

$$\frac{\partial c}{\partial t} = \frac{\gamma - 1}{2}\frac{\partial u}{\partial x} \qquad (9-3-3)$$

将式（9-3-2）和式（9-3-3）代入式（9-2-14a），得到

$$\frac{\partial u}{\partial t} + (u + c)\frac{\partial u}{\partial x} = 0 \qquad (9-5-4)$$

式（9-5-4）表明沿 $C_+$ 特征线 $\mathrm{d}x/\mathrm{d}t = u + c$ 有 $\mathrm{d}u/\mathrm{d}t = 0$，即 $u = $ 常数，再考虑式（9-3-1）可知也有 $c = $ 常数，则 $u + c = $ 常数。这样，$\mathrm{d}x/\mathrm{d}t = u + c$ 就可以进行积分了。

所以当有

$$u - \frac{2}{\gamma - 1}c = \text{const}$$

时，则有

$$x = (u + c)t + F_1(u) \qquad (9-3-5)$$

式（9-3-5）也可写成以下形式：

$$x = (u + c)t + x_0 - (u + c)t_0$$

或

$$u + c = \frac{x - x_0}{t - t_0}$$

同理，当有

$$u + \frac{2}{\gamma - 1}c = \text{const}$$

时，则有

$$x = (u - c)t + F_2(u) \qquad (9-3-6)$$

或

$$u - c = \frac{x - x_0}{t - t_0}$$

式中：$F_1(u)$ 和 $F_2(u)$ 是 $u$ 的任意函数，由问题的边界条件决定。当边界条件使得 $F(u) = 0$ 或 $F(u) = $ 常数而不随 $u$ 变化时，该簇特征线的起点将集中于一点（图9.3.1），这样的波叫作中心稀疏波。由于 $F(u) = 0$，$u \pm c = \dfrac{x}{t}$，当 $x = 0$，$t = 0$ 时，$u \pm c = \dfrac{0}{0}$，其值不定，这是中心稀疏波的特点。

式（9-3-5）描述的是向前简单波，式（9-3-6）描述的是向后简单波，它们的特征线是 $(x, t)$ 平面

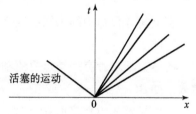

活塞的运动

图9.3.1　中心稀疏波

内的一簇直线。

在 $(x, t)$ 平面上向前（或向后）简单波区内任一点的流动参数 $u$、$c$ 应同时满足式 (9-3-5)［或式 (9-3-6)］中的两个式子，因此可通过联立求解这两个式子而得到。

用特征线方法求解简单波流动过程中的流动参数 $u$ 和 $c$，关键在于确定出特征线的方程，即确定 $F(u)$（或 $x_0$，$t_0$）和在全流场保持不变的黎曼不变量 $\beta$（或 $\alpha$）的常数值。

简单波是在一个方向传播的波，即单向波。它具有以下特点。简单波的前方必为静止区 ($u = 0$) 或稳定流动区 ($u = $ 常数)，而且只有简单波区能与静止区或稳定流动区相邻，由图 9.3.2 可见，对于向前简单波，$C_+$ 特征线不能从一个区域连续过渡到另一个区域。$C_-$ 特征线则由一个区域连续地过渡到另一区域，并将常数 $\beta$ 由区域Ⅱ带到区域Ⅰ内。同理，对于向后简单波，$C_-$ 特征线不能从一个区域连续地过渡到另一个区域，而 $C_+$ 特征线则由一个区域连续地过渡到另一个区域，并将 $\alpha$ 由一个区域带到另一个区域。

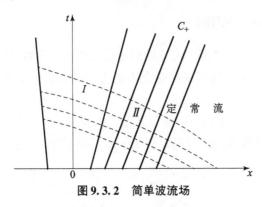

**图 9.3.2　简单波流场**

简单波可以是稀疏波，也可以是压缩波，下面分别考察一下它们的性质。

**1. 稀疏简单波**

从管内抽离活塞时所产生的气体运动，是稀疏波的一个典型例子。如图 9.3.3 所示，设管道在 $x = 0$ 处以活塞封闭，管内 $x \geq 0$ 的半无限空间内充满气体，其初始状态为 $\rho_0$，$p_0$，$c_0$ 和 $u_0 = 0$，在 $t = 0$ 时活塞开始向左运动，由 $u_0 = 0$ 逐渐加速到某一速度 $u(u < 0)$。活塞开始运动，所产生的稀疏波以声速 $c_0$ 向右传播，在 $(x, t)$ 平面内，$x = c_0 t (t > 0)$ 右边的区域是未受扰动的静止区。在静止区内，全部特征线均互相平行。与这个静止区相邻的是向前简单波区，紧靠活塞处气体的速度与活塞相同，在加速端上活塞轨迹上各点速度的绝对值不断增加，而介质的 $p$、$\rho$、$c$ 则不断下降，故区域中各条 $C_+$ 特征线的斜率 $dx/dt = u + c$ 将随活塞的运动而减小，因此 $C_+$ 特征线簇是发散的。也就是说，此扰动区域随着时间的延续而不断扩大。图中与某一时刻相对应的 $A_1 A_0$ 是该时刻被稀疏波波及的区域。

**2. 压缩简单波**

与上述情况相反，当活塞向气体推进时，将导致气体密度和压力增加，这时产生的简单波就是压缩波。若活塞是做加速运动，则自活塞上发出的特征线，其斜率将随活塞的推进而增加。因此，$C_+$ 特征线簇是不断收敛和汇聚的，将形成包络（图 9.3.4）。包络上的解是多值的，即出现间断解（有形成冲击波的趋势）。在出现间断之前，原先对稀疏波的描述方法和公式仍然适用，只要将活塞速度变为正的即可。由于这时 $u > 0$，$p$、$\rho$、$c$ 都将随 $u$ 增大。

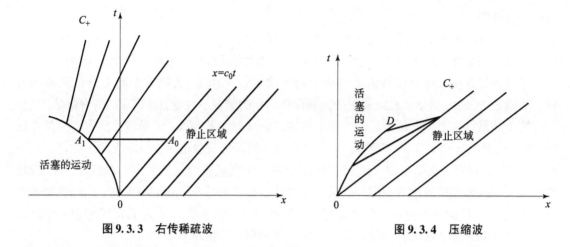

图 9.3.3　右传稀疏波　　　　　　　　　图 9.3.4　压缩波

### 9.3.2　复合波解——通解

前面讨论的简单波解，是平面一维等熵运动的两个未知函数之间存在确定关系时的一种特解。现在来讨论复合波（同时存在向两个不同方向传播的波）的解，它是一维等熵流动方程组的通解。

一般情况下，$(u+c)$ 和 $(u-c)$ 不是常数，而是 $x$ 和 $t$ 的函数，特征线不是直线而是曲线，而且传播过程向前波和向后波互相影响。这可由下面看出：

$$\alpha = u + \frac{2}{\gamma-1}c, \qquad \beta = u - \frac{2}{\gamma-1}c$$

$$u = \frac{\alpha+\beta}{2}, \qquad c = \frac{\gamma-1}{4}(\alpha-\beta)$$

$$(\mathrm{d}x/\mathrm{d}t)_{C_+} = u + c = f_1(\alpha,\beta)$$

$$(\mathrm{d}x/\mathrm{d}t)_{C_-} = u - c = f_2(\alpha,\beta)$$

当 $(u+c)$ 和 $(u-c)$ 不是常数时，方程 $\mathrm{d}x/\mathrm{d}t = u \pm c$ 无法直接积分，求解比较困难。这时可以采取速度图法来求解。

对一些初始值问题可用节点法或网格法求出一定限制区域内的近似解。下面以用节点法求解哥西初值问题为例略加介绍。设在 $(x, t)$ 平面上沿一条非特征线的曲线（此曲线任何一段的方向都与特征线方向不同）方程组的解是已知的，欲求此线邻近区域内的解。

所谓已知 $(x, t)$ 平面内沿一条线的解，意味着因变量 $u$、$c$ 和它们的导数沿该线的值是已知的。如图 9.3.5 所示，图中给出 $(x, t)$ 平面上的非特征曲线 $\overset{\frown}{AB}$，可在曲线 $\overset{\frown}{AB}$ 上取一系列的点 $M_1$，$M_2$，$\cdots$，$M_i$ 等，点与点之间的间隔决定于所要求的精度。首先通过 $M_i$ 点作一小段 $C_-$ 特征线（近似地把 $x-t$ 平面上特征线的一小段视为直线），其方程为

$$x - x_i = (u_i - c_i)(t - t_i) \tag{9-3-7}$$

并在此线上有

$$u - \frac{2}{\gamma-1}c = u_i - \frac{2}{\gamma-1}c_i \tag{9-3-8}$$

再由 $M_{i+1}$ 点作一小段 $C_+$ 特征线，有

$$x - x_{i+1} = (u_{i+1} + c_{i+1})(t - t_{i+1}) \tag{9-3-9}$$

$$u + \frac{2}{\gamma - 1}c = u_{i+1} + \frac{2}{\gamma - 1}c_{i+1} \tag{9-3-10}$$

以上两小段 $C_+$ 和 $C_-$ 特征线相交于 $M_i'(x, t)$ 点，其流动参数为 $u$、$c$。这四个参数 $x$、$t$、$u$、$c$ 可以由以上四个方程联立求解得到。运用同样的方法可逐点算出 $M_1'$，$M_2'$，$M_3'$，… 直至求出由 $AB$ 所限定的区域内各点的参数。

用类似的方法还可求解其他形式的初始值问题。例如：

如果在两条相交的特征线 $AB$ 和 $AC$ 上（这里应当说明，$AB$、$AC$ 是不同簇的，因为在连续流动区域内同簇特征线是不相交的）的解已知，则在 $A$ 点的附近，在由 $AB$ 和 $AC$ 特征线所限定的区域内也有解。在第一簇特征线 $AB$ 上取有限数目的点，此处为了简单起见，只取两个中间点 1 和 2（图 9.3.6）；同时又在第二簇特征 $AC$ 上取有限数目的点，图中只取两个中间点 3 和 7。从 1 点和 3 点作不同簇特征线小段相交于 4 点。因为 1 点和 3 点已知，按照前例中的同样方法可以由 1 点和 3 点确定 4 点的 $u$、$c$、$x$、$t$ 值。再由点 2 和点 4 决定点 5，由点 5 和点 $B$ 决定点 6，等等，这样 $A$、$B$、$D$、$C$ 区域内的 $u$、$c$、$x$、$t$ 都可得到。

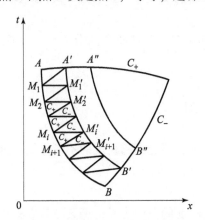

**图 9.3.5 特征线求解流场参数**　　　　**图 9.3.6 两条相交特征线求解流场参数**

在某些特殊情况下，如 $\gamma = 3$ 时（这很近似地符合高密度高能炸药爆轰产物的情况），复合波也有解析解，本书感兴趣的正是这种情况。现在对此进行讨论。

当 $\gamma = 3$ 时，有

$$\text{沿}\frac{dx}{dt} = u + c, u + \frac{2}{\gamma - 1}c = u + c = \text{const} \tag{9-3-11}$$

$$\text{沿}\frac{dx}{dt} = u - c, u - \frac{2}{\gamma - 1}c = u - c = \text{const} \tag{9-3-12}$$

即波的速度与黎曼不变量取相同的值，变成了常数，这时可对特征方程式（9-3-11）和式（9-3-12）进行积分，从而得到复合波的解析解。

$$\begin{cases} x = (u+c)t + F_1(u) \\ x = (u-c)t + F_2(u) \end{cases} \tag{9-3-13}$$

$F_1(u)$ 和 $F_2(u)$ 可由问题的初始条件确定。

在 $\gamma = 3$ 的情况下，两个方向的波互不干扰，各自独立推进，在 $x - t$ 平面内两簇特征线均为直线，如图 9.3.7 所示。

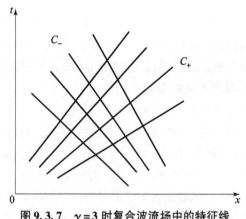

**图 9.3.7　$\gamma=3$ 时复合波流场中的特征线**

归纳起来，在 $x$ – $t$ 平面上复合波区内的任一点都有一条 $C_+$ 特征线和一条 $C_-$ 特征线通过，即任一点都可被看成一条 $C_+$ 特征线和一条 $C_-$ 特征线的交点。联立求解 $C_+$ 特征线和 $C_-$ 特征线的方程便可得到该点的解。

在有解析解存在的情况下，确定特征线方程的关键又在于确定任意函数 $F(u)$（或 $x_0$，$t_0$）。一般情况下对具体问题，它们的确定不是很困难。

## 9.4　高能凝聚炸药爆轰产物的一维流动

如前所述，炸药爆轰以后其产物将立刻发生膨胀流动，即受到稀疏波的不断作用，这一过程是等熵的。这里要讨论一维流动情况下 $p = p(x, t)$，$\rho = \rho(x, t)$，$u = u(x, t)$，$c = c(x, t)$ 规律的确定。

本章所考虑的是爆轰波的经典理论，它认为爆轰波阵面的宽度为零，爆轰波后立刻达到 C – J 状态；将凝聚炸药爆轰产物的等熵状态方程考虑为 $p = A\rho^{\gamma}$，而且对于高密度的高能凝聚炸药而言，取 $\gamma$ 值等于 3。

在上述情况下，利用气体平面一维等熵流动的二元偏微分方程组及其特征线解法来确定其流动过程中流动参数和状态参数的时空分布规律将变得非常方便、容易，因为在此种情况下无论对于简单波区还是复合波区，都能得到解析解，其特征线都为直线。下面考虑几种不同边界的情况。

### 9.4.1　爆轰波阵面后产物的一维流动

根据前面所讲述的爆轰理论，爆轰波后总是跟着一个稀疏波，即泰勒稀疏波，其波头在 C – J 面上，且稳定传播的爆轰波应满足 C – J 条件，即 $u_J + c_J = D_J$，$u_J + c_J$ 为上述稀疏波波头的传播速度。

爆轰波阵面后产物的流动区域一边以爆轰波阵面为界，另一边是起爆的边界。起爆边界的条件可以分为三种有代表性的情况，即自由面、固壁和活塞，而自由面和固壁可被视为活塞的特例。

**1. 起爆边界为自由面**

如图 9.4.1 所示，设半无限长的高密度凝聚炸药装在无限坚固的圆管中，从左端真空界面处进行平面引爆，炸药的密度为 $\rho_0$，引爆后爆轰波以 $D_J$ 的速度由引爆面沿炸药稳定地向右传播，由于此束波传入的是爆轰波留下的 $C_J$ 稳定区，因此此束波所到之处是向前简单波区（取爆轰波传播的方向为 $x$ 轴的正方向）。为了方便起见，将 $x-t$ 坐标系的原点选在引爆面上，并画出 $x-t$ 平面内的流场特征线（图 9.4.2）。

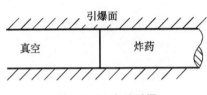

**图 9.4.1　左端引爆**

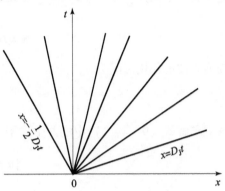

**图 9.4.2　爆轰波阵面后产物的流动**

现在来确定问题的解。向前简单波的解为

$$\begin{cases} x = (u+c)t + F_1(u) \\ u - \dfrac{2}{\gamma-1}c = \text{const} \end{cases}$$

将本问题的条件代入，即得到本问题的解。本问题中的向前波是以 $x=0$，$t=0$ 为始发点的，代入后得到 $F_1(u)=0$，$x=(u+c)t$，说明此束波为中心稀疏波。

下面再来确定在全流场保持常数的黎曼不变量 $\beta$ 的值。当 $\gamma=3$ 时

$$u - \frac{2}{\gamma-1}c = u - c = \text{const}$$

写为

$$u - c = u_J - c_J$$

根据爆轰参数的近似计算方法可知，当 $\gamma=3$ 时

$$u_J = \frac{1}{4}D_J, \quad c_J = \frac{3}{4}D_J$$

因此

$$u - c = \frac{1}{4}D_J - \frac{3}{4}D_J = -\frac{D_J}{2}$$

这样，得到本问题的解为

$$\begin{cases} x = (u+c)t \\ u - c = -\dfrac{D}{2} \end{cases} \qquad (9-4-1)$$

再根据边界条件来确定上述向前波的波头和波尾的方程。

已知波头在 C-J 面上，其速度为 $u+c=D_J$，波尾与真空相邻，是真空区和向前简单波区的边界，同时满足两区的条件：

$$\begin{cases} c=0 \\ u-c=-\dfrac{D_J}{2} \end{cases}$$

联立求解以上两式，得到 $u=-\dfrac{D_J}{2}$，$u+c=-\dfrac{D_J}{2}$，由此得到波头、波尾的方程分别为

$$x=D_J t \text{ 和 } x=-\frac{D_J}{2}t$$

向前简单波的作用区间为

$$-\frac{D_J}{2}t \leqslant x \leqslant D_J t$$

再联立求解式（9-4-1）中的两个式子，便可得到流场中 $u$ 和 $c$ 的时空分布规律

$$\begin{cases} u=\dfrac{1}{2}\left(\dfrac{x}{t}-\dfrac{D_J}{2}\right) \\ c=\dfrac{1}{2}\left(\dfrac{x}{t}+\dfrac{D_J}{2}\right) \end{cases} \qquad (9-4-2)$$

由式（9-4-2）可以看出，在 $x=0$ 处，除 $t=0$ 外，不论何时都有 $u=-\dfrac{D_J}{4}$，$c=\dfrac{D_J}{4}$，这说明炸药起爆后，在原起爆面处，状态是定常的，永远保持不变。

求得 $u$、$c$ 以后，根据声速、密度、压力三者之间的关系可求得后两者的时空分布规律。

由 $p=A\rho^\gamma=A\rho^3$ 可得

$$c=\sqrt{\left(\frac{\partial p}{\partial \rho}\right)_S}=(A\gamma\rho^{\gamma-1})^{1/2}=\sqrt{3A}\rho$$

稀疏波进入前，各参数为 C-J 值，即 $p=p_J$，$\rho=\rho_J$，$c=c_J$，$u=u_J$。稀疏波传入后，这些参数都要发生相应的变化，声速由 $c_J$ 变为 $c$，气体质点速度由 $u_J$ 变为 $u$，密度由 $\rho_J$ 变为 $\rho$，压力由 $p_J$ 变为 $p$，但是

$$\frac{c}{c_J}=\frac{\sqrt{3A}\rho}{\sqrt{3A}\rho_J}=\frac{\rho}{\rho_J}$$

因此

$$\rho=\frac{\rho_J}{c_J}c$$

将 $\rho_J=\dfrac{4}{3}\rho_0$，$c_J=\dfrac{3}{4}D_J$ 代入上式，得

$$\rho=\frac{16}{9}\frac{\rho_0}{D_J}c \qquad (9-4-3)$$

将本命题中的 $c$，即式（9-4-2）中的第二式代入，得

$$\rho=\frac{16}{9}\frac{\rho_0}{D_J}\left(\frac{x}{2t}+\frac{D_J}{4}\right) \qquad (9-4-4)$$

根据

$$\frac{p}{p_J} = \frac{A\rho^3}{A\rho_J^3} = \frac{\rho^3}{\rho_J^3} = \frac{c^3}{c_J^3} = \frac{64}{27}\left(\frac{c}{D_J}\right)^3 \tag{9-4-5}$$

将 $p_J = \dfrac{\rho_0 D_J^2}{4}$ 代入，得

$$p = \frac{16}{27}\frac{\rho_0}{D_J}c^8 = \frac{16}{27}\frac{\rho_0}{D_J}\left(\frac{x}{2t} + \frac{D_J}{4}\right)^3 \tag{9-4-6}$$

由式 (9-4-2)，式 (9-4-4) 和式 (9-4-6) 可以看出 $u$、$c$、$\rho$、$p$ 仅为 $\dfrac{x}{t}$ 的函数，这种流动称为自模拟运动。在一维自模拟运动中，上述各参量的变化规律示于图 9.4.3 中。

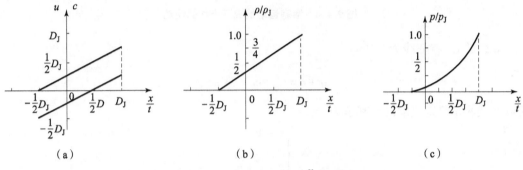

图 9.4.3　$u$，$c$，$\rho$，$p$ 与 $\dfrac{x}{t}$ 的关系

利用式 (9-4-2)、式 (9-4-4) 和式 (9-4-6)，代入具体的时间、空间值就可以求出向前简单波区中任一点，即任一时刻、任一管截面上的参数 $u$、$c$、$\rho$、$p$。

**2. 起爆面为活塞**

设活塞以常数 $V$ 运动，下面分几种情况进行讨论。

(1) $V < -\dfrac{D_J}{2}$：在此种情况下，活塞的运动对产物的运动无影响，产物运动与自由面边界时的情况相同。

(2) $u_J > V > -\dfrac{D_J}{2}$：产物的飞散将受阻。这时在活塞附近将出现一个新的运动区域 II（图 9.4.4）。I 区的情况与前一问题相同，在 II 区中（包括活塞面处）$u-c$ 仍然保持常数 $-\dfrac{D_J}{2}$，而在活塞壁面处，产物质点的速度 $u_b$ 等于活塞速度，即

$$\begin{cases} u_b = V \\ u_b - c_b = -\dfrac{D_J}{2} \end{cases} \tag{9-4-7}$$

因此有 $c_b = V + \dfrac{1}{2}D_J$。

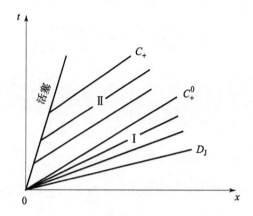

**图 9.4.4  活塞运动情况下产物的流动**

Ⅱ区的 $C_+$ 特征线为

$$u + c = u_b + c_b = 2V + \frac{D_J}{2}$$

所以区域Ⅱ是稳定流动区，其解为

$$\begin{cases} u = V \\ c = V + \dfrac{D_J}{2} \end{cases}$$

将区域Ⅰ和区域Ⅱ的分界线可看成区域Ⅱ中的一条 $C_+$ 特征线，其方程为

$$x = (u + c)t = \left(2V + \frac{D_J}{2}\right)t \qquad (9-4-8)$$

（3） $V > u_J$，根据式（9-4-8）可看出，在此种情况下，$u + c > D_J$，出现了强爆轰的情况，且区域Ⅰ消失，活塞与爆轰波之间的整个区域皆为稳定流动区域Ⅱ。

**3. 起爆边界为固壁**

这相当于上述活塞速度 $V = 0$ 的情况。在此种情况下，由于气流在活塞壁面处受阻，所以速度将变为零，即 $u = 0$。这种状态随时间的推移而扩展成为一个静止区Ⅱ，在该区内

$$\begin{cases} u - c = u_J - c_J = -\dfrac{D_J}{2} \\ u = 0 \end{cases}$$

所以 $c = \dfrac{D_J}{2}$，$u + c = \dfrac{D_J}{2}$。

Ⅰ区仍为向前简单波区，其解与起爆面为自由面时的解相同。Ⅰ区与Ⅱ区的边界可被看作Ⅱ区中的一条 $C_+$ 特征线，即 $u + c = \dfrac{D_J}{2}$。这意味着固壁的存在只影响区域 $\dfrac{x}{t} \leqslant \dfrac{D}{2}$ 内的运动，如图 9.4.5 所示。

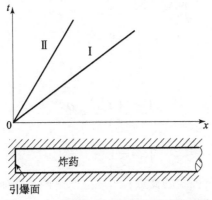

图 9.4.5　起爆边界为固壁时的产物流动

### 9.4.2　爆轰产物的双向一维流动

（1）如图 9.4.6 所示，无限坚固的圆管中有一长为 $l$ 的高能炸药装药，由左端真空界面处平面引爆。显然，引爆以后，在 $t < \dfrac{l}{D_J}$ 时，爆轰波尚未到达装药的右端面，流场中只存在一个向前简单波区。

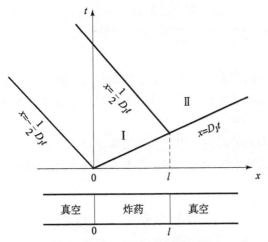

图 9.4.6　有限长药柱一端起爆时爆轰产物的一维飞散

当 $t = l/D_J$ 时，爆轰波到达右端真空界面处，由于压力差的作用，高压、高密度的产物将向右端真空区域膨胀流动，从而产生一簇向后中心稀疏波，其始发点为 $x_0 = l$，$t_0 = l/D_J$。将其代入 $u - c = \dfrac{x - x_0}{t - t_0}$，便得到这簇波的特征线方程

$$u - c = \frac{x - l}{t - l/D_J}$$

向后波传入的区域内已经存在向前波，因此向后波所到之处成为复合波区（图 9.4.6 中的 II 区）。复合波区的左边是向前简单波区（图中的 I 区）。整个流场由这两个区构成。欲求流动过程中参数的时空分布规律，应按两个不同的区域分别确定。

向前简单波区的解与前一个问题相同，即

$$\begin{cases} u + c = \dfrac{x}{t} \\ u - c = -\dfrac{D_J}{2} \end{cases} \qquad (9-4-9)$$

$$\begin{cases} u = \dfrac{1}{2}\left( \dfrac{x}{t} - \dfrac{D}{2} \right) \\ c = \dfrac{1}{2}\left( \dfrac{x}{t} + \dfrac{D}{2} \right) \end{cases} \qquad (9-4-10)$$

复合波区的解对应两条特征线的交点，可联立求解两条特征线的方程

$$\begin{cases} u + c = \dfrac{x}{t} \\ u - c = \dfrac{x - l}{t - l/D_J} \end{cases} \qquad (9-4-11)$$

从而得到

$$\begin{cases} u = \dfrac{1}{2}\left( \dfrac{x}{t} + \dfrac{x - l}{t - l/D_J} \right) \\ c = \dfrac{1}{2}\left( \dfrac{x}{t} - \dfrac{x - l}{t - l/D_J} \right) \end{cases} \qquad (9-4-12)$$

流动中某一断面 $x$ 处的参数的时空变化规律何时符合 I 区的解、何时符合 II 区的解，应按照下述方法来判断。

向后波的波头到达 $x$ 断面前，该断面处于向前简单波区 I 区，其参数的时空变化规律符合 I 的解；向后波的波头到达 $x$ 断面后，该断面则处于复合波区 II 区，其参数的时空变化规律符合 II 区的解。

向后波波头到达 $x$ 断面的时间可由波头的方程解得。

向后波的波头是 I 区和 II 区的分界线，它是一条特征线，既符合 I 区的条件，也符合 II 区的条件。

$$\text{对 I 区,有 } u - c = -\dfrac{D}{2}$$

$$\text{对 II 区,有 } u - c = \dfrac{x - l}{t - l/D}$$

联立解以上两式，得到向后波波头的方程为

$$x = -\dfrac{D_J}{2}t + \dfrac{3l}{2} \qquad (9-4-13)$$

由式（9-4-13）可求得向后波波头到达 $x$ 断面的时间为

$$t = \dfrac{3l - 2x}{D_J}$$

因此在本命题的爆轰产物流场中任一断面 $x$ 处参数的时空变化规律为

$$\begin{cases} \text{当} \dfrac{3l-2x}{D_{\mathrm{J}}} \geqslant t \geqslant \dfrac{x}{D_{\mathrm{J}}} \text{时} \\[2mm] u = \dfrac{1}{2}\left(\dfrac{x}{t} - \dfrac{D_{\mathrm{J}}}{2}\right), \quad \rho = \dfrac{16}{9}\dfrac{\rho_0}{D_{\mathrm{J}}}\left(\dfrac{x}{2t} + \dfrac{D_{\mathrm{J}}}{4}\right) \\[3mm] c = \dfrac{1}{2}\left(\dfrac{x}{t} + \dfrac{D_{\mathrm{J}}}{2}\right), \quad p = \dfrac{16}{27}\dfrac{\rho_0}{D_{\mathrm{J}}}\left(\dfrac{x}{2t} + \dfrac{D_{\mathrm{J}}}{4}\right)^3 \end{cases} \tag{9-4-14}$$

$$\begin{cases} \text{当} \, t \geqslant \dfrac{3l-2x}{D_{\mathrm{J}}} \text{时} \\[2mm] u = \dfrac{1}{2}\left(\dfrac{x}{t} + \dfrac{x-l}{t - l/D_{\mathrm{J}}}\right) \\[3mm] c = \dfrac{1}{2}\left(\dfrac{x}{t} - \dfrac{x-l}{t - l/D_{\mathrm{J}}}\right) \\[3mm] \rho = \dfrac{16}{9}\dfrac{\rho_0}{D_{\mathrm{J}}}\left[\dfrac{1}{2}\left(\dfrac{x}{t} - \dfrac{x-l}{t - l/D_{\mathrm{J}}}\right)\right] \\[3mm] p = \dfrac{16}{27}\dfrac{\rho_0}{D_{\mathrm{J}}}\left[\dfrac{1}{2}\left(\dfrac{x}{t} - \dfrac{x-l}{t - l/D_{\mathrm{J}}}\right)\right]^3 \end{cases} \tag{9-4-15}$$

根据冲量 $i = p\mathrm{d}t$，也可计算任意断面 $x$ 处管壳侧壁单位面积所受到的爆炸作用冲量 $i_x$。

$$i_x = \int_{\frac{x}{D_{\mathrm{J}}}}^{\frac{3l-2x}{D_{\mathrm{J}}}} p_1 \mathrm{d}t + \int_{\frac{3l-2x}{D_{\mathrm{J}}}}^{\infty} p_2 \mathrm{d}t \tag{9-4-16}$$

而

$$\begin{aligned} \int_{\frac{x}{D_{\mathrm{J}}}}^{\frac{3l-2x}{D_{\mathrm{J}}}} p_1 \mathrm{d}t &= \int_{\frac{x}{D_{\mathrm{J}}}}^{\frac{3l-2x}{D_{\mathrm{J}}}} \frac{16}{27}\left(\frac{x}{2t} + \frac{D_{\mathrm{J}}}{4}\right)^3 \mathrm{d}t \\ &= \frac{i_0}{8}\left[\frac{3}{4}(1-\alpha) + \frac{3}{2}\alpha\ln\frac{3-2\alpha}{\alpha}\right] + \\ &\quad \frac{\alpha(1-\alpha)(36-21\alpha)}{(3-2\alpha)^2} \end{aligned} \tag{9-4-17}$$

$$\begin{aligned} \int_{\frac{3l-2x}{D_{\mathrm{J}}}}^{\infty} p_2 \mathrm{d}t &= \int_{\frac{3l-2x}{D_{\mathrm{J}}}}^{\infty} \frac{16}{27}\frac{\rho_0}{D_{\mathrm{J}}}\left[\frac{1}{2}\left(\frac{x}{t} - \frac{x-l}{x - l/D_{\mathrm{J}}}\right)\right]^3 \mathrm{d}t \\ &= \frac{i_0}{8}\left\{\frac{\alpha^3}{(3-2\alpha)^2} + 6\alpha^2(1-\alpha)\left[\ln\frac{3-2\alpha}{2(1-\alpha)} - \frac{1}{3-2\alpha}\right] - \right. \\ &\quad \left. 6\alpha(1-\alpha^2)\left[\ln\frac{3-2\alpha}{2(1-\alpha)} - \frac{1}{2(1-\alpha)}\right] + \frac{1-\alpha}{4}\right\} \end{aligned} \tag{9-4-18}$$

式中：$\alpha = \dfrac{x}{l}$，$i_0 = \dfrac{8}{27}\rho_0 l D_{\mathrm{J}}$。

将式 (9-4-17) 和式 (9-4-18) 代入式 (9-4-16)，得

$$i_x = \frac{i_0}{3}\left[1 + 6\alpha(1-\alpha) + \frac{3}{2}\alpha\ln\frac{3-2\alpha}{\alpha} + 6\alpha(1-\alpha)(2\alpha-1)\ln\frac{3-2\alpha}{2(1-\alpha)}\right] \tag{9-4-19}$$

$i/i_0 - \alpha$ 关系如图 9.4.7 所示。

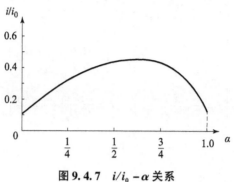

**图 9.4.7** $i/i_0 - \alpha$ 关系

不同截面处, 由计算得到

$$\alpha = 0 \text{ 时, } i = \frac{i_0}{8} = 0.125i_0$$

$$\alpha = 1/4 \text{ 时, } i = 0.34i_0$$

$$\alpha = 1/2 \text{ 时, } i = 0.43i_0$$

$$\alpha = 3/4 \text{ 时, } i = 0.44i_0$$

$$\alpha = 1.0 \text{ 时, } i = 0.125i_0$$

作用于整个外壳侧壁上的总冲量

$$I = 2\pi R_0 \int_0^l i_x \mathrm{d}x = 2\pi R_0 l \int_0^1 i_x \mathrm{d}\alpha \qquad (9-4-20)$$

式中: $R_0$ 为装药半径。

（2）如图 9.4.8 所示, 装药质量为 $m$, 药柱两端为真空, 引爆面离药柱左端面的距离为 $b$, 离药柱右端面的距离为 $a = 2b$。

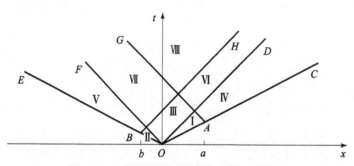

**图 9.4.8** 中间引爆时爆轰产物的一维飞散

在此问题中, 引爆后爆轰波向左、右两个方向传播, 引爆面上立刻产生两束泰勒稀疏波, 紧随爆轰波向两个方向运动。也就是说, 从爆轰一开始, 流场中就存在一簇向后稀疏波（为了以后叙述方便起见, 称此波为第一个波）和一簇向前稀疏波（第二个波）。它们所传入的区域原先是 C-J 稳定状态, 它们所到之处分别成为向后简单波区（图中的 II 区）与向前简单波区（图中的 I 区）。

由于引爆面右边的爆轰产物向左边膨胀流动, 左边的爆轰产物向右边膨胀流动, 引爆面处形成一个对称面, 好比一个固壁, 在此处产物的质点速度 $u = 0$, 这种状态随着时间的延续而传播，流场中出现一个静止区（图中的Ⅲ区）。

当 $t = b/D$ 时，左传的爆轰波传至左端真空界面，反射一簇向前传播的中心稀疏波（第三个波），该波的始发点为 $x_0 = -b$，$t_0 = b/D_J$，因此，其方程为 $u + c = \dfrac{x + b}{t - b/D_J}$。此波一形成，便立刻与第一个波交汇，形成复合波区 Ⅴ，此波传入静止区时便形成又一个简单波区Ⅶ。

当 $t = a/D_J$ 时，右传的爆轰波传至右端真空界面，反射一簇向后传播的中心稀疏波（第四个波），其方程为 $u - c = \dfrac{x - a}{t - a/D_J}$。与左边的情况相同，此束波一形成，立刻与第二个波相遇，形成复合波区 Ⅳ，此束波传入静止区便形成简单波区Ⅵ，它与第三个波交汇，形成复合波区Ⅷ。

在向左传的静止区内，有 $u + c = u_J + c_J = \dfrac{D_J}{2}$，又 $u = 0$，则 $u - c = -\dfrac{D_J}{2}$。

在向右传的静止区内，有 $u - c = u_J - c_J = -\dfrac{D_J}{2}$，又 $u = 0$，则 $u + c = \dfrac{D_J}{2}$。

可见，静止区Ⅲ是一个统一体，同时向左、右两方向扩展。其解为

$$\left. \begin{array}{l} u = 0 \\ c = \dfrac{D_J}{2} \end{array} \right\} \tag{9-4-21}$$

其余各区的解分别为

$$\text{Ⅰ 区} \quad \left\{ \begin{array}{l} u + c = \dfrac{x}{t},\ u = \dfrac{1}{2}\left( \dfrac{x}{t} - \dfrac{D_J}{2} \right) \\[2mm] u - c = -\dfrac{D_J}{2},\ c = \dfrac{1}{2}\left( \dfrac{x}{t} + \dfrac{D_J}{2} \right) \end{array} \right. \tag{9-4-22}$$

$$\text{Ⅱ 区} \quad \left\{ \begin{array}{l} u - c = \dfrac{x}{t},\ u = \dfrac{1}{2}\left( \dfrac{D_J}{2} + \dfrac{x}{t} \right) \\[2mm] u + c = \dfrac{D_J}{2},\ c = \dfrac{1}{2}\left( \dfrac{D_J}{2} - \dfrac{x}{t} \right) \end{array} \right. \tag{9-4-23}$$

$$\text{Ⅳ区} \quad \left\{ \begin{array}{l} u + c = \dfrac{x}{t},\ u = \dfrac{1}{2}\left( \dfrac{x}{t} + \dfrac{x - a}{t - a/D_J} \right) \\[2mm] u - c = \dfrac{x - a}{t - a/D_J},\ c = \dfrac{1}{2}\left( \dfrac{x}{t} - \dfrac{x - a}{t - a/D_J} \right) \end{array} \right. \tag{9-4-24}$$

$$\text{Ⅴ区} \quad \left\{ \begin{array}{l} u + c = \dfrac{x + b}{t - b/D_J},\ u = \dfrac{1}{2}\left( \dfrac{x + b}{t - b/D_J} + \dfrac{x}{t} \right) \\[2mm] u - c = \dfrac{x}{t},\ c = \dfrac{1}{2}\left( \dfrac{x + b}{t - b/D_J} - \dfrac{x}{t} \right) \end{array} \right. \tag{9-4-25}$$

$$\text{Ⅵ区} \quad \left\{ \begin{array}{l} u + c = \dfrac{D_J}{2},\ u = \dfrac{1}{2}\left( \dfrac{D_J}{2} + \dfrac{x - a}{t - a/D_J} \right) \\[2mm] u - c = \dfrac{x - a}{t - a/D_J},\ c = \dfrac{1}{2}\left( \dfrac{D_J}{2} - \dfrac{x - a}{t - a/D_J} \right) \end{array} \right. \tag{9-4-26}$$

$$Ⅶ区 \quad \begin{cases} u + c = \dfrac{x+b}{t - b/D_J}, u = \dfrac{1}{2}\left(\dfrac{x+b}{t - b/D_J} - \dfrac{D_J}{2}\right) \\[3mm] u - c = -\dfrac{D_J}{2}, c = \dfrac{1}{2}\left(\dfrac{x+b}{t - b/D_J} + \dfrac{D_J}{2}\right) \end{cases} \qquad (9-4-27)$$

$$Ⅷ区 \quad \begin{cases} u + c = \dfrac{x+b}{t - b/D_J}, u = \dfrac{1}{2}\left(\dfrac{x+b}{t - b/D_J} + \dfrac{x-a}{t - a/D_J}\right) \\[3mm] u - c = \dfrac{x-a}{t - a/D_J}, c = \dfrac{1}{2}\left(\dfrac{x+b}{t - b/D_J} - \dfrac{x-a}{t - a/D_J}\right) \end{cases} \qquad (9-4-28)$$

各波头、波尾的速度也不难确定，引爆面上产生的向后波和向前波的波头由 C – J 条件确定，即 $u - c = -D_J$，$u + c = D_J$。其余的都是静止区的边界（图 9.4.8），分别为 $u + c = \dfrac{D_J}{2}$，$u - c = \dfrac{D_J}{2}$。再按照命题 1 中所讲的方法即可确定各区的边界方程。

下面计算任意断面 $x$ 处装药外壳壁上所受到的爆炸作用冲量。选择引爆面以右的部分为例来讨论。

在 $0 \leqslant x \leqslant \dfrac{3a}{4}$ 的区域，$x$ 处所受的比冲量按下式计算

$$i_1 = \int_{t_1}^{t_2} p_1 \mathrm{d}t + \int_{t_2}^{t_4} p_3 \mathrm{d}t + \int_{t_4}^{t_3} p_6 \mathrm{d}t + \int_{t_3}^{\infty} p_8 \mathrm{d}t \qquad (9-4-29)$$

式中：$t_1 = \dfrac{x}{D_J}$，$t_2 = \dfrac{2x}{D_J}$，$t_4 = \dfrac{3a - 2x}{D_J}$，$t_3 = \dfrac{3b + 2x}{D_J}$。$p_1$，$p_3$，$p_6$，$p_8$ 分别为 Ⅰ 区，Ⅲ 区，Ⅵ 区和Ⅷ区的压力。

在 $\dfrac{3a}{4} \leqslant x \leqslant a$ 的区域内，$x$ 处所受的比冲量按下式计算

$$i_2 = \int_{t_1}^{t_4} p_1 \mathrm{d}t + \int_{t_4}^{t_2} p_4 \mathrm{d}t + \int_{t_2}^{t_3} p_6 \mathrm{d}t + \int_{t_3}^{\infty} p_8 \mathrm{d}t \qquad (9-4-30)$$

略去数学运算，最后得到

$$i = \dfrac{i_0}{16}\left[\dfrac{16 + 23\alpha + 8\alpha^2 - 15\alpha^3}{(1+\alpha)^2} + 3(1-\alpha)\ln\dfrac{1+\alpha}{1-\alpha} + 3\alpha\ln 2\right] \qquad (9-4-31)$$

由此得

$$\alpha = 0 \text{ 时}, i = i_0$$

$$\alpha = \dfrac{1}{4} \text{ 时}, i = 0.94 i_0$$

$$\alpha = \dfrac{1}{2} \text{ 时}, i = 0.81 i_0$$

$$\alpha = \dfrac{3}{4} \text{ 时}, i = 0.64 i_0$$

$$\alpha = 1 \text{ 时}, i = 0.25 i_0$$

用不同起爆方法获得的单位面积冲量沿炸药长度分布的曲线示于图 9.4.9 中。曲线 1 表示由固壁面引爆时 $i = i(\alpha)$。曲线 2 相当于命题 1 所探讨的情况（为了便于比较，图中 $i$ 的

值放大了，为实际值的 2 倍)。曲线 3 相当于由自由面引爆后爆轰向固壁传播的情况。

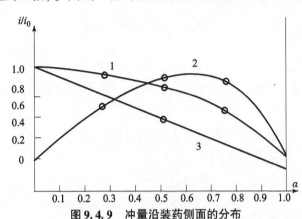

图 9.4.9　冲量沿装药侧面的分布

现在计算本问题的飞向引爆面两边的爆轰产物的质量 $m_a$，$m_b$，动量 $U_a$，$U_b$ 和能量 $E_a$，$E_b$。

设装药截面积为 $A_0$，则

$$m = A_0 \int \rho \mathrm{d}x = \frac{16}{9} \frac{\rho_0 A_0}{D_J} \int c \mathrm{d}x \tag{9-4-32}$$

$$U = A_0 \int \rho u x = \frac{16}{9} \frac{\rho_0 A_0}{D_J} \int c u \mathrm{d}x \tag{9-4-33}$$

$$E = \frac{1}{2} A_0 \int \rho u^2 \mathrm{d}x = \frac{8}{9} \frac{\rho_0 A_0}{D_J} \int c u^2 \mathrm{d}x \tag{9-4-34}$$

首先计算引爆面右边产物的质量。由图 9.4.8 可以看出，由两端真空界面上反射的向后波和向前波将在一定的时刻交汇。联立解两波波头的方程可知两波交汇的时刻为 $t = 2.25a/D$。两波交汇以后静止区即消失，而且 I 区和 II 区在此时刻以前早已消失。所以当时间趋于无穷大时，流场中只剩 IV、VI、VII、VII、V 五个区。在引爆面右边只有 VII、VI、IV 三个区。这样，飞向引爆面右边的产物的质量可按下式计算。

$$m_a = \frac{16}{9} \frac{\rho_0 A_0}{D_J} \Big[ \int_0^{\frac{1}{2}D_J t - \frac{3}{2}b} c_8 \mathrm{d}x + \int_{\frac{1}{2}D_J t - \frac{3}{2}b}^{\frac{1}{2}D_J t} c_6 \mathrm{d}x + \int_{\frac{1}{2}D_J t}^{D_J t} c_4 \mathrm{d}x \Big]$$

式中：$c_8$、$c_6$、$c_4$ 分别由 VIII 区、VI 区和 IV 区的声速表达式代入。当 $t \to \infty$ 时，得到

$$\begin{cases} m_a = \frac{\rho_0 A_0}{9}(5b + 4a) \\ m_b = \frac{\rho_0 A_0}{9}(4b + 5a) \end{cases} \tag{9-4-35}$$

应用类似的方法可得飞向引爆面两边的产物的动量和能量的计算式

$$U_a = U_b = \frac{4}{27} A_0 \rho_0 D_J (a + b) \tag{9-4-36}$$

$$\begin{cases} E_a = \frac{1}{27} A_0 \rho_0 D_J^2 \Big( a + \frac{11}{16}b \Big) \\ E_b = \frac{1}{27} A_0 \rho_0 D_J^2 \Big( b + \frac{11}{16}a \Big) \end{cases} \tag{9-4-37}$$

若在左端引爆，即 $b=0$，$a=1$，则有

$$\begin{cases} m_{\mathrm{a}} = \dfrac{4}{9}\rho_0 A_0 l = \dfrac{4}{9}m \\[3mm] m_{\mathrm{b}} = \dfrac{5}{9}\rho_0 A_0 l = \dfrac{5}{9}m \end{cases} \tag{9-4-38}$$

$$U_{\mathrm{a}} = U_{\mathrm{b}} = \frac{4}{27}mD_{\mathrm{J}} \tag{9-4-39}$$

$$\begin{cases} E_{\mathrm{a}} = \dfrac{1}{27}mD_{\mathrm{J}}^2 = \dfrac{16}{27}mQ_{\mathrm{v}} \\[3mm] E_{\mathrm{b}} = \dfrac{11}{16}E_{\mathrm{a}} \end{cases} \tag{9-4-40}$$

式中：$Q_{\mathrm{v}} = \dfrac{D_{\mathrm{J}}^2}{16}$，为爆轰反应热。

式（9-4-38）说明有 4/9 炸药质量的产物向爆轰波运动的方向飞散出去，5/9 的炸药质量的产物向相反方向飞散。而前者带走了总能量的 16/27，即少于一半的产物带走大于一半的能量，这是由爆轰波给予了波后的质点以沿该方向的速度所致。

飞向引爆面两边的爆轰产物的动量相等是因为爆轰产物所受到的只是内力的作用。

### 9.4.3　接触爆炸时作用于药柱端面固壁上的压力和冲量

**1. 起爆面为固壁的情况**

如图 9.4.10 所示，左端与真空接触，右端为固壁所封闭的有限长药柱，从右端固壁处引爆。

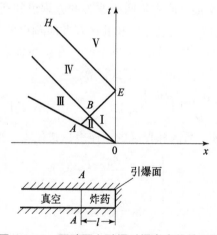

**图 9.4.10　固壁面上引爆时爆轰产物的飞散**

引爆后，在爆轰波后，将有一束泰勒稀疏波随着爆轰波向左传播，其方程为 $x=(u-c)t$，波头在 C-J 面上，速度为 $u-c=-D_{\mathrm{J}}$，此束波的前方是 C-J 稳定流动区，这意味着此束波所到之处是向后简单波区（图中的 II 区）。该区的解为

$$u-c = \frac{x}{t}$$

$$u + c = u_J + c_J = -\frac{D_J}{4} + \frac{3D_J}{4} = \frac{D_J}{2} \tag{9-4-41}$$

向后简单波区后跟着一个静止区 I ，静止区内

$$\begin{cases} u + c = \dfrac{D_J}{2} \\ u - c = -\dfrac{D_J}{2} \end{cases} \tag{9-4-42}$$

静止区 I 和向后简单波区 II 的边界是向后波的波尾，也可以将其看成静止区中的一条 $C_-$ 特征线。

当 $t = 1/D_J$ 时，爆轰波传至左端真空界面处，在界面上将反射一束向前稀疏波，该波的方程为

$$u + c = \frac{x + l}{t - l/D_J} \tag{9-4-43}$$

该波与上述向后波交汇形成复合波区 III 。该束波传入静止区则形成向前简单波区 IV 。该束波的波头可被看成 I 区中的一条 $C_+$ 特征线，符合 $u + c = \dfrac{D_J}{2}$ ，因此，其方程为

$$x = \frac{D_J}{2}t - \frac{3}{2}t$$

波尾在真空边界上，速度由 $u - c = -D_J$ 和 $c = 0$ 决定，因为 $u + c = -D_J$ ，所以其方程为

$$x = -D_J t$$

此束向前波传到固壁面上时，要反射一束新的向后波。从引爆开始到向前波到达固壁面的时间间隔为爆轰波到达真空界面所需的时间加上此束波从真空界面到达固壁所需的时间。前者为 $l/D_J$ ，后前为 $l/(u + c)$ ，此即新的向后波的始发时刻，而始发位置为 $x_0 = 0$ ，从而得到由固壁面上反射的向后波的方程为

$$u - c = \frac{x - x_0}{t - t_0} = \frac{x - 0}{t - [l/D_J + l/(u + c)]}$$

因固壁面处 $u = 0$ ， $u + c = -(u - c)$ ，所以上式经整理后得

$$u - c = \frac{x - l}{t - l/D_J} \tag{9-4-44}$$

由式（9-4-44）看来，此束波是由一个虚拟中心 $(l, \ l/D_J)$ 发出的中心稀疏波。此束波波头的速度为 $u - c = -D_J/2$ ，其方程为 $x = -\dfrac{D}{2}t + \dfrac{3l}{2}$ 。此波传入的区域已经有前述向前波存在，因此形成新的复合波区 V 。这样，整个流场一共分为五个区，各区的解归纳如下。

$$\text{I 区} \quad \begin{cases} u + c = \dfrac{D_J}{2} \\ u - c = -\dfrac{D_J}{2} \end{cases}$$

$$\text{II 区} \quad \begin{cases} u - c = \dfrac{x}{t} \\ u + c = \dfrac{D_J}{2} \end{cases}$$

$$\text{III 区} \quad \begin{cases} u + c = \dfrac{x + l}{t - l/D_J} \\[3mm] u - c = -\dfrac{x}{t} \end{cases}$$

$$\text{IV 区} \quad \begin{cases} u + c = \dfrac{x + l}{t - l/D_J} \\[3mm] u - c = -\dfrac{D_J}{2} \end{cases}$$

$$\text{V 区} \quad \begin{cases} u + c = \dfrac{x + l}{t - l/D_J} \\[3mm] u - c = \dfrac{x - l}{t - l/D_J} \end{cases}$$

各区的 $u$、$c$、$p$、$\rho$ 仍然按前面所讲述过的方法来求。

对 $x-t$ 平面上任一点何时选择何组解需要进行判断。判断的方法是将各波区的首边界到达 $x$ 断面所需的时间与给定的时间进行比较,若前者小于后者,则说明该流动波区已经或正在通过该断面,这时还需检验该流动波区与下一个波区的边界是否已通过此断面;若未通过,则说明该断面处于前一个波区,否则处于后一个波区。适合的解是该断面在指定时刻正受其作用的那个流动波区的解。

现在考察端壁面,由图 9.4.10 不难看出,当 $0 < t \leqslant 3l/D_J$ 时,它处于 I 区;当 $t > 3l/D_J$ 时,它处于 V 区。因此端壁面上所受到的比冲量为

$$i_0 = \int_0^{\frac{3l}{D_J}} p_1 \mathrm{d}t + \int_{\frac{3l}{D_J}}^{\infty} p_5 \mathrm{d}t$$

即

$$i_0 = \frac{16}{27} \frac{\rho_0}{D_J} \Big[ \int_0^{\frac{3l}{D_J}} c_1^3 \mathrm{d}t + \int_{\frac{3l}{D_J}}^{\infty} c_5^3 \mathrm{d}t \Big] \qquad (9-4-45)$$

将 $c_1 = \dfrac{D_J}{2}$,$c_5 = \dfrac{l}{t - l/D_J}$ 代入式 (9-4-45),得

$$i_0 = \frac{16}{27} \rho_0 D_J^2 \Big\{ \int_0^{\frac{3l}{D_J}} \Big( \frac{1}{2} \Big)^3 \mathrm{d}t + \int_{\frac{3l}{D_J}}^{\infty} \Big[ \frac{l}{D_J(t - l/D_J)} \Big]^3 \mathrm{d}t \Big\}$$

积分后得

$$i_0 = \frac{6}{27} l \rho_0 D_J + \frac{2}{27} l \rho_0 D_J = \frac{8}{27} l \rho_0 D_J \qquad (9-4-46)$$

作用在端壁面上的总冲量为

$$I_0 = s_0 i_0 = \frac{8}{27} s_0 l \rho_0 D_J = \frac{8}{27} m D_J \qquad (9-4-47)$$

式中:$s_0$ 为装药面积;$m = s_0 l \rho_0$,为装药质量。

[例 9.4.1]　设上述命题中的药柱长度 $l = 200$ mm,$\rho_0 = 1.6$ g/cm$^3$,$D_J = 8$ mm/μs,$x_1 = -100$ mm,$x_2 = -150$ mm,计算引爆 30 μs 和 110 μs 时 $x_1$ 和 $x_2$ 处的 $u$、$c$。

[解]　首先根据各流动波区边界的方程计算它们到达 $x_1$ 和 $x_2$ 处的时间(参看图

9.4.10)，$OA$ 的方程为 $x = D_J t$，到达 $x_1$ 和 $x_2$ 的时间为

$$t_{(OA)1} = \frac{x_1}{D_J} = \frac{-100}{-8} = 12.5\,(\mu s)$$

$$t_{(OA)2} = 30 - 12.5 = 18.75\,(\mu s)$$

$OB$ 的方程为

$$x = -\frac{D_J}{2}t,\quad t_{(OB)1} = 25\ \mu s,\quad t_{(OB)2} = 37.5\ \mu s$$

$AB$ 的方程为

$$x = \frac{D_J}{2}t - \frac{3l}{2}$$

$$t_{(AB)1} = 50\ \mu s,\quad t_{(AB)2} = 37.5\ \mu s$$

$EH$ 的方程为

$$x = -\frac{D_J}{2} + \frac{3l}{2}$$

$$t_{(EH)1} = 100\ \mu s,\quad t_{(EH)2} = 112.5\ \mu s$$

由 $t_{(OB)1} < 30 < t_{(AB)1}$ 可知引爆 30 μs 时，$x_1$ 断面处于 Ⅰ 区，由 Ⅰ 区的解得到 $x_1$ 断面此时的流动参数：$u_1 = 0$，$c_1 = \frac{D_J}{2} = 4$（mm/μs）。

由 $t_{(OA)2} < 30 < t_{(OB)2} = t_{(AB_2)}$ 可知 30 μs 时，$x_2$ 处于 Ⅱ 区，则得

$$u_2 = \frac{1}{2}\left(\frac{D_J}{2} + \frac{x}{t}\right) = \frac{1}{2} \times \left(4 + \frac{-150}{30}\right) = -0.5\,(\text{mm/}\mu s)$$

$$c_2 = \frac{1}{2}\left(\frac{D_J}{2} - \frac{x}{t}\right) = \frac{1}{2} \times (4 + 5) = 0.45\,(\text{mm/}\mu s)$$

由 $t_{(EH)1} < 110$ μs 可知 110 μs 时 $x_1$ 处于 Ⅴ 区，则

$$u_1 = \frac{1}{2}\left(\frac{x_1 + l}{t - l/D_J} + \frac{x_1 - l}{t - l/D_J}\right)$$

$$= \frac{1}{2} \times \left(\frac{-100 + 200}{110 - \dfrac{200}{3}} + \frac{-100 - 200}{100 - \dfrac{200}{3}}\right)$$

$$\approx -1.176\,(\text{mm/}\mu s)$$

$$c_1 = \frac{1}{2} \times \left(\frac{-100 + 200}{110 - \dfrac{200}{3}} - \frac{-100 - 200}{110 - \dfrac{200}{8}}\right)$$

$$\approx 2.353\,(\text{mm/}\mu s)$$

由 $t_{(AB)2} = t_{(OB)2} < 110$ μs $< t_{(EH)_2}$ 可知 110 μs 时，$x_2$ 处于 Ⅳ 区，从而得

$$u_2 = \frac{1}{2}\left(\frac{x_2 + l}{t - l/D_J} - \frac{D_J}{2}\right) = \frac{1}{2} \times \left(\frac{-150 + 200}{110 - \dfrac{200}{8}} - 4\right) \approx -1.706\,(\text{mm/}\mu s)$$

$$c_2 = \frac{1}{2} \times \left(\frac{-150 + 200}{110 - \dfrac{200}{8}} + 4\right) \approx 2.294\,(\text{mm/}\mu s)$$

### 2. 爆轰波迎面为固壁的情况

如图 9.4.11 所示，长为 $l$ 的装药，装在无限坚固的圆管中，管的左端开口，从左端自由界面处引爆后，计算作用在右端固壁面上的压力和冲量。

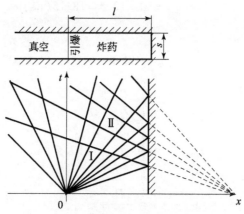

图 9.4.11　爆轰波对迎面固壁的作用

引爆后，爆轰波后面跟着一个向前简单波区 I，其解为

$$\begin{cases} u + c = \dfrac{x}{t} \\[2mm] u - c = -\dfrac{D_J}{2} \end{cases} \qquad (9-4-48)$$

当 $t = l/D_J$ 时，爆轰波到达右端固壁面，在固壁处产物的流速 $u = 0$，气体在此受到压缩，反射回爆轰产物中的第一道波必为冲击波。反射冲击波前爆轰产物已被压缩到很大的密度，反射冲击波在爆轰产物中传过后所引起的熵增很小，可被视为弱冲击波，近似按等熵流动处理。仍然采用特征线方法来解决本问题。

向前稀疏波跟随爆轰波到达固壁后将反射回一簇稀疏波，跟随第一道弱冲击波向后传播，其方程由下式确定

$$u - c = \frac{x - l}{t - \dfrac{l}{u + c}}$$

由于

$$u = 0, u + c = -(u - c)$$

因此

$$u - c = \frac{x - l}{t + l/(u - c)}$$

上式经整理后得

$$u - c = \frac{x - 2l}{t} \qquad (9-4-49)$$

根据式（9-4-49）可以把反射稀疏波及第一道弱冲击波看成由虚拟中心（$x = 2l$，$t = 0$）发出的中心波，穿过固壁后无改变地传播。

反射波一产生，就与向前波相遇，因此反射波所到之处成为复合波区。复合波区的解为

$$\begin{cases} u + c = \dfrac{x}{t} \\ u - c = \dfrac{x - 2l}{t} \end{cases} \qquad (9-4-50)$$

当 $t > l/D_{\mathrm{J}}$ 时，端壁面处流动参数的时空变化规律可由式（9 – 4 – 50）中的两式联立求解而得，即

$$\begin{cases} u = \dfrac{x - l}{t} \\ c = \dfrac{l}{t} \end{cases} \qquad (9-4-51)$$

将反射波波头的速度 $u - c = -D_{\mathrm{J}}$ 代入式（9 – 4 – 49）后，可得到它到达任一断面 $x$ 处的时间为

$$t = \frac{2l - x}{D_{\mathrm{J}}} \qquad (9-4-52)$$

所以，任一断面 $x$ 处产物流动参数的变化规律在 $x/D_{\mathrm{J}} \leqslant t \leqslant (2l - x)/D_{\mathrm{J}}$ 时按下式计算

$$\begin{cases} u = \dfrac{x}{2t} - \dfrac{D_{\mathrm{J}}}{4} \\ c = \dfrac{x}{2t} + \dfrac{D_{\mathrm{J}}}{4} \end{cases} \qquad (9-4-53)$$

在 $\dfrac{2l - x}{D_{\mathrm{J}}} \leqslant t \leqslant \infty$ 时，则按式（9 – 4 – 51）计算。

端壁面处压强 $p_{\mathrm{b}}$ 随时间的变化规律为

$$p_{\mathrm{b}}(t) = \frac{16}{27} \frac{\rho_0}{D_{\mathrm{J}}} c_{\mathrm{b}}^3 = \frac{16}{24} \frac{\rho_0}{D_{\mathrm{J}}} \left( \frac{l}{t} \right)^3 \qquad (9-4-54)$$

端壁面上所受到的比冲量按下式计算

$$i_0 = \int_{\frac{l}{D_{\mathrm{J}}}}^{\infty} p_{\mathrm{b}} \mathrm{d}t = \int_{\frac{l}{D_{\mathrm{J}}}}^{\infty} \frac{16}{27} \rho_0 D_{\mathrm{J}}^2 \left( \frac{l}{D_{\mathrm{J}} t} \right)^3 \mathrm{d}t = \frac{8}{27} l \rho_0 D_{\mathrm{J}} \qquad (9-4-55)$$

作用在端壁面上的总冲量为

$$I_0 = s_0 i_0 = \frac{8}{27} s_0 l \rho_0 D_{\mathrm{J}} = \frac{8}{27} m D_{\mathrm{J}} \qquad (9-4-56)$$

将式（9 – 4 – 56）与式（9 – 4 – 47）比较，可见起爆位置不影响作用于端壁面的冲量。

以上结果是在等熵指数 $\gamma = 3$ 的情况下得到的。实际上产物稀疏至很小密度时 $\gamma$ 是小于 3 的，所以当 $t$ 很大时，用式（9 – 4 – 54）和式（9 – 4 – 55）算出的 $p_{\mathrm{b}}$ 和 $i$ 值比实际的稍低。但从式（9 – 4 – 54）可以看出，端壁面上的压力随着时间的增加而迅速下降，如图 9.4.12 所示。例如，当 $t = 2l/D_{\mathrm{J}}$ 时，压力就下降至反射开始时的 1/8，这说明决定爆轰局部作用的冲量几乎是在不长的时间间隔 $\Delta t = l/D_{\mathrm{J}}$ 内全部交给端壁面的，因此由 $\gamma$ 值改变所引起的误差不大，可不予考虑。

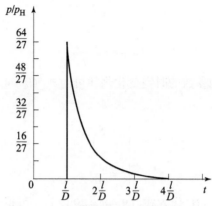

图 9.4.12　固壁面上压力随时间的变化

下面对反射冲击波（第一道反射波）进行考察。

在弱冲击波近似下，穿过波面黎曼不变量不变，此处是向后波，所以 $\alpha$ 不变。即

$$u_1 + c_1 = u_J + D_J$$

在固壁上 $u_1 = 0$，于是

$$c_1 = u_J + c_J = D_J$$

考虑到 $\dfrac{p_1}{p_J} = \left(\dfrac{c_1}{c_J}\right)^3$，得

$$\frac{p_1}{p_J} = \left(\frac{D_J}{\dfrac{3D_J}{4}}\right)^3 = \left(\frac{4}{3}\right)^3 = \frac{64}{27} \approx 2.37$$

$$\frac{\rho_1}{\rho_J} = \frac{c_1}{c_J} = \frac{4}{3} \approx 1.33$$

冲击波速度取一阶近似时为

$$D_S = \frac{1}{2}\left[(u_1 - c_1) + (u_J - c_J)\right] = -\frac{3}{4}D_J$$

$$\frac{D_S}{D_J} = -\frac{3}{4} = -0.75$$

再用冲击波关系式计算反射冲击波的精确结果。

设反射冲击波阵面上的质点速度为 $u_1$，则

$$u_1 - u_0 = \frac{\sqrt{2p_0 v_0}(p_1/p_0 - 1)}{\sqrt{(\gamma-1)p_1/p_0 + (\gamma-1)}} \qquad (9-4-57)$$

式中：下标"0"和"1"分别表示反射波前和波后的值。在本问题中，反射冲击波前不是一个均匀的流场，不同的地方 $v_0$、$p_0$ 等是不同的。在固壁处 $v_0 = v_J$，$p_0 = p_J$，$u_0 = u_J$，于是

$$\sqrt{2p_0 v_0} = \sqrt{2p_J v_J} = \frac{D_J}{\gamma+1}\sqrt{2\gamma} \qquad (9-4-58)$$

将式（9-4-58）代入式（9-4-57），得

$$u_1 = \frac{D_J}{\gamma+1}\left[1 - \sqrt{2\gamma}\frac{p_1/p_J - 1}{\sqrt{(\gamma+1)p_1/p_J + (\gamma-1)}}\right] \qquad (9-4-59)$$

在反射时刻 $u_1 = 0$，则由式 (9－4－59) 得

$$\frac{p_1}{p_J} = \frac{5\gamma + 1 + \sqrt{17\gamma^2 + 2\gamma + 1}}{4\gamma} \tag{9－4－60}$$

再利用雨贡纽关系式，得

$$\frac{\rho_1}{\rho_J} = \frac{4\gamma^2 + \gamma + 1 + \sqrt{17\gamma^2 + 2\gamma + 1}}{2(2\gamma^2 + \gamma - 1)} \tag{9－4－61}$$

在固壁处，反射冲击波的速度

$$D_S = -\left[ u_J - v_J \sqrt{\frac{p_1 - p_J}{v_J - v_1}} \right]$$

或者

$$D_S = -\left\{ \frac{D_J}{\gamma + 1} \left[ \sqrt{\frac{\gamma}{2}} \sqrt{\frac{(\gamma + 1)p_1}{p_J} + (\gamma - 1)} - 1 \right] \right\} \tag{9－4－62}$$

当 $\gamma = 3$ 时，由以上各式得到

$$\frac{p_1}{p_J} = 2.39, \quad \frac{\rho_1}{\rho_J} = 1.32, \quad \frac{D_S}{D_J} = -0.79$$

以上精确结果与由弱波近似所得结果十分相近，说明按弱波处理是可行的。

**3. 无壳装药接触爆炸对迎面固壁的作用**

前两种情况是一维接触爆炸问题，即假定装药外壳为无限坚固的固壁，爆轰产物只做理想的一维流动。实际上此种情况是不存在的，在爆轰波的高压作用下，与装药接触的外壳和物体不可避免地要发生不同程度的破坏或变形，导致爆轰产物的多维稀疏和能量耗散。

现在考察一长为 $l$ 的裸露的圆柱形装药一端引爆的情况，如图 9.4.13 所示。装药引爆以后，除了在爆轰波后面必然产生的轴向稀疏波以外，因产物的径向飞散将同时有径向稀疏波以当地声速向轴线汇聚。径向稀疏波与轴向稀疏波同时作用，使得爆轰产物的压力、密度更加迅速下降，从而进一步降低端壁面所受到的作用冲量。考虑到此种非一维流动情况下端壁面上所受到的作用冲量，可采用有效装药进行计算，所谓有效装药是指其爆轰产物在给定方向飞散的那部分装药。当装药直径给定时，随着装药长度的增加，有效装药只能增加到一定的限度。

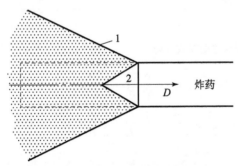

**图 9.4.13 无壳装药爆轰产物的飞散**

1—爆轰产物飞散界面；2—径向稀疏波未到达的区域

若装药由左端引爆，爆轰产物做一维流动，则向右飞散的质量为总装药质量的 4/9。但

是，由于爆轰产物同时向侧面飞散，所以有效装药减少。

设 $v_r$ 为侧向稀疏波向装药轴线传播的速度，$R$ 为装药半径，由侧向稀疏波决定的装药有效部分的极限长度 $l_a$ 由下列条件决定：

$$\frac{R}{v_r} = \frac{l_a}{D_J}$$

则

$$l_a = R \frac{D_J}{v_r} \qquad (9-4-63)$$

实际上，$v_r \approx \dfrac{D_J}{2}$，得

$$l_a = 2R \qquad (9-4-64)$$

当装药长度 $l \geq 4.5R$ 时，有效装药为一圆锥体（图 9.4.14），该圆锥体的高等于 $l_a$，锥底的半径为 $R$，其质量

$$m' = \frac{1}{3}\pi R^2 \rho_0 l_a = \frac{2}{3}\pi R^3 \rho_0 \qquad (9-4-65)$$

在这种情况下

$$I = \frac{8}{27}\left(\frac{2}{3}\pi R^3 \rho_0\right)D_J = \frac{8}{27}mD_J\left(\frac{2R}{3l}\right) = \frac{16}{81}mD_J\frac{R}{l} \qquad (9-4-66)$$

若 $l < 4.5R$，有效装药为截头圆锥体（图 9.4.15），此截头圆锥体的高度等于 $\dfrac{4}{9}l$，上底半径为 $R_0$，下底半径为 $R$，此时有效装药质量为

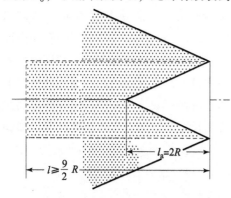

图 9.4.14　无壳装药的圆锥体型有效装药　　图 9.4.15　无壳装药的截头圆锥体型有效装药

$$m' = \left(\frac{4}{9}l - \frac{8}{81}\frac{l^2}{R} + \frac{16}{2\,187}\frac{l^3}{R^2}\right)\rho_0 \pi R^2 \qquad (9-4-67)$$

$$I = \frac{8}{27} \times \left(\frac{4}{9}l - \frac{8}{81}\frac{l^2}{R} + \frac{16}{2\,187}\frac{l^3}{R^2}\right)\rho_0 \pi R^2 D_J \qquad (9-4-68)$$

由以上可知最佳装药长度 $l = 4.5R$。

用同样方法可以证明，装药直径增大时，装药端部有效装药及冲量也增加，直至接近于一定的极限值。

表 9.4.1 列出了用式（9-4-66）及式（9-4-68）对不同尺寸的梯恩梯装药端部的

比冲量进行的计算结果及相应的实验数据。由表中数据可以看出，计算值和实验值相差不大于 10%。

**表 9.4.1　梯恩梯装药端部的比冲量**

| 装药长度/mm | 装药直径/mm | 装药密度/<br>（g·cm⁻³） | 爆速/<br>（m·s⁻¹） | 比冲量/（MPa·s） | |
|---|---|---|---|---|---|
| | | | | 实验值 | 计算值 |
| 80 | 20 | 1.40 | 6 320 | 0.015 8 | 0.017 4 |
| 80 | 23.5 | 1.40 | 6 320 | 0.021 3 | 0.020 4 |
| 80 | 31.4 | 1.40 | 6 320 | 0.030 1 | 0.027 2 |
| 80 | 40.0 | 1.40 | 6 320 | 0.037 0 | 0.035 3 |
| 70 | 20.0 | 1.50 | 6 640 | 0.020 1 | 0.019 6 |
| 70 | 23.5 | 1.50 | 6 640 | 0.026 1 | 0.023 0 |
| 70 | 31.4 | 1.50 | 6 640 | 0.031 8 | 0.030 8 |
| 43 | 40.0 | 1.30 | 6 025 | 0.031 2 | 0.030 4 |
| 61 | 40.0 | 1.30 | 6 025 | 0.031 0 | 0.029 9 |
| 67 | 40.1 | 1.30 | 6 025 | 0.020 0 | 0.026 7 |

一般情况下，在其他条件相同时，炸药的比冲量随其爆速的增加而直线上升，而与密度的关系则为 $i = K\rho_0^n$（$K$，$n$ 为常数），这表明装药密度增大，比冲量也随之增大，$\lg i$ 与 $\lg \rho_0$ 成线性关系。在药柱高度一定时，随装药直径增大，比冲量也增大。图 9.4.16 ~ 图 9.4.18 分别表示以上三种关系。

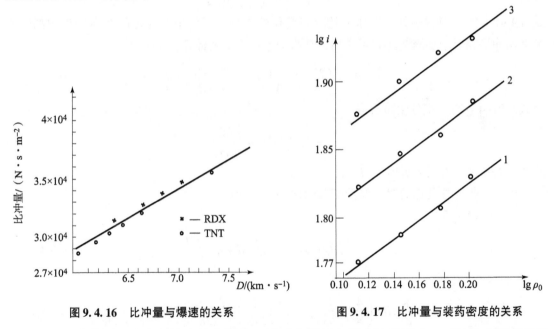

**图 9.4.16　比冲量与爆速的关系**　　**图 9.4.17　比冲量与装药密度的关系**

假如炸药装在一个非刚性壳体中爆炸，则减少了侧向稀疏波的影响，可以使有效药量增加。在此种情况下，产物对端面作用冲量可以采用以下方法估算。

假设爆轰是瞬时的，产物只做径向膨胀。对 $l \geqslant 4.5R_0$ 的长圆柱带壳装药，当 $\dfrac{m}{M} < 1$ 时，壳体的运动规律为

$$R = R_0 \left[ 1 + \frac{1}{8} \frac{m}{M} \left( \frac{D_J t}{R_0} \right)^2 \right]^{1/2}$$

$$(9-4-69)$$

式中：$m$ 为药柱质量；$M$ 为壳体质量；$R$ 为壳体膨胀到某时刻的半径；$R_0$ 为装药的初始半径。

根据质量守恒，爆轰产物在任一时刻均满足：$\rho_0 R_0^2 = \rho R^2$，$\rho_0$ 和 $\rho$ 分别为装药的初始密度和某时刻产物的密度。由等熵关系可得到

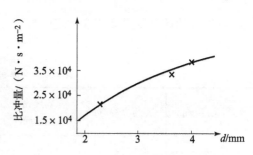

图 9.4.18　比冲量与装药直径的关系

$$\frac{p}{\bar{p}} = \left( \frac{\rho}{\rho_0} \right)^3 = \left( \frac{R_0}{R} \right)^6 \tag{9-4-70}$$

式中：$\bar{p}$ 为瞬时爆轰压力。

$$\bar{p} = \frac{1}{2} p_J = \frac{\rho_0 D_J^2}{8}$$

所以

$$p = \frac{\rho_0 D_J^2}{8} \left( \frac{R_0}{R} \right)^6 \tag{9-4-71}$$

将式（9-4-69）代入式（9-4-71），得

$$p = \frac{\rho_0 D_J}{8} \left[ 1 + \frac{1}{8} \frac{m}{M} \left( \frac{D_J}{R_0} \right)^2 t^2 \right]^{-3} \tag{9-4-72}$$

式（9-4-72）是描述外壳对压力随时间变化的影响。因此由于壳体的存在所引起的装药端部比冲量相对于裸露装药有了增加，其增加量可按下式计算：

$$i_2 = \int_0^\infty p \, dt = \frac{\rho_0 D_J^2}{8} \int_0^\infty \left[ 1 + \frac{1}{8} \frac{m}{M} \left( \frac{D_J}{R_0} \right)^2 t^2 \right]^{-3} dt \tag{9-4-73}$$

将式（9-4-73）积分化简后得

$$i_2 = \frac{3\sqrt{2}\pi}{128} \rho_0 D_J d \sqrt{\frac{M}{m}} \tag{9-4-74}$$

式中：$d = 2R_0$。在无外壳时，$M = 0$，$i_2 = 0$。

因此，带壳炸药爆轰时，装药端部的比冲量应为：

当 $l \geqslant 4.5 R_0$ 时

$$i = \frac{16}{81} R_0 \rho_0 D_J + \frac{6\sqrt{2}\pi}{128} \rho_0 D_J R_0 \sqrt{\frac{M}{m}} \tag{9-4-75}$$

当 $l < 4.5 R_0$ 时

$$i = \frac{8}{27} \rho_0 D_J \left( \frac{4}{9} l - \frac{8}{81} \frac{l^2}{R_0} + \frac{16}{2\,187} \frac{l^3}{R_0^2} \right) + \frac{6\pi\sqrt{2}}{128} \rho_0 D_J R_0 \sqrt{\frac{M}{m}} \tag{9-4-76}$$

如果带壳圆柱装药长度 $l \approx 2R_0$，而且爆轰产物的飞散近似符合球对称情况，则有

$$p = \bar{p} \left( \frac{R_0}{R} \right)^9 \tag{9-4-77}$$

当 $\dfrac{m}{M}$ 很小时，球形壳体的运动规律为

$$V = \frac{\mathrm{d}R}{\mathrm{d}t} = D_\mathrm{J} \sqrt{\frac{A}{R_0^6}\left(1 - \frac{R_0^6}{R^6}\right)} \tag{9-4-78}$$

式中：$A = \frac{\rho_0}{24} s_0 R_0^7 / M$；$s_0$ 为壳体初始表面积；$V$ 为壳体运动速度。

此时由于壳体存在，产生的附加比冲量由下式决定：

$$i_2 = \int_0^\infty p\mathrm{d}t = \int_0^\infty \bar{p} \left(\frac{R_0}{R}\right)^9 \frac{\mathrm{d}R}{D_\mathrm{J} \sqrt{\dfrac{A}{R_0^6}\left(1 - \dfrac{R_0^6}{R^6}\right)}} \tag{9-4-79}$$

将式（9-4-79）积分化简后可得

$$i_2' = \frac{\pi \sqrt{2}}{44} D_\mathrm{J} R_0 \rho_0 \sqrt{\frac{M}{m}} \tag{9-4-80}$$

实验表明，随着外壳厚度和强度的增加，冲量也明显增加。某些带壳装药端面比冲量值列于表 9.4.2 中。由表中数据可以看出，当 $(M/m) > 1$ 时，计算值与实验值的最大偏值为 15%。

表 9.4.2　外壳对端面比冲量的影响

| 炸　药 | 装药条件 | | | | 比冲量 $i/(\mathrm{N} \cdot \mathrm{s} \cdot \mathrm{m}^{-2})$ | | | | |
|---|---|---|---|---|---|---|---|---|---|
| | $l/\mathrm{mm}$ | $d/\mathrm{mm}$ | $\rho_0/$ $(\mathrm{kg} \cdot \mathrm{m}^{-3})$ | $D_\mathrm{J}/$ $(\mathrm{m} \cdot \mathrm{s}^{-1})$ | 钢外壳厚 6 mm | | 钢外壳厚 3 mm | | 无外壳 |
| | | | | | 实验 | 计算 | 实验 | 计算 | 实验 |
| 梯恩梯 | 30 | 23.5 | 1 300 | 6 025 | 51 306 | 47 480 | 38 063 | 37 376 | — |
| 梯恩梯 | 50 | 23.5 | 1 300 | 6 025 | 62 294 | 64 256 | 42 183 | 48 756 | — |
| 梯恩梯 | 60 | 23.5 | 1 300 | 6 025 | 67 395 | 71 515 | 46 598 | 54 053 | 21 288 |
| 钝化黑索今 | 60 | 23.5 | 1 300 | 6 875 | 81 423 | 81 815 | 56 702 | 61 803 | 36 297 |

## 9.5　爆轰产物对刚体的一维驱动

利用炸药爆炸释放出来的能量对物体（活塞、飞片、壳体、圆球或其他形状的小弹丸等）进行驱动以实现高速运动，这一问题的理论研究和具体实现具有很重要的实际意义。爆炸对壳体驱动过程的规律及破片速度的预计是各种杀伤榴弹及导弹战斗部威力设计的基础。在地球物理、高压物理等科学领域，常采用高速物体碰撞方法来建立数百万个乃至数千万个大气压的高压状态；在星际航行科学技术领域模拟飞行器与宇宙空间高速粒子的超高速碰撞，军事高科技领域中模拟高速破片及小弹丸击毁敌方飞弹或间谍卫星等的实验研究，首先遇到的是获得高速运动粒子的加速手段问题。利用炸药接触爆炸一维抛射可获得 2 500 ~ 3 000 m/s 的高速飞片，利用爆炸对球缺或大角度金属的驱动可形成自锻破片，其速度为 3 000 ~ 4 000 m/s，爆炸聚能效应可获得 8 000 ~ 10 000 m/s 的金属射流，而利用二级炸药炮或电磁轨道炮与炸药炮的组合则可获得 15 000 ~ 20 000 m/s 的超高速。本节将讨论该问题的有关理论。

下面分两种情况进行讨论。

### 9.5.1 刚体位于爆轰波的迎面

如图 9.5.1 所示，无限坚固的圆管中，装有长为 $l$、质量为 $m$ 的炸药，炸药的右端 $x = l$ 处有一质量为 $M$ 的刚体，炸药从左端 $x = 0$ 处进行平面引爆。

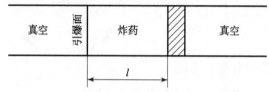

**图 9.5.1　爆炸对装药右端活塞的一维抛射**

炸药引爆后，刚体在爆轰产物的压力作用下发生运动，根据牛顿第二定律可得

$$M \frac{dV}{dt} = A p_b \qquad (9-5-1)$$

式中：$V$ 为刚体的运动速度；$p_b$ 为刚体壁面上所受的爆轰产物的作用压强，且

$$p_b = \frac{16}{27} \frac{\rho_0}{D_J} c_b^3 \qquad (9-5-2)$$

式中：$c_b$ 为刚体壁面处爆轰产物中的声速。

将式（9-5-2）代入式（9-5-1），得到

$$\frac{dV}{dt} = \frac{16}{27} \frac{A\rho_0}{MD_J} c_b^3 = \frac{\eta c_b^3}{lD_J} \qquad (9-5-3)$$

式中：$\eta = \frac{16}{27} \frac{m}{M}$。

另外，刚体的运动速度 $V$ 应与其壁面处产物的质点速度 $u_b$ 相等，即

$$\frac{dx_b}{dt} = V = u_b \qquad (9-5-4)$$

将式（9-5-4）代入式（9-5-3），得

$$\frac{du_b}{dt} \left( = \frac{dV}{dt} \right) = \frac{\eta c_b^3}{lD_J} \qquad (9-5-5)$$

$u_b$ 和 $c_b$ 都是爆轰产物的流动参数，可以借助于爆轰产物的一维流动的特征线方法来求解。

现在分析此种情况下的流动情况：如图 9.5.2 所示，引爆以后，爆轰波后紧跟着一个向前简单波区，即图中的 I 区，其解为

$$\left. \begin{array}{l} x = (u+c)t \\ u - c = -\dfrac{D_J}{2} \end{array} \right\} \qquad (9-5-6)$$

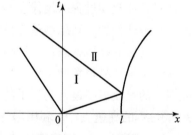

**图 9.5.2　产物的流动**

当 $t = l/D_J$ 时，爆轰波到达刚体壁面。反射回爆轰产物中的第一道波是向后冲击波，可按弱冲击波处理。与此同时，刚体在爆轰产物的推动下向右运动，从而不断地由刚体壁面发出向后稀疏波。

$$x = (u - c)t + F_2(u)$$

向后稀疏波所到之处成为复合波区，其解为

$$\begin{cases} x = (u + c)t \\ x = (u - c)t + F_2(u) \end{cases} \tag{9-5-7}$$

刚体壁面处的爆轰产物处于复合波区，其流动参数应符合式（9-5-7）的解。

将式（9-5-7）的第一式对 $t$ 取导数，得

$$\frac{\mathrm{d}x_\mathrm{b}}{\mathrm{d}t} = t\left(\frac{\mathrm{d}u_\mathrm{b}}{\mathrm{d}t} + \frac{\mathrm{d}c_\mathrm{b}}{\mathrm{d}t}\right) + (u_\mathrm{b} + c_\mathrm{b}) \tag{9-5-8}$$

考虑到式（9-5-5）与式（9-5-4），可将式（9-5-8）变为

$$\frac{\eta c_\mathrm{b}}{l D_\mathrm{J}} + \frac{\mathrm{d}c_\mathrm{b}}{\mathrm{d}t} + \frac{c_\mathrm{b}}{t} = 0 \tag{9-5-9}$$

引入新变量 $Z = c\sqrt{t}$，则式（9-5-9）变为

$$\frac{\mathrm{d}Z}{\mathrm{d}\ln t} = -\left(\frac{1}{2}Z + \frac{\eta}{l D_\mathrm{J}}Z^3\right)$$

或

$$\frac{\mathrm{d}Z^2}{Z^2\left(1 + \dfrac{2\eta}{l D_\mathrm{J}}Z^2\right)} = \mathrm{d}\ln t$$

上式积分后得

$$\frac{1 + \left[(2\eta c_\mathrm{b}^2 t_\mathrm{b})/l D_\mathrm{J}\right]}{c_\mathrm{b}^2 t_\mathrm{b}^2} = \mathrm{const} \tag{9-5-10}$$

将壁面处参数的初始值 $t = l/D_\mathrm{J}$，$u_\mathrm{b} = 0$，$c_\mathrm{b} = D_\mathrm{J} - u_\mathrm{b} = D_\mathrm{J}$，代入式（9-5-10），可以确定出

$$常数 = \frac{1 + (2\eta/l D_\mathrm{J}) \cdot D_\mathrm{J}^2(l/D_\mathrm{J})}{D_\mathrm{J}^2(l^2/D_\mathrm{J}^2)} = \frac{1 + 2\eta}{l^2} \tag{9-5-11}$$

将式（9-5-11）代入式（9-5-10），得

$$c_\mathrm{b} = \frac{l}{t}\theta \tag{9-5-12}$$

其中

$$\theta = \left[1 + 2\eta\left(1 - \frac{l}{D_\mathrm{J}t}\right)\right]^{-\frac{1}{2}} \tag{9-5-13}$$

将式（9-5-12）代入式（9-5-3），得

$$\frac{\mathrm{d}V}{\mathrm{d}t} = \frac{\eta}{l D_\mathrm{J}}\left(\frac{l\theta}{t}\right)^3$$

将式（9-5-13）代入上式，并积分，得

$$\int_0^v \mathrm{d}V = \int_{l/D_\mathrm{J}}^t \frac{\eta l^2}{D_\mathrm{J}} \frac{\mathrm{d}t}{t^3\left[1 + 2\eta\left(1 - \dfrac{l}{D_\mathrm{J}t}\right)\right]^{3/2}}$$

最后得

$$V = D_J \left[ 1 + \frac{\theta - 1}{\eta\theta} - \frac{l\theta}{D_J t} \right] \tag{9-5-14}$$

当 $t \to \infty$ 时，$V$ 趋于极限值

$$V_\infty = D_J \left[ 1 + \frac{\theta_\infty - 1}{\eta\theta_\infty} \right] = D_J \left[ 1 - \frac{\sqrt{1 + 2\eta} - 1}{\eta} \right] \tag{9-5-15}$$

对于 $\eta$ 很小（装药量 $m$ 很小）的情况，将式（9-5-15）的 $\sqrt{1+2\eta}$ 展开成 $\eta$ 的二阶项，得

$$V_\infty = \frac{1}{2}\eta D_J \tag{9-5-16}$$

对于 $\eta$ 很大（$m$ 很大）的情况

$$V_\infty \approx D_J \tag{9-5-17}$$

这说明在平面爆轰情况下，刚体的速度不可能超过爆轰波速度。

将式（9-5-14）在 $V/D_J - D_J t/l$ 平面内以 $\eta$ 为参数作图，可得到图 9.5.3 中的曲线。

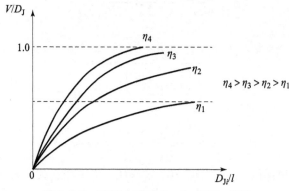

**图 9.5.3** 不同 $\eta$ 值时 $D_J t/l - V/D_J$ 关系

对上面的问题也有人认为在很高的凝聚炸药爆轰压力作用下，物体的强度不重要，且物质的黏性可以忽略，因而把被抛射的物体作为可压缩的理想流体处理。他们发现，根据这种模型得到的自由面极限速度与根据刚体模型（将被抛射体视为刚体）得到的抛体极限运动速度完全一致（图9.5.4）。这说明刚体模型是一种很好的近似，可以给出满意的结果。这是因为决定物体最终运动的主要因素是爆轰产物的总作用能量和物体的惯性（总质量 $M$），而物体的压缩性是不重要的。

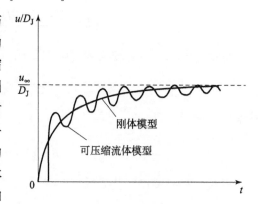

**图 9.5.4** 抛体运动速度随时间的变化

表 9.5.1 列出了用刚体模型进行计算的结果与实验值的比较。炸药装药为钝感黑索今，实验时炸药被装入厚壁的钢管中。表中数据表明计算值与实验值的偏差不大。产生偏差的原因显然是因为实验时钢管不可能不产生丝毫变形，即实验条件不可能是严格一维的。

对于无壳装药，只要在计算时用有效装药代替炸药质量，则前面推导的公式仍然适用。下面引进炸药效率 $\xi$ 的概念来讨论一维爆炸驱动时炸药的有效利用问题。

令

$$\xi = \frac{1}{2}\frac{MV_\infty}{mq_v} \qquad (9-5-18)$$

式中：$q_v$ 是炸药的爆热。式中分子代表刚体从炸药得到的总能量，分母代表炸药的总能量。

**表 9.5.1　炸药一维爆炸驱动钢片的实验速度（$V_m$）与计算速度（$V_c$）**

| $m/\text{g}$ | $\rho_0/$ $(\text{g}\cdot\text{cm}^{-3})$ | $D_J/$ $(\text{m}\cdot\text{s}^{-1})$ | $M/\text{g}$ | $\eta$ | $V_m/$ $(\text{m}\cdot\text{s}^{-1})$ | $V_c/$ $(\text{m}\cdot\text{s}^{-1})$ |
|---|---|---|---|---|---|---|
| 22.8 | 1.30 | 6 880 | 6.60 | 2.40 | 2 440 | 2 670 |
| 22.8 | 1.40 | 7 315 | 6.80 | 1.98 | 2 540 | 2 790 |
| 22.8 | 1.60 | 8 000 | 6.79 | 1.98 | 2 830 | 3 060 |
| 11.8 | 1.40 | 7 315 | 6.91 | 1.01 | 2 030 | 2 170 |

将式（9-5-15）代入式（9-5-18），经化简最后得

$$\xi = \frac{16}{27}\frac{8}{\eta}\left[1-\frac{1}{\eta}(\sqrt{1+2\eta}-1)\right]^2 \qquad (9-5-19)$$

显然，当 $\eta\to\infty$ 时，$\xi\to0$；而当 $\eta\to0$ 时，根据式（9-5-16）得

$$\xi = \frac{32}{27}\eta\to0$$

所以存在一个 $\eta$ 值使得 $\xi$ 取极值。由式（9-5-19）求得，当 $\eta=\dfrac{3}{2}$ 时，$\xi$ 取极大值

$$\xi_{max} = \frac{32}{81}\times\frac{8}{9}\approx35.12\%$$

可见，在平面爆轰波推动刚体的运动中，刚体从炸药获得的能量最多为炸药能量的 35% 左右。

表 9.5.2 和图 9.5.5 是由式（9-5-15）和式（9-5-19）计算的结果。

**表 9.5.2　刚体的极限速度及相应的炸药效率**

| $\dfrac{m}{M}$ | 解析解 | | 数值计算结果 | | | | | |
|---|---|---|---|---|---|---|---|---|
| | $\gamma=3$ | | $\gamma=2.5$ | | $\gamma=3$ | | $\gamma=3.5$ | |
| | $V_\infty/D_J$ | $\xi$ | $V_\infty/D_J$ | $\xi$ | $V_\infty/D_J$ | $\xi$ | $V_\infty/D_J$ | $\xi$ |
| 1 | 0.193 0 | 0.297 9 | 0.236 3 | 0.292 3 | 0.193 2 | 0.298 6 | 0.163 5 | 0.300 7 |
| 2 | 0.361 9 | 0.349 2 | 0.440 2 | 0.341 9 | 0.362 3 | 0.308 3 | 0.308 3 | 0.356 4 |
| 6 | 0.480 3 | 0.307 5 | 0.585 7 | 0.300 2 | 0.480 9 | 0.309 4 | 0.409 7 | 0.314 7 |
| 10 | 0.563 8 | 0.254 3 | 0.686 0 | 0.247 1 | 0.563 4 | 0.253 9 | 0.480 9 | 0.260 2 |

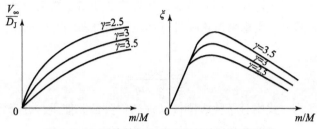

**图9.5.5　刚体的极限速度及相应的炸药效率**

下面讨论刚体后面流场参数的确定。

刚体后面有两个流动区，即简单波区和复合波区。在前面已经确定了简单波区的解，而复合波区的解则有待于 $F_2(u)$ 的确定。现在来讨论此问题。

沿 $C_+$ 特征线

$$u + c = \text{const}$$

因此

$$u + c = u_b + c_b = \frac{x}{t}$$

得

$$u_b = \frac{x}{t} - c_b \tag{9-5-20}$$

将式（9-5-12）代入式（9-5-20），得到

$$u_b = \frac{x - l\theta}{t} \tag{9-5-21}$$

则

$$u_b - c_b = \frac{x - 2l\theta}{t} \tag{9-5-22}$$

沿 $C_-$ 特征线

$$u - c = \text{常数}$$

因此

$$u - c = u_b - c_b = \frac{x - 2l\theta}{t} \tag{9-5-23}$$

将式（9-5-23）代入 $x = (u-c)t + F_2(u)$，得到

$$F_2(u) = 2l\theta$$

这样，复合波区 II 中流动参数的时空分布便可由如下方程组来联立求解

$$\begin{cases} x = (u+c)t \\ x = (u-c)t + 2l\theta \end{cases} \tag{9-5-24}$$

下面作进一步变换，根据 $u_b = V$、式（9-5-12）和式（9-5-14）可得

$$u_b - c_b = V - c_b = D_J\left(1 + \frac{\theta-1}{\eta\theta} - \frac{2l\theta}{D_J t}\right) \tag{9-5-25}$$

又由式（9-5-13）可知

$$\frac{l}{D_J t} = 1 + \frac{\theta^2 - 1}{2\eta\theta^2} \tag{9-5-26}$$

将式（9-5-26）代入式（9-5-25），得

$$u_\mathrm{b} - c_\mathrm{b} = D_\mathrm{J}\left(1 - 2\theta + \frac{1 - \theta}{\eta}\right) \tag{9-5-27}$$

从而得

$$\theta = \frac{(\eta + 1)D_\mathrm{J} - \eta(u_\mathrm{b} - c_\mathrm{b})}{(2\eta + 1)D_\mathrm{J}} \tag{9-5-28}$$

将式（9-5-28）代入式（9-5-24）的第二式，得

$$x = (u - c)t + 2l\left[\frac{(\eta + 1)D_\mathrm{J} - \eta(u - c)}{D_\mathrm{J}(2\eta + 1)}\right]$$

则复合波区 Ⅱ 的解为

$$\begin{cases} u + c = \dfrac{x}{t} \\[3mm] u - c = \dfrac{x - \dfrac{2l(\eta + 1)}{2\eta + 1}}{t - \dfrac{2\eta l}{(2\eta + 1)D_\mathrm{J}}} \end{cases} \tag{9-5-29}$$

当 $M = 0$，$\eta = \infty$（相当于右端为真空）时，式（9-5-29）变为

$$\begin{cases} u + c = \dfrac{x}{t} \\[3mm] u - c = \dfrac{x - l}{t - l/D_\mathrm{J}} \end{cases} \tag{9-5-30}$$

符合装药两边为真空，从一端引爆条件下的解。而当 $M = \infty$，$\eta = 0$（相当于右端为固壁）时，式（9-5-29）变为

$$\begin{cases} u + c = \dfrac{x}{t} \\[3mm] u - c = \dfrac{x - 2l}{t} \end{cases} \tag{9-5-31}$$

符合从真空端引爆，另一端为固壁条件下的解，说明式（9-5-29）适用于 $0 \leqslant M \leqslant \infty$ 的条件。

### 9.5.2　从放置刚体的一端引爆

爆炸对装药左端活塞的一维抛射如图9.5.6所示。

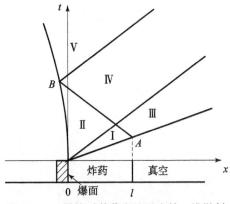

图9.5.6　爆炸对装药左端活塞的一维抛射

引爆后，爆轰波后跟着一簇向前稀疏波（第一个波），并由它形成一个向前简单波区 I 。 I 区的解为

$$\begin{cases} u + c = \dfrac{x}{t} \\ u - c = -\dfrac{D_J}{2} \end{cases} \tag{9-5-32}$$

另外，由于爆轰产物压力的作用，抛体向左运动，在其壁面处将产生一簇向前稀疏波（第二个波），其特征线方程为 $x = (u + c)t + F_2(u)$，并构成又一个简单波区 II 。 II 区的解为

$$\begin{cases} x = (u + c)t + F_2(u + c) \\ u - c = -\dfrac{D_J}{2} \end{cases} \tag{9-5-33}$$

当爆轰波到达右端真空界面时，将反射回一簇向后中心稀疏波（第三个波），其方程为 $u - c = \dfrac{x-1}{t - l/D_J}$，该簇波与第一簇波相遇，形成复合波区 III，III 区的解为

$$\begin{cases} u + c = \dfrac{x}{t} \\ u - c = \dfrac{x - l}{t - l/D_J} \end{cases} \tag{9-5-34}$$

上述向后波与第二簇向前波相遇，形成复合波区 IV，其解为

$$\begin{cases} x = (u + c)t + F_2(u + c) \\ u - c = \dfrac{x - l}{t - l/D_J} \end{cases} \tag{9-5-35}$$

向后波赶上运动着的刚体时，从刚体壁面上又反射回一簇新的向前稀疏波（第四个波），它与向后波相交形成复合波区 V，其解为

$$\begin{cases} x = (u + c)t + F_5(u + c) \\ u - c = \dfrac{x - l}{t - l/D_J} \end{cases} \tag{9-5-36}$$

因为第二个波和第四个波都与刚体的运动有关，所以可以借助刚体的运动规律来求 $F_2(u + c)$ 及 $F_5(u + c)$。

与前一个问题相同，根据牛顿第二定律 $F = M\dfrac{dV}{dt}$，其中 $M$ 为刚体质量，$V$ 为抛体的运动速度，而在本问题中 $F = -p_b A$。

由于 $u_b = V$，得

$$\dfrac{du_b}{dt} = -\dfrac{p_b A}{M} = -\dfrac{\eta}{l D_J} c_b^3 = -\beta c_b^3 \tag{9-5-37}$$

式中：$\beta = \dfrac{\eta}{l D_J}$，$\eta = \dfrac{16}{27}\dfrac{m}{M}$。

在 II 区中有

$$u - c = u_b - c_b = -\dfrac{D_J}{2} \tag{9-5-38}$$

将式 (9 – 5 – 38) 微分可得

$$du_b = dc_b \qquad (9 - 5 - 39)$$

将式 (9 – 5 – 34) 代入式 (9 – 5 – 37)，得

$$\frac{dc_b}{dt} = -\frac{\eta}{D_J l} c_b^3 \qquad (9 - 5 - 40)$$

积分式 (9 – 5 – 40)，积分限为：下限是 $t = 0$，$c_b = \dfrac{D_J}{2}$；上限是 $t_b$，$c_b$。即

$$\int_{\frac{D_J}{2}}^{c_b} \frac{dc_b}{c_b} = \int_0^{t_b} \frac{\eta}{D_J l} dt$$

从而得

$$c_b = \frac{D_J}{\sqrt{1 + 2\eta \dfrac{D_J}{l} t}} \qquad (9 - 5 - 41)$$

而

$$\frac{dx_b}{dt} = u_b = c_b - \frac{D_J}{2}$$

即

$$\frac{dx_b}{dt} = \frac{D_J}{\sqrt{4 + 2\eta \dfrac{D_J}{l}}} dt - \frac{D_J}{2} \qquad (9 - 5 - 42)$$

再积分得

$$\int_0^{x_b} dx_b = \int_0^t \frac{D_J}{\sqrt{4 + 2\eta \dfrac{D_J}{l} t}} dt - \int_0^t \frac{D_J}{2} dt$$

从而得

$$x_b = \frac{l}{\eta} \left[ \left( 4 + 2\eta \frac{D_J}{l} t \right)^{1/2} - 2 \right] - \frac{D_J t}{2} = \frac{l D_J}{\eta c_b} - \frac{2l}{\eta} - \frac{1}{2} D_J t$$

此即为 Ⅱ 区中抛体位移与时间的关系。

最后，将式 (9 – 5 – 41) ~ 式 (9 – 5 – 42) 代入 $x = (u + c)t + F_2(u + c)$，得

$$F_2(u + c) = \frac{2l}{\eta D_J} \left( u_b + c_b - \frac{D_J}{2} \right) \qquad (9 - 5 - 43)$$

因为沿 $C_+$ 特征线 $u + c = $ 常数 $= u_b + c_b$，所以又可写成

$$F_2(u + c) = \frac{2l}{\eta D_J} \left( u + c - \frac{D_J}{2} \right) \qquad (9 - 5 - 44)$$

由此得到第二个波的方程为

$$x = (u + c)t + \frac{2l}{\eta D_J} \left( u + c - \frac{D_J}{2} \right) \qquad (9 - 5 - 45)$$

或

$$u + c = \frac{x + l/\eta}{t + 2l/\eta D_J} \qquad (9 - 5 - 45')$$

根据同样的方法可以确定 $F_5(u+c)$。

处于 V 区壁面处的爆轰产物，其流动参数符合 V 区的解，即式 (9-5-36)。现将式 (9-5-36) 变换成如下形式：

$$x_b = (u_b + c_b)t + F_5(u+c)$$

$$x_b = (u_b - c_b)\left(t - \frac{l}{D_J}\right) + l \tag{9-5-46}$$

设 $\tau = t - \dfrac{1}{D_J}$，则式 (9-5-46) 的第二式变为

$$x_b = (u_b - c_b)\tau + l \tag{9-5-47}$$

微分式 (9-5-47)，得

$$\frac{dx_b}{d\tau} = (u_b - c_b) + \tau\left(\frac{du_b}{d\tau} - \frac{dc_b}{d\tau}\right) \tag{9-5-48}$$

而

$$\frac{dx_b}{d\tau} = V = u_b \tag{9-5-49}$$

因此，得

$$\frac{du_b}{d\tau} = \frac{dc_b}{d\tau} + \frac{c_b}{\tau} = -\beta c_b^3 \tag{9-5-50}$$

令 $\theta = \tau c_b$，则

$$\frac{dc_b}{d\tau} = \frac{d\theta}{\tau d\tau} - \frac{c_b}{\tau} \tag{9-5-51}$$

将式 (9-5-51) 代入式 (9-5-50) 并积分，则得

$$c_b = \frac{1}{\sqrt{2(A\tau^2 - \beta\tau)}} \tag{9-5-52}$$

式中：$A$ 为积分常数，且

$$A = \frac{16 \times (8 + 20\eta + 9\eta^2)}{l^2 (16 + 9\eta)^2} \tag{9-5-53}$$

将式 (9-5-52) 代入式 (9-5-50)，并积分，得

$$u_b = \frac{2A\tau c_b}{\alpha} - c_b + W \tag{9-5-54}$$

式中：$W$ 为积分常数，且

$$W = -\left[\frac{32 + 40\eta + 9\eta^2}{2\eta(6 + 9\eta)}\right]D_J \tag{9-5-55}$$

将式 (9-5-54) 代入式 (9-5-49)，并积分，则得

$$x_b = \frac{\sqrt{2(A\tau^2 - \beta\tau)}}{\beta} + W\tau + F \tag{9-5-56}$$

式中：$F$ 为积分常数，$F = l$。

式 (9-5-56) 即为 V 区中刚体运动轨迹的计算式。

将式 (9-5-46) 的两个式子联立，并考虑到式 (9-5-52) 和式 (9-5-54)，得

$$F_5(u + c) = -(u + c)\left(\frac{l}{D_J} + \frac{\beta}{A}\right) + \frac{W\beta}{A} + l$$

则第四个波的方程为

$$x = (u + c)\left(t - \frac{l}{D_J} - \frac{\beta}{A}\right) + \frac{W\beta}{A} + l \tag{9-5-57}$$

将式（9-5-53）和式（9-5-55）代入式（9-5-57）后得

$$u + c = \frac{x + \dfrac{l(16 + 9\eta)(32 + 40\eta + 9\eta^2)}{32(8 + 20\eta + 9\eta^2)}}{t - \dfrac{l}{D_J} - \dfrac{\eta l(16 + 9\eta^2)}{16 D_J(8 + 20\eta + 9\eta^2)}} \tag{9-5-58}$$

至此，流场中每个波的方程都定了，因而全部流场都可以求解了。各阶段的抛体运动速度及轨迹也都可以求得了。

下面对第二个波的方程（9-5-45）和第四个波的方程（9-5-58）进行考察。

当 $M = 0$，$\eta = \infty$ 时（相当于左端为真空），式（9-5-45'）变成

$$u + c = \frac{x}{t}$$

与起爆端为真空时的解相符。

当 $M = \infty$，$\eta = 0$ 时（相当于左端为固壁），由式（9-5-58）可得

$$u + c = \frac{x + \dfrac{16 \times 32}{8 \times 32}l - l}{t - \dfrac{l}{D_J} - 0} = \frac{x + l}{t - \dfrac{l}{D_J}}$$

与起爆端为固壁时的解相符。

以上考察结果说明前面的推导是正确的，并且式（9-5-45'）及式（9-5-58）具有普遍意义。

现在再来考察抛体的运动速度。

当 $t \to \infty$ 时，刚体达到最大速度

$$\frac{V_{\max}}{D_J} = \frac{2A - \dfrac{\beta}{\tau}}{D_J\beta\sqrt{2\left(A - \dfrac{\beta}{\tau}\right)}} - \frac{32 + 40\eta + 9\eta^2}{2\eta(16 + 9\eta)} \tag{9-5-59}$$

经过数学运算后得

$$\frac{V_{\max}}{D_J} = \frac{8\sqrt{18\eta^2 + 40\eta + 16} - (9\eta^2 + 40\eta + 32)}{32\mu + 18\eta^2} \tag{9-5-60}$$

当 $M \to \infty$，$\eta = 0$ 时，$V_{\max}/D_J = 0$，这与固壁面处引爆的情况符合。

将式（9-5-60）的分子、分母各除以 $\eta^2$，得

$$\frac{V_{\max}}{D_J} = \frac{8\sqrt{\dfrac{18}{\eta^2} + \dfrac{40}{\eta^3} + \dfrac{16}{\eta^4}} - \left(9 + \dfrac{40}{\eta} + \dfrac{32}{\eta^2}\right)}{\dfrac{32}{\eta} + 18} \tag{9-5-61}$$

当 $M=0$，$\eta=\infty$时，由式（9－5－61）可得 $V_{\max}/D_J=-\dfrac{1}{2}$，这符合爆轰产物向真空飞散的情况。

表9.5.3列出了引爆面处于不同位置时计算得到的刚体速度。由表中数据可以看出，当炸药装填系数 $\alpha=\dfrac{m}{M+m}$ 比较小时，引爆面位置对抛体最大速度的影响不明显，抛体的运动速度较慢，$\alpha\geqslant0.4$ 以后引爆面的影响变大。

**表9.5.3　引爆面位置对抛体速度的影响**

| $\alpha$ | $\eta$ | $V_{\max}/D_J$ | | |
|---|---|---|---|---|
| | | 引爆面在 $x=0$ 处 | 引爆面在 $x=1$ 处 | |
| 0 | 0 | 0 | 0 | |
| 0.2 | $1.48\times10^{-1}$ | $-0.0637$ | $-0.0648$ | 负号表示 |
| 0.4 | $3.95\times10^{-1}$ | $-0.1386$ | $-0.1455$ | 抛体沿 $x$ |
| 0.6 | $8.89\times10^{-1}$ | $-0.2293$ | $-0.25$ | 负方向运动 |
| 0.8 | 2.37 | $-0.3442$ | $-0.4111$ | |
| 1.0 | $\infty$ | $-0.5$ | $-1.0$ | |

# 第 10 章

# 冲击波与可压缩介质的相互作用

在前面章节里阐述了爆轰理论，介绍了炸药爆轰波参数的计算方法。从中可知，一般凝聚炸药爆轰波的 C‒J 压力为数十个吉帕。当它与凝聚介质目标直接作用时，在目标介质中必然形成冲击波的传播，同时在爆轰产物中要形成反射波。然而，这种反射波的性质是冲击波还是稀疏波则取决于炸药与受作用介质冲击波阻抗的相互比较，所谓冲击波阻抗是指介质密度与冲击波传播速度的乘积。冲击波阻抗（shock impedance）又称介质的动力学刚度，它是介质动力学硬度的度量，其单位为 MPa/(m·s$^{-1}$)。可以看出，冲击波阻抗的物理意义是介质在冲击载荷作用下获得 1 m/s 的变形速度所需压强的大小。显然，受击介质获得 1 单位变形（运动）速度所需冲击压强越大者，其动力学硬度越高，反之则小。因此，当介质的冲击阻抗比炸药的冲击阻抗 $\rho_0 D$ 大时，炸药于爆炸后在与其相接触的介质中形成冲击波，同时在爆炸产物中反射回一冲击波；相反，当介质的冲击阻抗小于炸药时，在介质中形成冲击波的同时在爆炸产物中反射回一稀疏波；假若两者冲击阻抗相等，则界面处不发生反射现象，入射波强度不变地传入介质当中去。

当介质受到冲击波的作用时，介质中必定产生冲击波。确定此冲击波的初始参数是计算其在介质中的作用场的动力学参量的先决条件。而此冲击波初始参数的确定又与入射冲击波和介质界面的耦合关系密切相关。

## 10.1 冲击波和简单稀疏波的 $u‒p$ 曲线

冲击波或简单稀疏波与可压缩界面发生互相作用时，作用面上应满足压力 $p$ 及质点速度 $u$ 连续的条件，因此在求解这些相互作用问题时，利用描述冲击波或简单稀疏波的 $p$ 与 $u$ 之间关系的曲线是很方便的。设冲击波前的参数为 $u_0$，$p_0$，$v_0$，则冲击波后的质点速度可根据下式求得

$$u = u_0 \pm \sqrt{(p - p_0)(v_0 - v)} \qquad (10‒1‒1)$$

又根据冲击波的雨贡纽关系可解出 $v = v(p, v_0, p_0)$，将它代入式（10‒1‒1），便得到冲击波 $p$ 与 $u$ 之间的关系

$$u = u_0 \pm \psi(p) \qquad (10‒1‒2)$$

式中：

$$\psi(p) = \sqrt{(p - p_0)[v_0 - v(p, v_0, p_0)]} \qquad (10‒1‒3)$$

式（10‒1‒2）叫作冲击波在 $u‒p$ 平面上的雨贡纽方程，其中正号对应向前冲击波，负

号对应向后冲击波。式（10-1-2）说明向前冲击波和向后冲击波的 $u-p$ 曲线成镜像对称。

将式（10-1-3）求微商，得

$$\psi'(p) = \frac{1}{2}\sqrt{\frac{v_0 - v(p)}{p - p_0}}\left(1 - \frac{p - p_0}{v_0 - v(p)}\frac{\mathrm{d}v}{\mathrm{d}p}\right) \tag{10-1-4}$$

对于具有一般热力学性质的介质，其冲击波雨贡纽曲线$\dfrac{\mathrm{d}v}{\mathrm{d}p}<0$，因而 $\psi'(p)>0$，这表明函数 $\psi(p)$ 是单调上升的。式（10-1-2）所代表的各种可能情况的曲线如图 10.1.1 所示。曲线的各支段代表不同方向的冲击波情况。图中 $OA$ 段和 $OA'$ 段分别代表波前状态为 $O(u_0, p_0)$ 的向前冲击波和向后冲击波情况；$OB$ 段和 $OB'$ 段分别代表 $O(u_0, p_0)$ 波后状态之一的向前冲击波和向后冲击波情况。从图 10.1.1 和动量守恒方程可知 $O$ 点和 $Z$ 点之连线（弦线）的斜率为 $\tan\alpha = \dfrac{p - p_0}{u - u_0} = \rho_0(D_\mathrm{s} - u_0)$，不同斜率的弦线与不同波速的冲击波相对应，这些弦线就是 $u-p$ 平面内的冲击波波速线。

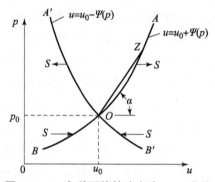

**图 10.1.1　各种可能的冲击波 $u-p$ 曲线**

对于简单稀疏波也可应用类似的表示法。如果其波前的状态为 $u_0, p_0, v_0$，则波后有

$$u = u_0 \pm \int \frac{\mathrm{d}\rho}{\rho c} \tag{10-1-5}$$

因为简单波是等熵过程，所以可由等熵状态方程 $p = p(v, S_0)$ 得到 $\rho = f(p, S_0)$，$c = c(p, S_0)$，则式（10-1-5）化为

$$u = u_0 \pm F(p) \tag{10-1-6}$$

式中：

$$F(p) = \int_{p_0}^{p} \frac{\mathrm{d}p}{\rho c} = \int_{p_0}^{p} \frac{\mathrm{d}p}{\rho(p, S_0) c(p, S_0)} \tag{10-1-7}$$

式（10-1-6）即为简单稀疏波的 $u-p$ 曲线方程，式中正号对应于向前简单稀疏波，负号对应于向后简单稀疏波。同样，向前简单稀疏波与向后简单稀疏波的 $u-p$ 曲线成镜像对称。式（10-1-6）在 $u-p$ 平面上所代表的曲线如图 10.1.2 所示。图中 $OC$ 段和 $OC'$ 段分别代表波后状态为 $O(u_0, p_0)$ 的向前简单稀疏波和向后简单稀疏波情况，$OD$ 段和 $OD'$ 段分别代表波前状态为 $O(u_0, p_0)$ 的向前简单稀疏波和向后简单稀疏波的情况。

以上讨论的是冲击波和简单稀疏波在各种情况下的 $u-p$ 曲线。下面讨论冲击波和稀疏波在给定初态介质中通过后的 $u-p$ 曲线。

　　如图 10.1.3 所示，设介质的波前状态为（$u_0$，$p_0$），那么对于向前波（冲击波或稀疏波），其波后状态只能分别落在 $u-p$ 曲线的 $u=u_0+\psi(p)$ 的上半支 $OA$ 和 $u=u_0+F(p)$ 的下半支 $OD$ 上；对于向后波，其波后状态只能分别落在 $u=u_0-\psi(p)$ 的上半支 $OA'$ 和 $u=u_0-F(p)$ 的下半支 $OD'$ 上。

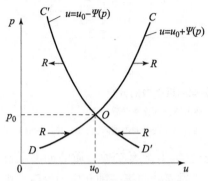 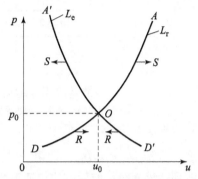

图 10.1.2　简单波 $u-p$ 曲线　　　　　　图 10.1.3　冲击波雨贡纽曲线

　　因为 $OA$ 曲线是向前冲击波通过状态为 $O(u_0，p_0)$ 的介质时的雨贡纽曲线，根据冲击波雨贡纽曲线的性质，可知在初始点 $O(u_0，p_0)$ 处雨贡纽曲线与等熵线二阶相切，即 $\psi'_0(p)=F'_0(p)$，$\psi''_0(p)=F''_0(p)$，这表明 $OA$ 和 $OD$ 两条曲线在 $O$ 点处是二级光滑的，可以用一条曲线 $L_r$ 表示。同样，$OA'$ 与 $OD'$ 两条曲线在 $O$ 点处也是二级光滑的曲线，可用同一条曲线 $L_e$ 表示。这样，在图 10.1.3 中曲线 $L_r$ 表示向前波（冲击波和简单波）通过初态为 $O(u_0，p_0)$ 的介质时，波后可能状态点的连线；$L_e$ 表示向后波通过初态为 $O(u_0，p_0)$ 的介质时，波后可能状态点的连线。

　　大量实验表明，绝大多数固体介质，当压缩比 $\rho/\rho_0$ 小于 1.4 时（对一般金属材料，当冲击波压力 $p$ 不大于 98.1 GPa 时），雨贡纽曲线和等熵线可表示为同一条线，介质的冲击压缩过程可以近似视为等熵过程。因此，既可将 $L_r$ 和 $L_e$ 视为过 $O$ 点的冲击波雨贡纽曲线，又可将其视为等熵线。

## 10.2　冲击波与可压缩凝聚介质的作用

　　冲击波从一种介质传入另一种不同的介质时，在第二种介质中必定产生透射冲击波，同时，在界面处要向第一种介质中产生反射波，反射波可能是冲击波，也可能是稀疏波，这决定于两种介质的冲击阻抗 $\rho_0 D_S$ 的大小关系。

　　当忽略波前压力 $p_0$ 时，冲击波的动量方程可写为 $p=\rho_0 Du$（设 $u_0=0$）。由此可知，若 $\rho_{01} D_{S1}>\rho_{02} D_{S2}$，即第一种介质的冲击阻抗大于第二种介质的冲击阻抗，那么当冲击波达到界面时，波后的质点速度将变大，将从界面处向第一种介质中反射稀疏波，且界面处的压力 $p_b$ 也将较第一种介质中的冲击压力 $p_1$ 低，如图 10.2.1 所示。

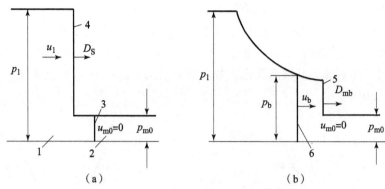

**图 10.2.1** $\rho_{01}D_{S1} > \rho_{02}D_{S2}$ 时界面附近参数的分布

（a）冲击波到达界面以前；（b）冲击波到达界面以后

1—介质1；2—介质2；3—原始分界面；4—入射冲击波阵面；5—透射冲击波阵面；6—作用后分界面

反之，若 $\rho_{01}D_{S1} < \rho_{02}D_{S2}$，即第一种介质的冲击阻抗小于第二种介质的冲击阻抗，那么当冲击波到达界面时，波后的质点速度将变小，将从界面处向第一种介质中反射冲击波，且 $p_b > p_1$，如图 10.2.2 所示。

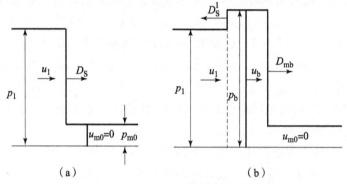

**图 10.2.2** $\rho_{01}D_{S1} < \rho_{02}D_{S2}$ 时界面附近的参数分布

（a）冲击波到达界面以前；（b）冲击波到达界面以后

但是用两种介质的冲击阻抗来判断反射波的性质不太方便，因为各种介质中的冲击波速度不易获知，一般可以粗略地根据密度来判断，若 $\rho_{01} < \rho_{02}$，则考虑为反射冲击波；反之，则为反射稀疏波。下面对反射稀疏波和反射冲击波的两种情况分别进行讨论。为了简便起见，讨论将在以下两点假设下进行。

假设1　过程是一维的，平面冲击波对界面进行垂直入射。

假设2　在一个很短的时间间隔内不考虑冲击波的衰减。

**1. 反射稀疏波的情况**

以炸药对介质的接触爆炸为例来讨论。设一向前爆轰波对介质垂直入射，且炸药的冲击阻抗 $\rho_0 D_J$ 大于介质的冲击阻抗 $\rho_{m0}D_m$。此种情况下在介质中将透射向前冲击波，在爆轰产物中反射向后稀疏波。界面处的参数 $p_b$、$u_b$（下标 b 表示初始界面处的参数）将由入射波、反射波和透射波决定。

根据前述假设2考虑反射开始时，即爆轰波刚刚到达界面时，无向前稀疏波，反射波前是爆轰波 C – J 稳定状态，因此反射波所到的区域是向后简单波区，若取爆轰产物的等熵方程为 $p = Ap^{\gamma}$，则其解为

$$
\begin{cases}
\dfrac{\mathrm{d}x}{\mathrm{d}t} = u - c \\[2mm]
u + \dfrac{2}{\gamma - 1}c = \mathrm{const}
\end{cases}
\tag{10 – 2 – 1}
$$

可得

$$
u_{\mathrm{b}} + \frac{2}{\gamma - 1}c_{\mathrm{b}} = u_{\mathrm{J}} + \frac{2}{\gamma - 1}c_{\mathrm{J}}
\tag{10 – 2 – 2}
$$

即

$$
u_{\mathrm{b}} = u_{\mathrm{J}} + \frac{2c_{\mathrm{J}}}{\gamma - 1}\left(1 - \frac{c_{\mathrm{b}}}{c_{\mathrm{J}}}\right)
\tag{10 – 2 – 3}
$$

而

$$
\frac{c_{\mathrm{b}}}{c_{\mathrm{J}}} = \left(\frac{p_{\mathrm{b}}}{p_{\mathrm{J}}}\right)^{\frac{\gamma - 1}{2\gamma}}
\tag{10 – 2 – 4}
$$

将式（10 – 2 – 4）代入式（10 – 2 – 3），并考虑到

$$
c_{\mathrm{J}} = \frac{\gamma}{\gamma + 1}D_{\mathrm{J}}, \quad u_{\mathrm{J}} = \frac{1}{\gamma + 1}D_{\mathrm{J}}
$$

则得到

$$
u_{\mathrm{b}} = \frac{D_{\mathrm{J}}}{\gamma + 1}\left\{1 + \frac{2\gamma}{\gamma - 1}\left[1 - \left(\frac{p_{\mathrm{b}}}{p_{\mathrm{J}}}\right)^{\frac{\gamma - 1}{2\gamma}}\right]\right\}
\tag{10 – 2 – 5}
$$

另外，介质中产生的爆炸冲击波（透射波）使界面处的介质质点速度具有如下值：

$$
u_{\mathrm{mb}} = \sqrt{(p_{\mathrm{mb}} - p_{\mathrm{m0}})(v_{\mathrm{m0}} - v_{\mathrm{mb}})}
\tag{10 – 2 – 6}
$$

或满足

$$
p_{\mathrm{mb}} = \rho_{\mathrm{m0}}D_{\mathrm{mb}}u_{\mathrm{mb}}
\tag{10 – 2 – 6'}
$$

式中：$v_{\mathrm{m0}}$，$v_{\mathrm{mb}}$ 分别为界面处冲击波前、后介质的比容；$p_{\mathrm{m0}}$，$p_{\mathrm{mb}}$ 分别为界面处冲击波前后介质的压力。由于 $p_{\mathrm{m0}} \ll p_{\mathrm{mb}}$，$p_{\mathrm{m0}}$ 可以忽略。又考虑到界面连续条件 $u_{b} = u_{\mathrm{mb}}$，$p_{b} = p_{\mathrm{mb}}$，式（10 – 2 – 6）和式（10 – 2 – 6'）可分别变成

$$
u_{\mathrm{b}} = \sqrt{p_{\mathrm{b}}(v_{\mathrm{m0}} - v_{\mathrm{mb}})}
\tag{10 – 2 – 7}
$$

$$
p_{\mathrm{b}} = \rho_{\mathrm{m0}}D_{\mathrm{mb}}u_{\mathrm{b}}
\tag{10 – 2 – 7'}
$$

若介质的状态方程或冲击压缩规律 $D = a + bu$ 已知，则可利用式（10 – 2 – 5）和式（10 – 2 – 7）或式（10 – 2 – 5）和式（10 – 2 – 7'）来联立求解 $p_{\mathrm{b}}$，$u_{\mathrm{b}}$。应当清楚反射开始时界面处的参数 $p_{\mathrm{b}}$ 和 $u_{\mathrm{b}}$ 就是透射冲击波的初始参数。

**2. 反射冲击波的情况**

仍然考虑向前爆轰波对介质进行垂直入射，但 $\rho_{0}D_{\mathrm{J}} < \rho_{\mathrm{m0}}D_{\mathrm{m}}$。

在此种情况下介质中产生向前冲击波，爆轰产物中反射向后冲击波。

在界面处反射的向后冲击波有

$$
u_{\mathrm{b}} - u_{\mathrm{J}} = -\sqrt{(p_{\mathrm{b}} - p_{\mathrm{J}})(v_{\mathrm{J}} - v_{\mathrm{b}})}
\tag{10 – 2 – 8}
$$

即

$$u_b = u_J - \sqrt{(p_b - p_J)(v_J - v_b)}$$

利用爆轰产物的等熵状态方程 $p = A\rho^\gamma$，可以得到上述反射冲击波的雨贡纽方程

$$\frac{v_b}{v_J} = \frac{(\gamma-1)p_b + (\gamma+1)p_J}{(\gamma+1)p_b + (\gamma-1)p_J} = \frac{(\gamma-1)\pi + \gamma + 1}{(\gamma+1)\pi + \gamma - 1} \qquad (10-2-9)$$

式中：$\pi = \dfrac{p_b}{p_J}$。

将式（10-2-9）代入式（10-2-8），并考虑到 $u_J = \dfrac{D_J}{\gamma+1}$，$p_J = \dfrac{\rho_0 D_J^2}{\gamma+1}$，$v_J = \dfrac{\gamma}{\gamma+1}v_0$，最后得到

$$u_b = \frac{D_J}{\gamma+1}\left[1 - \frac{(\pi-1)\sqrt{2\gamma}}{\sqrt{(\gamma+1)\pi + \gamma - 1}}\right] \qquad (10-2-10)$$

对介质中产生的向前冲击波，当忽略 $p_{m0}$ 并考虑界面连续条件时，式（10-2-7）和式（10-2-7'）仍然适用。

已知介质的状态方程或冲击压缩规律时，利用式（10-2-10）和式（10-2-7）或利用式（10-2-10）和式（10-2-7'）联立求解，便可确定介质中冲击波的初始压力 $p_b$ 和质点速度 $u_b$。

最常见的介质状态方程有两种。其一为

$$p_m = \frac{\rho_{m0} a^2 \left(\dfrac{\rho_m}{\rho_{m0}}\right)\left(\dfrac{\rho_m}{\rho_{m0}} - 1\right)}{\left[b - (b-1)\dfrac{\rho_m}{\rho_{m0}}\right]} \qquad (10-2-11)$$

它是由冲击波的质量、动量守恒关系以及固体材料的冲击压缩规律 $D_m = a + b u_m$ 推导而得的。式中 $a$ 和 $b$ 是与材料性质有关的常数，由实验获得。

其二为泰特状态方程

$$p_m = A\left[\left(\frac{\rho_m}{\rho_{m0}}\right)^m - 1\right] \qquad (10-2-12)$$

式中：$A$ 和 $m$ 也是与材料性质有关的常数，由实验确定。几种材料的 $A$ 和 $m$ 值见表 10.2.1。

表 10.2.1　几种材料的 $A$ 和 $m$ 值

| 材料 | $\rho_{m0}/$ (kg·m$^{-3}$) | $A$/GPa | $m$ | 压力适用范围/GPa |
|------|------|------|------|------|
| 铍 | 1 845 | 36.79 | 3.2 | 0~34.34 |
| 铝合金 | 2 785 | 19.33 | 4.2 | 0~49.05 |
| 钛 | 4 510 | 25.51 | 3.8 | 0~68.67 |
| 镉 | 8 640 | 7.55 | 6.3 | 0~65.67 |
| 铜 | 8 900 | 29.63 | 4.8 | 0~68.67 |
| 钼 | 10 200 | 72.51 | 3.8 | 0~68.67 |

| 材料 | $\rho_{m0}/$（kg·m$^{-3}$） | $A/$GPa | $m$ | 压力适用范围/GPa |
|------|------|------|------|------|
| 铅 | 11 340 | 8.43 | 5.3 | 0 ~ 49.05 |
| 钽 | 16 460 | 44.93 | 4.0 | 0 ~ 49.05 |
| 金 | 19 240 | 31.00 | 5.7 | 0 ~ 68.67 |
| 铂 | 21 370 | 52.88 | 5.3 | 0 ~ 49.05 |
| 铁 | 7 840 | 21.09 | 5.5 | 24.55 ~ 98.1 |

对于水，压力在 3 ~ 20 GPa 时，$A = 0.39$ GPa，$m = 8$。

显然，无论是反射稀疏波还是反射冲击波，计算 $p_b$，$u_b$ 时使用材料的冲击压缩规律 $D = a + bu$，即用 $p = \rho_0(a + bu)u$ 较之使用 $p - v$ 状态方程更为方便。另外，莱斯（Rice）和沃尔什（Walsh）根据实验研究给出 $p < 45$ GPa 时水的 $u - p$ 关系

$$p = \rho_0\left[1.483 + 25.306\lg\left(1 + \frac{u}{5.19}\right)\right]u \qquad (10-2-13)$$

若入射波不是爆轰波，而是一般的冲击波，比如考虑冲击波从一种介质传入另一种介质的情况，则反射稀疏波和反射冲击波的两组方程仍然适用，只是反射波前的参数不是 C - J 参数，而是入射冲击波后的参数 $p_1$，$u_1$。

需要指出的是，求解 $p_b$，$u_b$ 所用的方程组不能用普通的代入消元法来求解，一般采用逐次逼近法。下面举例说明。

[**例 10.2.1**]　设密度为 $\rho_0$、爆速为 $D_J$ 的炸药在铁板上爆炸，计算爆炸冲击波的初始参数。

[**解**]　在此种情况下铁板中产生冲击波，爆轰产物中反射的也是冲击波。可用式（10 - 2 - 10）与式（10 - 2 - 7′）联立求解。具体解法如下：根据表 10.2.1 可知，对于初始界面处铁中的冲击波有

$$p_b = 7\,850 \times (3\,574 + 1.920u_b)u_b \qquad (10-2-14)$$

对于初始界面处的反射冲击波有

$$u_b = \frac{D_J}{\gamma + 1}\left[1 - \frac{(\pi - 1)\sqrt{2\gamma}}{\sqrt{(\gamma + 1)\pi + \gamma - 1}}\right] \qquad (10-2-15)$$

根据已知条件可算得炸药的爆压

$$p_J = \frac{\rho_0 D_J^2}{4}$$

先假设一个 $p_{b1}$ 值，计算 $\pi_1 = \dfrac{p_{b1}}{p_J}$，代入式（10 - 2 - 15）算出一个 $u_{b1}$ 值，将此值代入式（10 - 2 - 14）即可算出一个 $p'_{b1}$ 值，与假设值比较，若不等，则重新假设 $\left[\text{可设 } p_{b2} = \dfrac{1}{2}(p_{b1} + p'_{b1})\right]$。重复上述计算，直至假设值与计算值相等或接近为止。

将确定的 $p_b$、$u_b$ 代入式（10 - 2 - 6），便可得到 $v_{mb}$（或 $\rho_{mb}$）。将 $u_b$ 代入 $D_{mb} = a + bu_b$，便可得到 $D_{mb}$。

也可以在 $u-p$ 平面上作出方程（10-2-14）和方程（10-2-15）所代表的曲线，两条曲线的交点即对应初始界面处的状态。

例如，已知梯恩梯炸药，$\rho_0 = 1\,620\ \text{kg/m}^3$，$D_J = 7\,000\ \text{m/s}$，$p_J = 19.84\ \text{GPa}$，$\gamma = 3$，求爆轰波与铁板正冲击时，初始界面处的压力 $p_b$ 和质点速度 $u_b$。

此时可根据以下两式的计算值作 $u-p$ 曲线图：

$$p_b = p_{mb} = 7\,850 \times (3\,574 + 1.92 u_{mb}) u_{mb}$$

$$u_b = u_{mb} = 1\,750 \times \left[1 - \frac{2.45\left(\dfrac{p_{mb}}{1\,984 \times 10^4} - 1\right)}{\sqrt{\dfrac{p_{mb}}{4.96 \times 10^9} \times 2}}\right]$$

由第一式所得的 $u-p$ 对应数据列于表 10.2.2。

表 10.2.2　$u-p$ 对应的数据

| $u/\ (\text{m} \cdot \text{s}^{-1})$ | 200 | 400 | 600 | 750 | 900 |
| --- | --- | --- | --- | --- | --- |
| $p/\text{GPa}$ | 6.2 | 13.6 | 22.2 | 29.5 | 37.4 |

由第二式所得的 $u-p$ 对应关系列于表 10.2.3。

表 10.2.3　$u-p$ 对应关系

| $u/\ (\text{m} \cdot \text{s}^{-1})$ | 524 | 1 010 | 1 550 | 2 350 | 3 380 |
| --- | --- | --- | --- | --- | --- |
| $p/\text{GPa}$ | 37.4 | 29.5 | 22.2 | 13.6 | 6.2 |

将上面表列数据分别在 $u-p$ 平面作图（图 10.2.3），两曲线交点 $M$ 的坐标（0.8 mm/μs，32.5 GPa）即为所求。

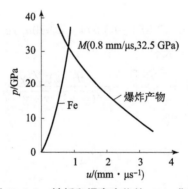

图 10.2.3　铁板和爆轰产物的 $u-p$ 曲线

当冲击波由一种介质传入另一种介质时，初始界面处的状态也可根据 $u-p$ 平面的冲击波雨贡纽曲线用另一种作图法来求解。

用此种作图法求解冲击波与界面作用的问题所根据的原理如下。

（1）反射波前的状态应为入射波后的状态，而已知入射波后的状态是和其雨贡纽曲线与波速线的交点状态相对应的。

（2）由于有界面连续的条件，反射时界面状态必定既位于透射波的 $u-p$ 曲线上，又位于反射波的 $u-p$ 曲线上；当然，也同时位于透射波和反射波的波速线上。也就是说，反射时界面处的状态与上述四条线的交点的状态相对应。

作图的具体步骤如下。

若向前冲击波从第一种介质传入第二种介质，设已知第一种介质的冲击阻抗为 $\rho_{01}D_{S1}$，第二种介质的冲击阻抗为 $\rho_{02}D_{S2}$，两种介质的 $u-p$ 曲线方程分别为

$$p_1 = \rho_{01}(a_1 + b_1 u_1) u_1 \tag{10-2-16}$$

$$p_2 = \rho_{02}(a_2 + b_2 u_2) u_2 \tag{10-2-17}$$

首先在 $u-p$ 平面内根据方程（10-2-16）和方程（10-2-17）画出第一种介质和第二种介质中的向前冲击波 $u-p$ 曲线 I 和 II，如图 10.2.4 所示（此图表示的是 $\rho_{01}D_{S1} > \rho_{02}D_{S2}$ 的情况）。

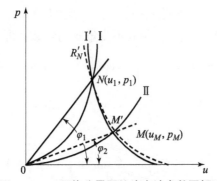

图 10.2.4　固体分界面处冲击波参数图解法

再以 $\rho_{01}D_{S1} = \tan\varphi_1$ 为斜率由原点引一斜线与曲线 I 交于 $N$ 点（$u_1$，$p_1$），则 $N$ 点对应入射波后的状态。

过 $N$ 点作 I 线的镜像对称线 I′，可近似地将 I′线看成反射波的雨贡纽曲线（严格说来，反射波的雨贡纽曲线应与始点为 $N$ 点的向前冲击波雨贡纽曲线成镜像对称，但对凝聚介质来说，这两条曲线的偏差不大）。I′线与 II 线的交点 $M$ 即对应初始界面的状态。

若第二种介质中的 $u-p$ 曲线方程未知，而 $\rho_{02}D_{S2}$ 已知，则以 $\rho_{02}D_{S2} = \tan\varphi_2$ 为斜率，由原点引一斜线（透射波的波速线）。该斜线与曲线 I′线的交点也为所求。

应当说明：当反射稀疏波时，反射波的 $u-p$ 线应是等熵线，但凝聚介质中的反射波可视为弱冲击波，其雨贡纽曲线和等熵线很接近。

若 $\rho_{01}D_{S1} < \rho_{03}D_{S2}$，则反射波是冲击波，其图解方法完全相同，只是曲线 I 和曲线 II 的相对位置与图 10.2.4 中的情况相反，曲线 II 应位于曲线 I 的左边。

作图法可以更直观地看出初始界面处的参数不仅仅决定于入射冲击波的强度，而且还依赖于入射冲击波和界面的耦合关系。或者说还与第二种介质的性质有关。

以上在讨论冲击波与凝聚介质界面的作用时，忽略了材料本身的强度，这种考虑对于固体来说，当冲击波较弱（$p < 10$ GPa）时，将引起值得重视的误差。

冲击波与可压缩界面作用时，界面上的初始压力比不可压缩的刚壁面上的压力更小，介质的可压缩性愈大，$p_{\mathrm{b}}$ 愈小。更确切地说，$\rho_{02}D_{S2}/\rho_{01}D_{S1}$ 愈小，$p_{\mathrm{b}}$ 愈小。

## 10.3 爆轰波与空气界面的作用

如果炸药与空气（或真空）接触爆炸，当爆轰波传至与空气（或真空）的界面时，将在空气中产生冲击波，并从界面处向爆轰产物中反射稀疏波。因为空气界面处的压力可以降至很低，当爆轰产物膨胀至压力很低时，其等熵方程中的多方指数将下降，而不能保持原有的值。因此对于反射的稀疏波，不能直接使用式（10-2-5）。在此种情况下可将爆轰产物的膨胀分成两个阶段来考虑，两个阶段的多方指数取不同的值。

在第一阶段，爆轰产物的压力由 $p_J$ 膨胀至 $p_k$，第二阶段再由 $p_k$ 膨胀至 $p_b$。在此两个阶段中分别满足

$$\begin{cases} p_J v_J^\gamma = p_k v_k^\gamma \quad, \qquad \gamma = 3 \\ p_k v_k^k = p_b v_b^\gamma \quad, \qquad k = 1.4 \end{cases} \tag{10-3-1}$$

在整个反射的向后简单波区域内，黎曼不变量 $\alpha$ 为常数，即

$$\begin{cases} 第一阶段: u + \dfrac{2}{\gamma - 1} c = \text{const} \quad, \quad du = -\dfrac{2}{\gamma - 1} dc \\ 第二阶段: u + \dfrac{2}{k - 1} c = \text{const} \quad, \quad du = -\dfrac{2}{k - 1} dc \end{cases} \tag{10-3-2}$$

因为

$$\int_{u_J}^{u_b} du = -\left( \int_{c_J}^{c_k} \frac{2}{\gamma - 1} dc + \int_{c_k}^{c_b} \frac{2}{k - 1} dc \right) \tag{10-3-3}$$

所以

$$u_b = u_J + \frac{2}{\gamma - 1}(c_J - c_k) + \frac{2}{k - 1}(c_k - c_b)$$

$$= u_J + \frac{2c_J}{\gamma - 1}\left(1 - \frac{c_k}{c_J}\right) + \frac{2c_k}{k - 1}\left(1 - \frac{c_b}{c_k}\right) \tag{10-3-4}$$

而

$$u_J = \frac{D_J}{\gamma + 1}, \quad c_J = \frac{\gamma}{\gamma + 1} D_J,$$

$$\frac{c_k}{c_J} = \left(\frac{p_k}{p_J}\right)^{\frac{\gamma - 1}{2\gamma}}, \quad \frac{c_b}{c_k} = \left(\frac{p_b}{p_k}\right)^{\frac{k - 1}{2k}}$$

将以上诸式代入式（10-3-4）后，得

$$u_b = \frac{D_J}{\gamma + 1}\left\{1 + \frac{2\gamma}{\gamma - 1}\left[1 - \left(\frac{p_k}{p_J}\right)^{\frac{\gamma - 1}{2\gamma}}\right]\right\} + \frac{2c_k}{k - 1}\left[1 - \left(\frac{p_b}{p_k}\right)^{\frac{k - 1}{2k}}\right] \tag{10-3-5}$$

当爆轰产物向真空飞散时，$p_b = 0$，则有

$$u_{\max} = \frac{D_J}{\gamma + 1}\left\{1 + \frac{2\gamma}{\gamma - 1}\left[1 - \left(\frac{p_k}{p_J}\right)^{\frac{\gamma - 1}{\gamma}}\right]\right\} + \frac{2c_k}{k - 1} \tag{10-3-6}$$

空气中爆炸冲击波在初始界面处应满足

$$u_{ab} = \sqrt{(p_{ab} - p_{a0})(v_{a0} - v_{ab})} \tag{10-3-7}$$

当忽略 $p_{a0}$ 时，爆炸冲击波雨贡纽方程变为

$$\frac{\rho_{ab}}{\rho_{a0}} = \frac{k_a + 1}{k_a - 1} \qquad (10 - 3 - 8)$$

式中：$k_a$ 为空气强冲击波绝热指数。将式（10 - 3 - 8）代入式（10 - 3 - 7），并考虑到界面连续条件，得到

$$u_b = u_{ab} = \sqrt{\frac{2p_{ab}v_{a0}}{k_a + 1}} = \sqrt{\frac{2p_b v_{a0}}{k_a + 1}} \qquad (10 - 3 - 9)$$

当确定 $p_k$，$c_k$ 后，初始界面处的参数 $u_b$，$p_b$ 便可由式（10 - 3 - 5）和式（10 - 3 - 9）联立求解。

忽略 $e_0$ 和 $p_0$ 时，爆轰波雨贡纽方程为

$$e_J = \frac{1}{2} p_J (v_0 - v_J) + q_v \qquad (10 - 3 - 10)$$

产物膨胀时，内能消耗于做膨胀功，因此有

$$e_J = - \left[ \int_{v_J}^{v_k} p dv + \int_{v_k}^{v_b} p dv \right] = \left( \frac{p_J v_J}{\gamma - 1} - \frac{p_k v_k}{\gamma - 1} \right) + \left( \frac{p_k v_k}{k - 1} - \frac{p_b v_b}{k - 1} \right) \qquad (10 - 3 - 11)$$

由于 $p_J v_J \gg p_k v_k \gg p_b v_b$，所以式（10 - 3 - 11）中减数 $\dfrac{p_k v_k}{\gamma - 1}$ 和 $\dfrac{p_b v_b}{k - 1}$ 两项可以忽略。

则由式（10 - 3 - 11）和式（10 - 3 - 10）可得

$$e_J = \frac{p_J v_J}{\gamma - 1} + \frac{p_k v_k}{k - 1} = \frac{p_J}{2} (v_0 - v_J) + q_v$$

从而得

$$p_k v_k = (k - 1) \left[ q_v - \frac{D_J^2}{2(\gamma^2 - 1)} \right] \qquad (10 - 3 - 12)$$

将式（10 - 3 - 12）和 $p_k v_k^\gamma = p_J v_J$ 联立便可解出 $p_k$，$v_k$；再根据 $p_k$，$v_k$ 可算得 $c_k$。

## 10.4　可压缩介质界面在爆轰波作用下的运动规律及作用冲量

设长为 $l$、密度为 $\rho_0$、爆速为 $D_J$ 的装药，自左端引爆，右端面为可压缩介质壁面。假定介质的冲击阻抗比炸药的冲击阻抗大，爆轰波传至界面时，在介质中产生透射冲击波，爆轰产物中反射冲击数。由于介质壁面受爆轰产物压缩而发生变形，反射冲击波后产生一系列向后稀疏波，如图 10.4.1 所示。从图中可见，Ⅰ区为简单波区，当 $\gamma$ = 3 时，Ⅰ区的解为

$$\begin{cases} u_1 + c_1 = \dfrac{x}{t} \\ u_1 - c_1 = -\dfrac{D_J}{2} \end{cases} \qquad (10 - 4 - 1)$$

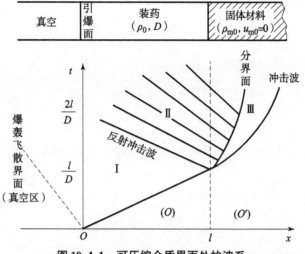

**图 10.4.1 可压缩介质界面处的波系**

因反射冲击波可视为弱冲击波，所以其前后的流动被视为等熵的。穿过反射冲击波后黎曼不变量 $a = u + c$ 不变，因此 II 区的解为

$$\begin{cases} x = (u_2 + c_2)t \\ x = (u_2 - c_2)t + F_2(u_2 - c_2) \end{cases} \tag{10-4-2}$$

设介质中冲击波后的运动也是等熵的，因波前是静止状态（$u_0 = 0$，$c_0$），波后 III 区是简单波区，其解为

$$\begin{cases} x = (u_3 + c_3)t + F_3(u_3 - c_3) \\ \beta_3 = \mathrm{const} \end{cases} \tag{10-4-3}$$

设介质采用以下状态方程

$$p_3 = A\left[\left(\frac{\rho_3}{\rho_0}\right)^n - 1\right] \tag{10-4-4}$$

式中：$A$ 为熵的函数。

由式（10-4-4）可得

$$c_3 = B\left(\frac{\rho_3}{\rho_0}\right)^{\frac{n-1}{2}} \tag{10-4-5}$$

$$\frac{\rho_3}{\rho_0} = \left(\frac{c_3}{c_0}\right)^{\frac{2}{n-1}} \tag{10-4-6}$$

则式（10-4-4）可变为

$$p_3 = A\left[\left(\frac{c_3}{c_0}\right)^{\frac{2n}{n-1}} - 1\right] \tag{10-4-7}$$

由此可得

$$\beta_3 = u_3 - \frac{2}{n-1}c_3 = -\frac{2}{n-1}c_0 \tag{10-4-8}$$

II 区爆轰产物的等熵方程为

$$p_2 = A_2 \rho_2^3 = Bc_2^3 \tag{10-4-9}$$

利用界面连续条件

$$p_3 = p_2, \quad u_3 = u_2 = \frac{\mathrm{d}x_\mathrm{b}}{\mathrm{d}t}(\text{下标 b 表示界面处的值})$$

得

$$Bc_2^3 = A\left[\left(\frac{c_3}{c_0}\right)^{\frac{2n}{n-1}} - 1\right] \tag{10-4-10}$$

因为界面处也满足 II 区的解，对界面处，式（10-4-2）的第一式变为

$$x_\mathrm{b} = (u_2 + c_2)t \tag{10-4-11}$$

由此得

$$c_2 = \frac{x_\mathrm{b}}{t} - u_2 = \frac{x_\mathrm{b}}{t} - \frac{\mathrm{d}x_\mathrm{b}}{\mathrm{d}t} \tag{10-4-12}$$

由式（10-4-8）得

$$c_3 = c_0 + \frac{n-1}{2}\frac{\mathrm{d}x_\mathrm{b}}{\mathrm{d}t} \tag{10-4-13}$$

将式（10-4-12）及式（10-4-13）代入式（10-4-10），得

$$B\left(\frac{x_\mathrm{b}}{t} - \frac{\mathrm{d}x_\mathrm{b}}{\mathrm{d}t}\right)^3 = A\left[\left(1 - \frac{n-1}{2c_0}\frac{\mathrm{d}x_\mathrm{b}}{\mathrm{d}t}\right)^{\frac{2n}{n-1}} - 1\right] \tag{10-4-14}$$

对以上方程进行数值计算求解，求解的初始条件为 $t = \dfrac{l}{D}$，$x = l$，得到的结果表示为如下关系式：

$$W = W_0 \left(\frac{x_\mathrm{b}}{D_\mathrm{J}t}\right)^\beta \tag{10-4-15}$$

式中：$W = u_\mathrm{b}/D_\mathrm{J}$；$W_0 = u_\mathrm{b0}/D_\mathrm{J}$，$u_\mathrm{b}$ 为界面运动速度，$u_\mathrm{b0}$ 为界面的初始速度；指数 $\beta$ 为一常数，由以下近似式决定

$$\beta = 1 + 0.02\,(\rho_0 c_0)^{0.24} \tag{10-4-16}$$

式中：$\rho_0$ 和 $c_0$ 为介质的初始密度和声速。在图 10.4.2 中给出了一些介质的 $\beta$ 值。

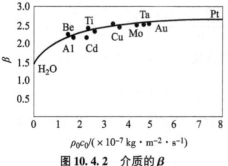

**图 10.4.2　介质的 $\beta$**

　　界面的初始速度可根据 10.2 节中所讲述的方法求得，也可将初始条件 $t = l/D_\mathrm{J}$，$x = l$ 时，$x/t = D_\mathrm{J}$ 代入式（10-4-14）来求解。将这些初始值代入式（10-4-14）后得

$$B\left(D_{\mathrm{J}}-u_{\mathrm{b0}}\right)^{3}=A\left[1+\left(\frac{n-1}{2c_{0}}u_{\mathrm{b0}}\right)^{\frac{2n}{n-1}}-1\right] \tag{10-4-17}$$

根据式（10-4-17）可得出 $u_{\mathrm{b0}}$。此外，壁面处也可使用Ⅱ区的解式（10-4-2），这样，在初始点有

$$u_{\mathrm{b0}}+c_{\mathrm{b0}}=\frac{x_{\mathrm{b}}}{t}=D_{\mathrm{J}}$$

从而得到该处产物的声速 $c_{\mathrm{b0}}=D_{\mathrm{J}}-u_{\mathrm{b0}}$，于是可求出界面上的初始压力

$$p_{\mathrm{b0}}=p_{\mathrm{J}}\left(\frac{c_{\mathrm{b0}}}{c_{\mathrm{J}}}\right)^{3}=p_{\mathrm{J}}\left(\frac{D_{\mathrm{J}}-u_{\mathrm{b0}}}{c_{\mathrm{J}}}\right)^{3} \tag{10-4-18}$$

因为 $W=\frac{1}{D_{\mathrm{J}}}\dfrac{\mathrm{d}x_{\mathrm{b}}}{\mathrm{d}t}$，所以式（10-4-15）又可写为

$$\frac{\mathrm{d}x}{x^{\beta}}=\frac{W_{0}}{D_{\mathrm{J}}^{\beta-1}}\frac{\mathrm{d}t}{t^{\beta}} \tag{10-4-19}$$

积分式（10-4-19）可得边界运动规律

$$\frac{x_{\mathrm{b}}}{D_{\mathrm{J}}t}=\left[W_{0}+(1-W_{0})\left(\frac{l}{D_{\mathrm{J}}t}\right)^{1-\beta}\right]^{\frac{1}{1-\beta}} \tag{10-4-20}$$

将式（10-4-20）代入式（10-4-15），得

$$W=W_{0}\left[W_{0}+(1-W_{0})\left(\frac{l}{D_{\mathrm{J}}t}\right)^{1-\beta}\right]^{\frac{\beta}{1-\beta}} \tag{10-4-21}$$

由界面连续条件和式（10-4-12）可得

$$\frac{c_{\mathrm{b}}}{D_{\mathrm{J}}}=\frac{c_{2}}{D_{\mathrm{J}}}=\frac{x_{\mathrm{b}}}{D_{\mathrm{J}}t}-W \tag{10-4-22}$$

将式（10-4-20）和式（10-4-21）代入式（10-4-22），可得产物在界面处的声速

$$\frac{c_{\mathrm{b}}}{D_{\mathrm{J}}}=\frac{l}{D_{\mathrm{J}}t}\frac{1-W_{0}}{\{1-W_{0}[1-(l/D_{\mathrm{J}}t)^{\beta-1}]\}^{\beta/(1-\beta)}} \tag{10-4-23}$$

于是

$$\begin{aligned}\frac{p_{\mathrm{b}}}{p_{\mathrm{J}}}&=\left(\frac{c_{\mathrm{b}}}{c_{\mathrm{J}}}\right)^{3}\\&=\frac{64}{27}\left(\frac{l}{D_{\mathrm{J}}t}\right)^{3}\frac{(1-W_{0})^{3}}{\{1-W_{0}[1-(l/D_{\mathrm{J}}t)^{\beta-1}]\}^{3\beta/(1-\beta)}}\end{aligned} \tag{10-4-24}$$

若介质是不可压缩的（固壁情况），$W_{0}=0$，则

$$p_{\mathrm{b}}=\frac{64}{27}p_{\mathrm{J}}\left(\frac{l}{D_{\mathrm{J}}t}\right)^{3} \tag{10-4-25}$$

对于可压缩介质（$W_{0}>0$），爆轰波碰撞介质的初始时刻 $t=l/D_{\mathrm{J}}$，由式（10-4-24）可知界面的初始压力为

$$p_{\mathrm{b0}}=\frac{64}{27}p_{\mathrm{J}}\left(1-W_{0}\right)^{3} \tag{10-4-26}$$

式（10-4-26）表明爆轰波与可压缩介质相碰时所得的初始压力小于与固壁相碰所得的压力，而且一切实际介质都有 $\beta>1$，所以界面上的压力要比固壁上的压力下降得慢，如图

10. 4. 3 所示。图 10. 4. 3 是用式（10 – 4 – 24）计算得到的结果。

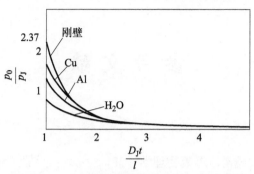

**图 10. 4. 3　不同压缩性界面的时间 – 压力曲线**

界面上所受到的比冲量可由 $p_b$ 对 $t$ 积分而得，积分区间为 $l/D_J \sim t$。即

$$i = \int_{l/D_J}^{t} p_b \mathrm{d}t \qquad\qquad (10 – 4 – 27)$$

将式（10 – 4 – 24）代入式（10 – 4 – 27）即可进行积分。

在以上推导过程中，爆轰产物中的反射冲击波是作为弱波处理的，在这种近似下所得的结果对反射稀疏波的情况也适用。也就是说，上述计算方法适用于爆轰波碰撞任何介质的情况。

知道界面的运动规律式（10 – 4 – 19）及式（10 – 4 – 20）后就可利用它们定出 $F_2(u_2 - c_2)$ 及 $F_3(u_3 - c_3)$，从而可以得出整个爆轰产物流场中的解及介质中的解。

# 参 考 文 献

［1］张宝平，张庆明，黄风雷. 爆轰物理学［M］. 北京：兵器工业出版社，2009.

［2］张震宇，等. 爆轰物理［M］. 长沙：国防科学技术大学出版社，2016.

［3］［俄］奥尔连科. 爆炸物理学［M］. 孙承纬，译. 北京：科学出版社，2011.

［4］王礼立. 应力波基础［M］. 北京：国防工业出版社，2005.

［5］北京工业学院. 爆炸及其作用［M］. 北京：国防工业出版社，1979.

［6］冯长根. 热爆炸理论［M］. 北京：科学出版社，1988.

［7］章冠人. 凝聚炸药起爆动力学［M］. 北京：国防工业出版社，1991.

［8］孙锦山，朱建士. 理论爆轰物理［M］. 北京：国防工业出版社，1995.

［9］孙承纬. 应用爆轰物理［M］. 北京：国防工业出版社，2000.

［10］赵衡阳. 气体和粉尘爆炸原理［M］. 北京：北京理工大学出版社，1996.

［11］Asay, Blaine, et al. Shock wave science and technology reference library, Vol. 5：Non-shock initiation of explosives［M］. Springer Science & Business Media, 2009.

［12］李维新. 一维不定常流与冲击波［M］. 北京：国防工业出版社，2003.

［13］Peterson, P D, Lee, K–Y. Particle characterization of HMX–based composite explosives using light scattering and polarized light microscopy with image analysis［J］. Microscope, 2004 (52)：3–7.

［14］Asay, B, Henson, B, Peterson, P, et al. Quantitative analysis of damage in PBX 9501 subjected to a linear thermal gradient［C］. 12th International Detonation Symposium, San Diego, CA, 2002：87–93.

［15］［苏］泽尔道维奇，等. 爆震原理［M］. 北京：高等教育出版社，1958.

［16］周培基. 材料对强冲击载荷的动态响应［M］. 北京：科学出版社，1985.

［17］张连玉. 爆炸气体动力学基础［M］. 北京：北京工业大学出版社，1987.

［18］Zhangfan. Shock waves science and technology library, Vol. 6：Detonation Dynamics［M］. Springer Science & Business Media, 2012.

［19］Shelkin, K I, Troshin, Ya K. Gasdynamics of combustion (in Russian)［M］. USSR Academy of Science, Moscow, 1963.

［20］Chapman D L. Philosophical magazine series 5［J］. Taylor & Francis, 1899 (47)：90.

［21］［美］约翰逊. 猛炸药爆轰学［M］. 北京：国防工业出版社，1976.

［22］Bowen J R, Ragland K W, Steffes F J, et al. Heterogeneous detonation supported by fuel fogs or films［J］. Symposium on Combustion, 1971, 13（1）: 1131 – 1139.

［23］ Ragland K W, Nicholls J A. Two – phase detonation of a liquid layer［J］. AIAA J, 1969, 7（5）: 859 – 863.

［24］ Strauss W A. Investigation of the detonation of aluminum powder – oxygen mixtures［J］. AIAA Journal, 1968, 6（9）: 1753 – 1756.

［25］ 菲克特, 戴维斯, 薛鸿陆. 爆轰［M］. 北京: 原子能出版社, 1988.

［26］ Howe P, Frey R, Melani G. Observations concerning transverse waves in solid explosives［J］. Combustion Science and Technology, 1976, 14（1 – 3）: 63 – 74.

［27］ Margolis S B, Williams F A. Stability of homogeneous – solid deflagration with two – phase flow in the reaction zone［J］. Combustion and Flame, 1990, 79（2）: 199 – 213.

［28］ Ragland K W, Dabora E K, Nicholls J A. Observed structure of spray detonations［J］. The Physics of Fluids, 1968, 11（11）: 2377 – 2388.

［29］ Williams F A. Progress in spray – combustion analysis［C］//Symposium（International）on Combustion. Elsevier, 1961, 8（1）: 50 – 69.

［30］ Webber W T. Spray combustion in the presence of a travelling wave［J］. Symposium on Combustion, 1961, 8（1）: 1129 – 1140.

［31］ Cramer F B. The onset of detonation in a droplet combustion field［J］. Symposium on Combustion, 1963, 9（1）: 482 – 487.

［32］ Dabora E K. Production of monodisperse sprays［J］. Review of Scientific Instruments, 1967, 38（4）: 502 – 506.

［33］ 吕春绪. 工业炸药理论［M］. 北京: 兵器工业出版社, 2003.

［34］ 张熙和, 云主惠, 等. 爆炸化学［M］. 北京: 国防工业出版社, 1989.

［35］ 孙业斌, 惠君明, 等. 军用混合炸药［M］. 北京: 兵器工业出版社, 1995.

［36］ Kury J W, Hornig H C, Lee E L, et al. Metal acceleration by chemical explosives［C］//Fourth（International）Symposium on Detonation, ACR – 126, 1965.

［37］ Finger M, Hornig H C, Lee E L, et al. Metal acceleration by composite explosives［R］. California Univ., Livermore. Lawrence Radiation Lab., 1970.

［38］ Baytos J F. LASL explosive property data［M］. Univ. of California Press, 1980.

［39］ Walker F E, Wasley R J. A general model for the shock initiation of explosives［J］. Propellants, Explosives, Pyrotechnics, 1976, 1（4）: 73 – 80.

［40］ Partom Y. A void collapse model for shock initiation［C］//Proc. Seventh Symposium（Int.）on Detonation. 1981: 506 – 516.

［41］ Ree F H, Vanthiel M. Detonation behavior of LX – 14 and PBX – 9404［J］. Theoretical Aspect, 1985.

［42］ Mader C L. Numerical modeling of detonations［J］. Los Alamos Series in Basic and Applied Sciences, Berkeley: University of California Press, 1979.

［43］ Kamlet M J, Jacobs S J. Chemistry of detonations. I. A simple method for calculating detonation properties of C – H – N – O explosives [J]. The Journal of Chemical Physics, 1968, 48 (1): 23 –35.

[44] Kamlet M J, Ablard J E. Chemistry of detonations. II. Buffered equilibria [J]. The Journal of Chemical Physics, 1968, 48 (1): 36 –42.

[45] Kamlet M J, Dickinson C. Chemistry of detonations. III. Evaluation of the simplified calculational method for Chapman –Jouguet detonation pressures on the basis of available experimental information [J]. The Journal of Chemical Physics, 1968, 48 (1): 43 –50.

[46] Kamlet M J, Hurwitz H. Chemistry of detonations. IV. Evaluation of a simple predictional method for detonation velocities of C – H – N – O explosives [J]. The Journal of Chemical Physics, 1968, 48 (8): 3685 –3692.

[47] Eyring H, Powell R E, Duffy G H, et al. The stability of detonation [J]. Chemical Reviews, 1949, 45 (1): 69 –181.

[48] Bdzil J B, Engelke R, Christenson D A. Kinetics study of a condensed detonating explosive [J]. The Journal of Chemical Physics, 1981, 74 (10): 5694 –5699.

[49] Whitham G B. A new approach to problems of shock dynamics. Part I Two –dimensional problems [J]. Journal of Fluid Mechanics, 1957, 2 (2): 145 –171.

[50] Chen P J, Kennedy J E. Chemical kinetic and curvature effects on shock wave Evolution in explosives [C] //Sixth Symposium (International) on Detonation, (Office of Naval Research, 1978) pp. 1976: 379 –388.

[51] Stewart D S, Bdzil J B. The shock dynamics of stable multidimensional detonation [J]. Combustion and Flame, 1988, 72 (3): 311 –323.

[52] Stewart D S, Bdzil J B. A lecture on detonation–shock dynamics [M] //Mathematical modeling in combustion science. Springer, Berlin, Heidelberg, 1988: 17 –30.

[53] Bdzil J B. Steady–state two–dimensional detonation [J]. Journal of Fluid Mechanics, 1981, 108: 195 –226.

[54] Bdzil J B, Stewart D S. Time–dependent two –dimensional detonation: the interaction of edge rarefactions with finite –length reaction zones [J]. Journal of Fluid Mechanics, 1986, 171: 1 –26.

[55] Campbell A W, Davis W C, Ramsay J B, et al. Shock initiation of solid explosives [J]. The Physics of Fluids, 1961, 4 (4): 511 –521.

[56] Davis W C, Craig B G, Ramsay J B. Failure of the Chapman –Jouguet theory for liquid and solid explosives [J]. The Physics of Fluids, 1965, 8 (12): 2169 –2182.

[57] Chaiken R F. Comments on hypervelocity wave phenomena in condensed explosives [J]. The Journal of Chemical Physics, 1960, 33 (3): 760 –761.

[58] Zerilli F J. Notes from lectures on detonation physics [R]. Naval Surface Weapons Center Silver Spring MD, 1981.

[59] Dremin A N, Savrov S D, Trofimov V S, et al. Detonation waves in condensed media

[R]. Foreigh Technology Div Wright – Patterson Afb Oh, 1972.

[60] Fowles R, Williams R F. Plane stress wave propagation in solids [J]. Journal of Applied Physics, 1970, 41 (1): 360 – 363.

[61] Von Neumann, J. Hydrodynamic theory of detonation [R]. Office of Science Research and Development Report, 1942 (549).

[62] 第五机械工业部第二〇四研究所. 火炸药手册（内部资料），1981.

[63] Wood W W, Kirkwood J G. Diameter effect in condensed explosives. The relation between velocity and radius of curvature of the detonation wave [J]. The Journal of Chemical Physics, 1954, 22 (11): 1920 – 1924.

[64] Wood W W, Kirkwood J G. Present status of detonation theory [J]. The Journal of Chemical Physics, 1958, 29 (4): 957 – 958.

[65] Grady D E. Experimental analysis of spherical wave propagation [J]. Journal of Geophysical Research, 1973, 78 (8): 1299 – 1307.

[66] Seaman L. Lagrangian analysis for multiple stress or velocity gages in attenuating waves [J]. Journal of Applied Physics, 1974, 45 (10): 4303 – 4314.

[67] Cowperthwaite M. Explicit solutions for the buildup of an accelerating reactive shock to a steady–state detonation wave [C]. Symposium (International) on Combustion. Elsevier, 1969, 12 (1): 753 – 759.

[68] Taylor J. Detonation in condensed explosives [M]. Oxford: Clarendon Press, 1952.

[69] [日] 北川澈三. 爆炸事故的分析 [M]. 北京：化学工业出版社，1984.

[70] Gurney R W. The initial velocities of fragments from bombs, shell, grenades [R]. Army Ballistic Research Lab Aberdeen Proving Ground MD, 1943.

[71] Kennedy J E. Gurney energy of explosives: Estimation of the velocity and impulse imparted to driven metal [J]. Explosive – Energy, 1970.

[72] 黄正平，何远航. 爆炸测试技术：英文版 [M]. 北京：北京理工大学出版社，2005.

[73] 炸药理论编写组. 炸药理论 [M]. 北京：国防工业出版社，1982.

[74] 董海山. 高能炸药及相关物性能 [M]. 北京：科学出版社，1989.

[75] Aziz A K, Hurwitz H, Srernberg H M. Energy transfer to a rigid piston under detonation load [C] //The 3rd International Detonation Symposium, USA. 1960, 9: 205 – 225.

[76] Weinland C E. A scaling law for fragmenting cylindrical warheads [R]. Naval Weapons Center China Lake CA, 1969.

[77] [德] 弗里德里克斯. 超声速流与冲击波 [M]. 北京：科学出版社，1986.

[78] Hardesty D R, Kennedy J E. Thermochemical estimation of explosive energy output [J]. Combustion and Flame, 1977, 28: 45 – 59.

[79] 孙业斌. 爆炸作用与装药设计 [M]. 北京：国防工业出版社，1987.

[80] Sternberg H M, Piacesi D. Interaction of oblique detonation waves with iron [J]. The Physics of Fluids, 1966, 9 (7): 1307 – 1315.

[81] Duff R E, Houston E. Measurement of the Chapman–Jouguet pressure and reaction zone length in a detonating high explosive [J]. The Journal of Chemical Physics, 1955, 23 (7): 1268 –1273.

[82] 钱学森. 物理力学讲义: 英文版 [M]. 上海: 上海交通大学出版社, 2015.

[83] 阮庆云, 陈启珍. 评价炸药安全性能的苏珊试验 [J]. 爆炸与冲击, 1989 (1): 68 –72.

[84] Voitsekhovsky, B V. On spinning detonation (in Russian) [J]. Dokl. Acad. Sci. SSSR, 1957 (114): 717 –720.

[85] Voitsekhovsky, B V, Mitrofanov, V V, Topchian, M E. Structure of detonation front in gases (in Russian) [R]. Siberian Branch USSR Academy Science, Novosibirsk, 1963.

[86] Chidester, S K, Green, L, Lee, C G. A frictional work predictive method for the initiation of solid high explosives from low – pressure impacts [C] //Proceedings of the 10th Symposium (International) on Detonation, 1993, ONR 33395 –12: 786 –792.

[87] Browning, R V. Microstructural model of mechanical initiation of energetic materials [C] // Schmidt, S. C., Tao, W. C. (eds.) Shock Compression of Condensed Matter – 1995, AIP Conference Proceedings 370, 1996, Part 1: 405 –408.

[88] Rae, P J, Goldrein, H T, Palmer, S J P, et al. Studies of the failure mechanisms of polymer – bonded explosives by high resolution moire interferometry and environmental scanning electron microscopy [C] //Proceedings of the 11th Symposium (International) on Detonation, ONR 33300 –5, 1998: 66 –75.

[89] Suceska, M. Test Methods for Explosives [M]. Springer, Heidelberg, 1995.

[90] Field, J E, Palmer, S J P, Pope, P H, et al. Mechanical properties of PBX's and their behavior during drop weight tests [C] //Proceedings of the 8th Symposium (International) on Detonation, NSWCMP 86 –194, 1985: 635 –644.

[91] Dorough, G D, Green, L G, James, E Jr., et al. Ignition of explosives by low velocity impact [C] //Proceedings of the International Conference on Sensitivity and Hazards of Explosives, London, 1963.

[92] Green, L G, Dorough, G D. Further studies on the ignition of explosives [C] //Proceedings of the 4th Symposium (International) on Detonation, NOL ACR –126, 1965: 477 –486.

[93] Field, J E, Swallowe, G M, Heavens, S N. Ignition mechanisms of explosives during mechanical deformation [J]. Proc. Roy. Soc. Lond., 1982, A 379, 389.

[94] Smith, L C. Los alamos national laboratory explosives orientation course: sensitivity and sensitivity tests [M]. LA – 11010 – MS, Los Alamos National Laboratory, Los Alamos, NM, 1987.

[95] Cooper, P W, Kurowski, S R. Introduction to the technology of explosives [M]. Wiley – VCH, New York, 1996.

[96] Merzhanov, A G, Abramov, V G. Thermal explosion of explosives and propellants [J].

A Review，Propellant and Explosives 6，1981：130 – 148.

［97］ Tarver，C M. Thermal decomposition models for HMX−based plastic bonded explosives ［J］. Combust. Flame，2004（137）：50 – 62.

［98］ Dickson，P M，Asay，B W，Henson，B F，et al. Thermal cookoff response of confined PBX 9501 ［J］. Proc. R. Soc. Lond. Ser. A−Math. Phys. Eng. Sci.，2004（460）：3447.

［99］ Henson，B. An ignition law for PBX 9501 from thermal explosion to detonation ［C］. 13th International Detonation Symposium，Norfolk，VA，International Detonation Symposium，2006.

［100］ Henson，B F，Asay，B W，Smilowitz，L B，et al. Ignition chemistry in HMX from thermal explosion to detonation ［J］. AIP Conf. Proc.，2002（620）：1069 – 1072.

［101］ Smilowitz，L，Henson，B F，Sandstrom，M M，et al. Fast internal temperature measurements in PBX 9501 thermal explosions ［J］. AIP Conf. Proc.，2006（845）：1211 – 1214.

［102］ 经福谦. 实验物态方程导引 ［M］. 北京：科学出版社，1986.

［103］ Gruschka H D，Wecken F. Gas dynamic theory of detonation ［M］. New York：Gordon and Breach Science Publisher，1971.

［104］ ［美］贝克，等. 爆炸危险性及其评估 ［M］. 北京：群众出版社，1988.

［105］ 龙新平，蒋治海，李志鹏，等. 凝聚态炸药爆轰测试技术研究进展 ［J］. 力学进展，2012，42（2）.

［106］ 郭学勇. 云爆战斗部基础技术研究 ［D］. 南京：南京理工大学，2006.

［107］ 刘彦，吴艳青，黄风雷，王昕捷. Fundamentals of explosion physics ［M］. 北京：北京理工大学出版社，2019.